通信光缆线路
工程勘察设计实务

李保庭　王县平　王炳刚　韩丙寅　刘瑞红　段永征◎编著

U0233680

人民邮电出版社

北　京

图书在版编目（CIP）数据

通信光缆线路工程勘察设计实务 / 李保庭等编著
. -- 北京 : 人民邮电出版社，2022.4（2023.7 重印）
ISBN 978-7-115-58593-6

Ⅰ. ①通… Ⅱ. ①李… Ⅲ. ①光纤通信－通信线路－
线路工程－工程勘测②光纤通信－通信线路－线路工程－
工程设计 Ⅳ. ①TN913.33

中国版本图书馆CIP数据核字(2022)第018179号

内 容 提 要

　　本书从任务分配、现场勘察、工程设计、概预算编制到设计文件审核出版，系统介绍了通信光缆线路工程勘察设计的全过程。本书不局限于理论介绍，更注重实际操作，增加了施工要求与安全生产要求等内容。通过阅读本书，读者能够加深对技术标准的理解，对通信光缆线路工程勘察设计有一个系统认知，特别是新入职的从业人员将获益匪浅，能够快速掌握通信光缆线路工程勘察设计的方法和要求。

　　本书适合通信光缆线路工程勘察设计的从业人员，建设单位、监理单位和施工队伍的相关人员阅读。

◆ 编　　著　李保庭　王县平　王炳刚　韩丙寅　刘瑞红
　　　　　　　段永征
　　责任编辑　刘亚珍
　　责任印制　马振武

◆ 人民邮电出版社出版发行　　北京市丰台区成寿寺路 11 号
　　邮编　100164　　电子邮件　315@ptpress.com.cn
　　网址　https://www.ptpress.com.cn
　　北京七彩京通数码快印有限公司印刷

◆ 开本：700×1000　1/16
　　印张：18.5　　　　　　　2022 年 4 月第 1 版
　　字数：310 千字　　　　　2023 年 7 月北京第 5 次印刷

定价：109.80 元
读者服务热线：(010)81055493　印装质量热线：(010)81055316
反盗版热线：(010)81055315
广告经营许可证：京东市监广登字 20170147 号

前　言

光通信技术发展日新月异，光纤光缆的科研开发和技术应用进展迅猛，这对社会的信息化发展起到了极其重要的推动作用。全光网络已覆盖千家万户，同时国家加快建设高速铁路、高等级公路、地铁等基础设施，实施"城中村"改造，打造智慧城市等，为光纤光缆的进一步发展提供了广阔的空间。纵观多年的发展情况，从事通信工程建设的部门越来越多，人员专业素质参差不齐，另外，建设单位缩短建设周期，导致实际工作中出现了诸多质量问题。随着GB/T 51421—2020《架空光（电）缆通信杆路工程技术标准》等国家标准的颁布实施，我们开始着手编写本书，力求将技术标准融入实践，更好地发挥其作用，使设计文件具有系统性且更准确，起到指导施工的作用。

通信光缆线路是有线传输的重要组成部分，勘察设计工作是通信工程建设的关键环节，对进行网络规划、保证工期、提高质量及新技术、新材料、新工艺的推广使用和取得良好的社会效益、经济效益等有着重要的作用，同时勘察设计质量直接影响光缆线路的安全稳固运行。本书的编写旨在进一步加强理论和实践相结合，提高勘察设计质量和效率，促进技术进步与创新，提高从业人员的理论水平和专业素质，使其可以快速有效地掌握新形势下通信光缆线路工程设计方法，拓宽设计思路，努力打造精品工程设计，实现勘察设计的跨越式发展。

本书根据通信行业现行的国家技术标准和行业技术规范、规定，结合通信光缆线路工程的具体实践，系统讲述了通信光缆线路工程勘察设计的原则、方法及思路，在介绍光通信基础知识的前提下，还突出了特殊场景的设计原理。全书共分为8章：第1章介绍通信线路网的构成、光纤通信系统、本地光缆网架构、基本建设程序及勘察设计总的指导思想和通信线路工程设计主要技术标准；第2章介绍光纤光缆的分类、性能、结构和接续及光缆配盘要求、单盘检验等主要内容；第 3 章介绍通信线路工程勘察的准备工作、路由选择原则和现场勘察草图绘制的内容及要求；第 4 章介绍通信架空杆路的基本测量方法及电杆、拉线和吊线等的设计原则，讲述原杆路架挂光缆的杆路整治要求；第 5 章介绍光缆线路的敷设安装要求、光缆交接设备的技术性能、本地网光缆挖潜改造及全介质自承式（All Dielectric Self-Supporting，ADSS）光缆、高速铁路槽道、高速公路管道、路面微槽等特殊场景的光缆敷设安装要求，讲述了光缆线路的防护措施；第 6 章介绍通信管道的平面设计、剖面设计和施工要求；第 7 章介绍通信线路工程的概预算编制；第 8 章介绍全套设计文件审核与出版的流程与要求。

本书第 1～3 章和第 8 章由李保庭编写；第 4 章由王县平编写；第 5 章由王县平、李保庭、韩丙寅和段永征编写；第 6 章由王炳刚、李保庭和刘瑞红编写；第 7 章由王炳刚编写。全书由山西信息规划设计院有限公司总工程师张辉主审，技术中心主任郭亚涛、研发中心主任张筵策划与校审，李保庭最终统稿。

本书在编写过程中得到了长飞光纤光缆股份有限公司、烽火通信科技股份有限公司等提供的技术支持，在此，编著者向以上公司表示诚挚的敬意和由衷的感谢。由于编著者水平有限，且通信光缆线路专业涉及面广，难以做到一书概全，有不足之处，恳请同行和读者指正。

编著者

2021 年 11 月

目　录

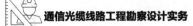

第1章 概 述

1.1 通信线路网

1.1.1 通信网概念

由通信端点、节（结）点和传输链路有机地连接起来，以实现多个规定的通信端点之间连接或非连接的通信体系被称为通信网。现代通信网主要由无线通信、有线通信及配套的其他基础设施组成，其传输链路包括电通道、光通道或者其他物理通道，但不管哪种通道，都离不开传输介质。

在有线通信中，将电信号从一个地点传送到另一个地点的传输介质被称为有线通信线路。由此可见，通信线路是构成通信网必不可少的基础，没有通信线路就没有完善的通信网。

1.1.2 通信线路的简单分类

按不同的传输介质划分，通信线路包括架空明线线路、通信电缆线路、通信光缆线路和通信海缆线路等。

按构成网络划分，通信线路包括核心网通信线路和接入网通信线路。

按重要性划分，通信线路包括一级线路和二级线路等。

按应用地区划分，通信线路包括长途通信线路和本地网通信线路等。

1.1.3 通信线路网的构成

通信线路点多面广，本质是建立端到端的物理连接，实现更快速、更灵活、更经济、损耗最低、距离更远的端到端的连接，因此，通信线路网应包括长途线路、本地线路和接入线路,以实现用户的随机接入。按照现行的技术标准要求,通信线路网构成如图 1.1 所示。

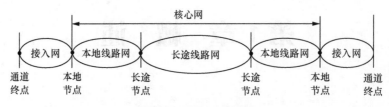

图 1.1　通信线路网构成

长途线路是连接长途节点与长途节点的通信线路。长途网光缆线路是跨越两个或两个以上长途区号区域的光缆线路,提供从一个长途区号区域内的长途传输节点到另一个长途区号区域内的长途传输节点间的光纤通道。

本地线路是连接本地节点(业务节点)与本地节点、本地节点与长途节点的通信线路(中继线路)。本地网光缆线路是一个长途区号区域内的光缆线路,提供业务节点之间、业务节点与长途节点之间的光纤通道。

接入网线路是连接本地节点(业务节点)与通道终端(用户终端)的通信线路,是业务节点与用户终端之间的传输通道,包括光缆线路和电缆线路。接入网光缆线路结构如图 1.2 所示。

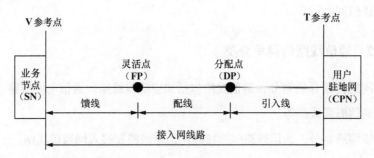

注:1. 业务节点(Service Node,SN)
　　2. 灵活点(Flexible Point,FP)
　　3. 分配点(Distribution Point,DP)
　　4. 用户驻地网(Customer Premises Network,CPN)

图 1.2　接入网光缆线路结构

通信线路网的结构和质量将直接影响通信网的可靠性、安全性和生存性,对通信网络的质量起着关键性作用。

1.1.4　本地光缆网架构

光缆线路网是指局站内光缆终端设备到相邻局站的光缆终端设备之间的光缆路由，由光缆、杆路、管道、墙壁及竖井、光纤连接及分歧设备构成。

本地光缆网采用核心层、汇聚层、接入主干层、接入配线层/用户引入层4层结构，本地光缆网架构如图1.3所示。

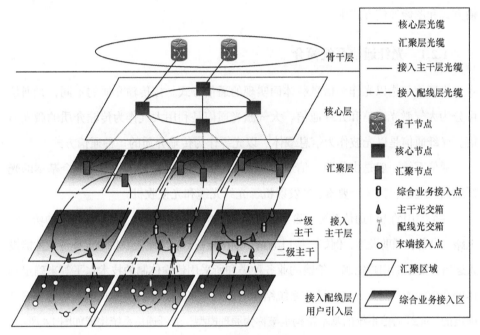

图 1.3　本地光缆网架构

核心层光缆：核心节点之间直连的光缆，用于局间中继大颗粒业务承载，以及传输系统组网。

汇聚层光缆：汇聚节点上行至核心节点或相互直连的光缆，用于IP城域网等大颗粒业务承载，以及汇聚层系统组网。

接入主干层光缆：城区/乡镇综合业务接入节点上行至汇聚节点，或者相互直连的光缆。根据分层使用原则，其中，直通光纤用于IP城域网、宽带网等大颗粒业务承载，以及二级汇聚层系统组网；配线光纤用于主干光交处的业务就近接入二级汇聚节点。

接入配线层光缆：接入节点互连，或末梢业务设备上连至接入节点或主干光交的光缆，接入光缆不属于主干光缆。

1.2 光纤通信系统

光纤通信作为现代通信的主要支柱之一，在现代通信网中起着举足轻重的作用，光纤通信是以光波为载频、以光导纤维为传输介质的一种通信方式。

光纤与以往的铜导线相比，具有损耗低、频带宽、无电磁感应等传输特点。因此，人们希望将光纤作为灵活性强且经济的优质传输介质，并将其广泛地应用于数字传输方式和图像通信方式中。

1.2.1 光纤通信系统简介

光通信是指以光作为信息载体而实现的通信方式。按传输介质的不同，光通信可分为大气激光通信和光纤通信。大气激光通信是利用大气作为传输介质的激光通信。光纤通信是以光波作为信息载体、以光纤作为传输介质的一种通信方式。

通信系统一般是由信源、信道和信宿3个要素组成的。相应的，一个基本的光纤通信系统也包括3个要素：光发射机、光纤光缆和光接收机。

一个实用的光纤通信系统，除了应具备上面涉及的三大要素，还要配置各种功能的电路、设备和辅助设施，例如，接口电路、复用设备、管理系统及供电设施等，才能投入运行，要根据用户需求、传输的业务种类和所采用传输体制的技术水平等来确定具体的系统结构。因此，光纤通信系统结构的形式是多种多样的，但其基本结构仍然是确定的。光纤通信系统的基本结构也被称为原理模型，光纤通信系统构成如图1.4所示。

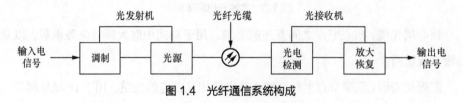

图 1.4 光纤通信系统构成

1.2.2 光纤通信的主要特点

光纤通信与电通信方式的主要差异有两点：一是用光波作为载波传输信号；二是用光导纤维构成的光缆作为传输线路。因此，在光纤通信中起主导作用的是产生光波的激光器和传输光波的光导纤维。

半导体激光器的发光面积很小，它输出稳定而且方向性极好，激光可以运载巨大的信息量。

光纤是一种介质光波导，具有把光封闭在其中，并沿轴向进行传播的导波结构，它具有以下优点。

① 传输频带宽、通信容量大。

② 传输损耗低、中继距离长。

③ 不受电磁干扰。

④ 线径细、重量轻。

⑤ 资源丰富。

⑥ 挠性好。

⑦ 不怕潮湿，耐高压，抗腐蚀。

⑧ 安全保密。

光纤通信也存在以下几个特殊问题。

① 光纤性质脆，需要适当地涂敷加以保护，为了保证光纤能承受一定的敷设张力，也需要多加考虑光纤结构。

② 在切断和连接光纤时，需要高精度技术。

③ 分路耦合不方便。

④ 光纤不能输送中继器所需要的电能。

⑤ 弯曲半径不宜太小。

尽管光纤通信存在上述问题，但是在技术上都是可以克服的，不影响光纤被广泛应用。

1.2.3　光纤通信系统的分类

光纤通信系统可以分为以下不同的类型。

1. 按波长分类

① 短波长光纤通信系统，工作波长为 $0.8 \sim 0.9\mu m$，典型值为 $0.85\mu m$。这种系统的中继距离较短，目前使用较少。

② 长波长光纤通信系统，工作波长为 $1.0 \sim 1.6\mu m$，通常采用 $1.31\mu m$ 和 $1.55\mu m$ 两种波长。这类系统的中继距离较长，尤其在采用 $1.55\mu m$ 零色散位移单模光纤时，中继距离可达 100km 以上。

③ 超长波长光纤通信系统，采用非石英系光纤，例如，卤化物光纤。在工作波

长大于 2μm 时，其衰减非常小，可实现超长距离的无中继传输。

2. 按光纤的模式分类

① 多模光纤通信系统，采用石英多模梯度光纤，因传输频率受到限制，一般应用于 140Mbit/s 以下的系统。

② 单模光纤通信系统，采用石英单模光纤，传输容量大，距离长，目前建设的光纤通信系统以此类型为主。

3. 按传输信号的类型分类

① 光纤模拟通信系统，它是用模拟信号直接对光源进行强度调制的系统。

② 光纤数字系统，它是用数字电信号脉冲编码调制（Pulse Code Modulation，PCM）直接对光源进行强度调制的系统，通信距离长，传输质量高，被广为采用。

4. 按应用范围分类

① 公用光纤通信系统，包括光纤市话中继通信系统、光纤长途通信系统、光纤用户环路系统等。

② 专用光纤通信系统，例如，电力、铁路、石油、广播电视、交通、军事等应用的光纤通用系统都被称为专用光纤通信系统。

1.2.4 光纤通信的传输窗口

目前，光纤通信采用的传输窗口如下。

① 短波长窗口，典型波长为 0.85μm。

② 长波长窗口，典型波长为 1.31μm 和 1.55μm。

从波分复用的技术观点出发，根据 ITU-T（国际电信联盟电信标准分局）对光纤通信波段的划分标准，1530 ～ 1565nm 的波段称为 C 波段，这是目前通信系统常用的波段。

1.3 基本建设程序

1.3.1 概念

基本建设程序是对基本建设项目从酝酿、规划到建成、投产整个过程中的各项工作规定先后顺序。基本建设程序划分为若干个进展阶段和工作环节，它们之间的先后顺序和相互关系不是被任意决定的，而是被严格规定的，不能任意颠倒。在我国，大中型以上的建设项目从建设前期到建设、投产一般都要经过项目建议书、可行性研究、初步设计、技术设计、施工图设计、编制年度计划、施工准备、施工招标或委托、开工报告、施工、初步验收、试运转、竣工验收、建设项目后评价 14 个工作环节。

1.3.2　阶段划分

1. 立项阶段

（1）项目建议书

项目建议书是建设某一具体项目的建设文件，是基本建设程序中最初阶段的工作，是投资决策前对拟建项目的轮廓设想。项目建议书主要从宏观上考察项目建设的必要性，把论证的重点放在项目是否符合国家宏观经济政策，是否符合产业政策和产品结构要求，是否符合生产布局要求等方面，从而减少盲目建设和不必要的重复建设。

（2）可行性研究

根据国民经济发展规划及项目建议书，运用多种研究成果，在建设项目投资决策前对有关建设方案、技术方案或生产经营方案进行技术经济论证。研究观察项目在技术上的先进性和适用性，在经济上的营利性和合理性，在建设上的可能性和可行性等。

2. 实施阶段

（1）初步设计

根据批准的可行性研究报告和有关的设计标准、规范，以及通过现场勘察工作取得的设计基础资料进行编制，主要任务是确定项目的建设方案、进行设备选型、编制工程项目的总概算。

（2）技术设计

对初步设计确定的内容进一步深化，主要明确所采用的工艺过程、建筑和结构的重大技术问题，设备的选型和数量，并编制修正总概算。

（3）施工图设计

根据批准的初步设计文件和主要设备订货合同进行编制，并绘制施工详图，标明房屋、建筑物、设备的结构尺寸，安装设备的配置关系和布线，确定施工工艺，提供设备、材料明细表，并编制施工图预算。

（4）编制年度计划

建设项目初步设计和总概算被批准后，经过对资金、物资、设计、施工能力等进行综合平衡后，将项目列入国家或企业年度基本建设计划。

（5）施工准备

制定建设工程管理制度，落实管理人员，汇总拟采购设备、主要材料的技术资料，落实生产物资的供货来源和施工环境的准备工作。

（6）施工招标或委托

建设单位将建设工程发包，鼓励施工企业投标竞争，从中评选出技术和管理水平高、信誉可靠且报价合理的中标企业。

（7）开工报告

经施工招标，签订承包合同后，建设单位在落实年度资金拨款、设备和主材的供货及工程管理组织后，建设项目于开工前一个月由建设单位会同施工单位向主管部门提出开工报告。在项目开工报批前，应由审计部审计项目的有关费用计取标准及资金渠道，审计后方可正式开工。

（8）施工

由施工单位按照年度计划、设计文件的规定，确定实施方案，将建设项目的设计，变成可供人们生产和活动的建筑物、构筑物等固定资产的过程。施工必须严格按照施工图纸、施工验收规范等要求进行，按照合理的施工顺序组织施工。

3. 验收投产阶段

（1）初步验收

通常是单项工程完工后，检验单项工程各项技术指标是否达到设计要求。

（2）试运转

由建设单位负责组织，供货厂商、设计、施工和维护部门参加，对设备、系统的性能、功能和各项技术指标及施工质量等进行全面考核。

（3）竣工验收

工程建设的最后一个环节，是全面考核建设成果，检验设计和工程质量是否符合要求，审查投资使用是否合理的重要步骤。验收合格后，施工单位应向建设单位办理工程移交和竣工结算手续，使其由基本建设系统转入生产系统，并交付使用。

（4）建设项目后评价

建设项目后评价是项目竣工投产运营一段时间后，再对项目的立项决策、设计、施工、竣工投产、生产运营等全过程进行系统评价的一种技术经济活动，是固定资产投资管理的一项重要内容，也是固定资产投资管理的最后一个环节。

1.4　勘察设计总的指导思想

① 勘察设计工作要认真贯彻国家及行业的各项方针、政策及通信管理部门下达的有关基本建设管理的规定。

② 合理利用现有资源，努力推动及实施共享共建、统筹规划。

③ 重视文物和环境保护，贯彻国防安全条例和保密规定。

④ 一般情况下，工程设计必须严格遵守基本建设程序。针对应急项目可根据建设单位的要求开展工作，待工程竣工后要补充完善相应的建设手续。

⑤ 严格按照国家标准和行业标准进行工程的勘察设计工作，必须严格执行强制性标准。在行业规范和国家标准产生矛盾时，应以国家标准或规定为准。

⑥ 认真做好调查研究，及时整理收集到的资料，随时总结工作中的经验教训，时刻与建设单位、监理部门、施工部门等各参建单位沟通，确保勘察设计工作的顺利进行。

1.5　通信线路工程设计主要技术标准

1. 国家标准 GB 51158—2015《通信线路工程设计规范》

本标准主要包括总则、缩略语、通信线路网、光（电）缆及终端设备的选择、通信线路路由的选择、光缆线路敷设安装、电缆线路敷设安装、光（电）缆线路防护、局站站址选择与建筑要求。

本标准适用于新建、改建和扩建陆地通信传输系统的室外线路工程设计。

2. 国家标准 GB 51171—2016《通信线路工程验收规范》

本标准包括总则、术语、器材检验、线路路由、土（石）方、架空杆路、光（电）

缆敷设、线路保护与防护、光（电）缆交接箱与分线设备、光（电）缆接续、光（电）缆进局及成端、光（电）缆测试、竣工文件编制、工程验收等。

本标准适用于陆地新建通信线路工程及改建、扩建通信线路工程的验收。

3. 国家标准 GB/T 51421—2020《架空光（电）缆通信杆路工程技术标准》

本标准包括总则、术语、规划、设计、施工、验收要求和运行维护等。

本标准适用于新建、改建和扩建的架空光（电）缆通信杆路工程的规划、设计、施工、验收和运行维护。

4. 国家标准 GB 50373—2019《通信管道与通道工程设计标准》

本标准包括总则、术语、基本规定、通信管道与通道路由和位置的确定、通信管道容量的确定、管材选择、通信管道埋设深度、通信管道弯曲与段长、通信管道铺设、人（手）孔设置、光（电）缆通道、光（电）缆进线室设计。

本标准适用于城市地下通信管道及通道工程的设计。

5. 国家标准 GB/T 50374—2018《通信管道工程施工及验收标准》

本标准包括总则、器材检验、工程测量、土方工程、模板、钢筋及混凝土、砂浆、人（手）孔、通道建筑、铺设管道、工程验收等。

本标准适用于新建、扩建、改建通信管道工程的施工和验收。

6. 通信行业标准 YD/T 5178—2017《通信管道人孔和手孔图集》

本标准包括总说明、标准系列图Ⅰ（砖砌体结构）和标准系列图Ⅱ（预制混凝土砖砌体结构）。

本标准适用于新建、改建、扩建通信管道工程。

7. 通信行业标准 YD/T 5162—2017《通信管道横断面图集》

本标准包括总则、术语、管道规格、管道组群与组合方式、管道横断面图。

本标准适用于新建、改建和扩建通信管道工程建设。

8. 通信行业标准 YD/T 5241—2018《通信光缆和电缆线路工程安装标准图集》

本标准包括总说明、直埋光缆和电缆安装图集、管道光缆和电缆安装图集、架空光缆和电缆安装图集、墙壁光缆和电缆安装图集、成端及设备内布线安装图集。

本标准适用于新建、改建、扩建通信线路工程。

9. 通信行业标准 YD 5206—2014《宽带光纤接入工程设计规范》

本标准包括总则、系统架构、系统设计、网管系统设计、设备配置要求、光分配网（Optical Distribution Network，ODN）设计、传输系统性能指标设计、设备安装和线缆布放设计等。

本标准适用于新建宽带光纤接入系统工程设计，重点针对基于 EPON[1]/GPON[2]/10G-EPON 技术的宽带光纤接入工程设计。

10. 通信行业标准 YD 5207—2014《宽带光纤接入工程验收规范》

本标准包括总则、安装前设备与器材检验、设备安装工艺检查、设备功能检查与单机测试、ODN 安装工艺检验、系统测试、竣工文件、工程验收等。

本标准适用于新建宽带光纤接入系统工程验收，重点针对基于 EPON/GPON/10G-EPON 技术的宽带光纤接入工程验收。

11. 国家标准 GB 50846—2012《住宅区和住宅建筑内光纤到户通信设施工程设计规范》

本标准包括总则、术语、基本规定、住宅区通信设施安装设计、住宅建筑内通信设施安装设计、用户光缆敷设要求、线缆与配线设备的选择、传输指标、设备间及电信间选址与工艺设计要求。

本标准适用于新建住宅区和住宅建筑内光纤到户通信设施工程设计，以及现有住宅区和住宅建筑内光纤到户通信设施的改建、扩建工程设计。

12. 国家标准 GB 50847—2012《住宅区和住宅建筑内光纤到户通信设施工程施工及验收规范》

本标准包括总则、施工前检查、管道敷设、线缆敷设与连接、设备安装、性能测试、工程验收等。

本标准适用于新建住宅区和住宅建筑内光纤到户通信设施工程，以及现有住宅区和住宅建筑内光纤到户通信设施改建和扩建工程的施工及验收。

13. 国家标准 GB 50689—2011《通信局（站）防雷与接地工程设计规范》

本标准包括总则、术语、基本规定、综合通信大楼的防雷与接地、有线通信局（站）的防雷与接地、移动通信基站的防雷与接地、小型通信站的防雷与接地、微波、卫星地球站的防雷与接地、通信局（站）雷电过电压保护设计等。

本标准适用于新建、改建、扩建通信局（站）防雷与接地工程的设计。

注：1. EPON（Ethernet Passive Optical Network，以太网无源光网络）。

2. GPON（Gigabit-Capable Passive Optical Network，吉比特无源光网络）。

14. 国家标准 GB 51120—2015《通信局（站）防雷与接地工程验收规范》

本标准包括总则、术语、基本规定、接地装置、直击雷防护装置、等电位连接、线缆的接地与保护、防雷器、工程验收等。

本标准适用于新建、扩建和改建通信局（站）防雷与接地工程的验收。

15. 通信行业标准 YD 5012—2003《光缆线路对地绝缘指标及测试方法》

本标准包括总则、直埋光缆线路对地绝缘指标、测试要求与方法。

本标准适用于长途通信干线光缆线路工程直埋光缆线路对地绝缘的竣工验收、日常维护及其组成构件绝缘性能的出厂检验。长途管道光缆线路可参照执行。

第2章　光纤光缆

2.1　光学基础知识

2.1.1　反射定律

无论是透明物体还是不透明物体，都要反射一部分射到它表面上的光。实验证明，光在反射时遵循反射规律。

反射光线、入射光线和法线在同一平面上，反射光线和入射光线分别位于法线两侧，反射角等于入射角，这就是反射定律。根据这个定律，我们可以知道，如果光线逆着原来反射光线的方向射到反射面上，它就要逆着原来入射光线的方向反射出去，所以在反射现象里，光路是可逆的。

一些物体的表面（例如，镜面、高度抛光的金属表面、平静的水面等）在受到平行光的照射时，其反射光也是平行的，这种反射叫镜面反射。因此，在镜面反射中，反射光向着一个方向，其他方向上没有反射光。

大多数物体的表面是粗糙的、不光滑的，即使受到平行光的照射，也会向各个方向反射光，这种反射被称为漫反射。借助漫反射，我们能从各个方向看到被照射的物体，把它和周围的物体区别开来。

2.1.2　折射定律

当光从一种介质进入另一种介质时（例如，从空气进入玻璃），在两种介质的界面处，一部分光进入后一种介质中，并且改变了原来的传播方向，这种现象叫作光的折射。入射光线与法线间的夹角 i 叫作入射角，折射光线与法线间夹角 r 叫作折射角。

折射光线、入射光线和法线在同一平面上，并且分别位于法线的两侧。实验证明入射角的正弦和折射角的正弦呈正比。如果用 n 来表示这个比例常数，就有：$\sin i / \sin r = n$，这就是光的折射定律。n 叫作这种媒质的折射率。

理论和实验都证明：某种介质的折射率等于光在真空中的速度 c 和光在这种介质中的速度 v 之比，即 $n = c/v$。

因为光在真空中的速度 c 大于光在任何介质中的速度 v，所以任何介质的折射率都大于 1。光从真空射入任何介质时，$\sin i$ 都大于 $\sin r$，即入射角大于折射角。

2.1.3　光纤导光原理

光在同一介质中传播时是直线传播，但是当光线照射到两种不同折射率的介质之间的界面上时，一部分光线被反射，另一部分光线被折射。当入射角大于或等于临界角时，在光疏介质中没有对应的折射光线存在，所有光线在界面上会全部被反射回光密介质中，这种现象被称为全内反射。

光通信正是利用了全内反射原理，当光的入射角满足一定的条件时，光便能在光纤内形成全反射，传播到较远的地方。光在光纤中传播如图 2.1 所示。

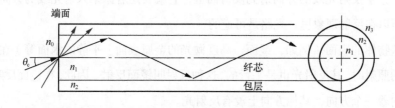

图 2.1　光在光纤中传播

2.2　光纤

2.2.1　光纤典型结构

光纤是由折射率较高的纤芯和包围在纤芯外面的折射率较低的包层所组成，为防止光纤断裂及增强光纤的机械性能，可在包层外涂覆塑料保护套（涂覆层）。光纤结构如图 2.2 所示。

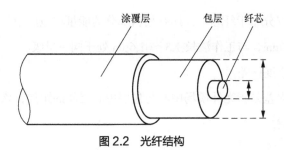

图 2.2　光纤结构

2.2.2　光纤分类

1. 按材料分类

按材料不同，可将光纤分为石英光纤和全塑光纤。

2. 按光纤剖面折射率分类

按照光纤剖面折射率分布的不同，可将光纤分为阶跃型光纤和渐变型光纤。

阶跃型光纤的纤芯和包层的折射率是均匀的，纤芯和包层的折射率呈现阶跃形状。由于这种光纤的脉冲会发生展宽，所以目前多模光纤已经不再使用这种折射率分布的形式。由于单模光纤中只有一种传输模式，不存在由于入射角度不同带来的脉冲展宽，因此，单模光纤仍然使用这种折射率分布形式。

渐变型光纤具有和透镜一样的"自聚焦"作用，对光脉冲的展宽比阶跃型光纤小得多，因此，目前使用的多模光纤均为渐变型光纤。

3. 按传输模式分类

按传输的模式不同，可以将光纤分为多模光纤和单模光纤。

在一定的工作波长上，当有多个模式在光纤中传输时，这种光纤被称为多模光纤。

单模光纤是只能传输一种模式的光纤。单模光纤只能传输基模（最低阶模），不存在模式间的时延差，具有比多模光纤大得多的带宽，这对于高码速传输是非常重要的。单模光纤纤芯的直径仅为几微米，其带宽一般比渐变型多模光纤的带宽高一个或两个数量级。因此，单模光纤适用于大容量、长距离的通信。

2.2.3　光纤主要技术参数

1. 几何特性

（1）模场直径

单模光纤只传输基模 LP01 模，其场强随空间的分布情况被称为模场。单模光纤的基模场强不仅分布于纤芯中，还有相当部分的能量在包层中传输。单模光纤的纤芯直径为 8 ～ 9μm，与工作波长 1.3 ～ 1.6μm 处于同一量级。

（2）模场同心度误差

模场同心度误差是指光纤模场中心与包层中心之间的距离，该参数对光纤的接头损耗有很大影响。

2. 弯曲损耗

光纤是柔软且可弯曲的，但曲率半径太小，使光的传播途径改变，光渗透到包层，向外漏掉而引起光纤弯曲损耗。

3. 衰减

衰减是光纤的一个重要传输参数，它表明光纤对光能的传输损耗，对评定光纤的质量和确定光通信系统的中继距离起着决定性作用。衰减系数指对于均匀衰耗的光纤，可以用单位长度的衰减来表示。

光纤本身损耗的原因主要有吸收损耗和散射损耗。

① 吸收损耗是指光波通过光纤的材料时，有一部分光能变成热能，从而造成光功率的损失。吸收损耗主要包括本征吸收（紫外线、红外线等）和杂质吸收（金属离子、氢氧根离子等）。

② 散射损耗是光纤的材料、形状、折射率分布等的缺陷或不均匀，使光纤中传导的光发生散射而引起的损耗。

4. 色散

色散是指光源光谱中不同波长的光在光纤中传输时的群时延差异引起的光脉冲展宽现象。单模光纤只传输一种模式，无模间色散，其色散主要由材料色散、波导色散和模式色散组成。

（1）材料色散

光纤材料本身的折射率随波长变化而变化，使信号各频率成分的群速不同而引起的色散。

（2）波导色散

光纤的几何结构、形状等方面的不完善，使光波的一部分在纤芯中传输，另一部分在包层中传输。纤芯和包层的折射率不同，会造成脉冲展宽的现象，被称为波导色散。

（3）模式色散

在多模光纤中，不同模式在同一频率下传输，由于光纤的行进轨迹不同，因此，传输同样的光纤长度需要不同的时间，即模式之间存在时延差，模式色散取决于光纤的折射率分布。

单模光纤只有主模传输，不存在模式色散。

5. 截止波长

单模光纤通常存在某一波长，当所传输的光波波长超过该波长时，光纤就只能传播一种模式（基模）的光，而在截止波长下，光纤可传输多种模式（包含高阶模）的光。

6. 数值孔径

数值孔径是多模光纤的一个重要参数，它表示多模光纤集光能力及与光源耦合困难程度，同时对连接损耗、微弯损耗、宏弯损耗、衰减、温度特性和传输带宽等都有影响。

7. 光纤的机械特性

拉力强度与静态疲劳是石英光纤的两个基本机械特性。

（1）拉力强度

光纤的拉力强度很大，大约是钢丝的 2 倍，是铜丝和铝丝的 10 倍以上。

（2）静态疲劳

即使在断裂应力下，施加于玻璃材料的应力也会产生时效性破坏，即离子化了的水分与表面产生反应，成为耦合的氢氧根。这种氢氧根耦合因施加的应力而简单地分离，于是就开始对光纤进行破坏。破坏首先使微裂纹扩大，成为更深的微裂纹，最后当施加于微裂纹的应力超过断裂应力时，光纤就会发生断裂，这种现象被称为疲劳现象。

8. G.652 单模光纤的主要技术参数

光纤的结构及几何尺寸见表 2.1。

表 2.1　光纤的结构及几何尺寸

项目		要求
纤芯	材料	沉积 SiO_2+GeO_2
	模场直径	（标称值及偏差）9.2 μm±0.4 μm
包层	材料	SiO_2
	直径	125 μm±1 μm

续表

项目		要求
一次涂层	材料	UV 固化丙烯酸树脂
二次涂层		UV 固化丙烯酸树脂
涂层直径（未着色）		245 μm±5 μm
涂层直径（着色后）		252 μm±10 μm
光纤翘曲度		曲率半径不小于 4.0m
模场 / 包层同心度误差		小于 0.5 μm
包层不圆度		小于 1%

光纤光学特性、温度特性及弯曲特性见表 2.2。

表 2.2　光纤光学特性、温度特性及弯曲特性

项目	技术要求
2m 光纤截止波长（指尾纤）λ_c	$1100nm \leq \lambda_c \leq 1280nm$
20m 光缆 +2m 光纤有效截止波长 λ_{cc}	$\lambda_{cc} \leq 1260nm$
光纤衰减系数	1310nm、1550nm
	最大 0.35、0.20
	在 1285～1330nm 波长内任一波长的衰减系数与 1310nm 波长衰减系数相比，差值不超过 0.03dB/km
	在 1480～1580nm 波长内，任一波长的衰减系数与 1550nm 波长的衰减系数相比，差值不超过 0.03dB/km
光纤衰减系数	光纤衰减曲线应有良好的线性并且无明显台阶，在 1310nm 和 1550nm 处 500m 光纤的衰减值应不大于（amean+0.10dB）/2，amean 是光纤的平均衰减系数
	1625nm 波长上的最大衰减系数 ≤ 0.24dB/km
	在 1310～1625nm 波长内的最大衰减值为 0.35dB/km
光纤接头损耗	供货光缆中任意两根光纤在工厂条件下，1310nm 和 1550nm 波长的熔接损耗应满足：
	链路接头双向平均值 ≤ 0.03dB；
	单接头双向平均的最大值 ≤ 0.05dB
最大色散	（1288～1339nm）（1550nm）
	≤ 3.5ps/（nm·km）、≤ 18ps/（nm·km）
	1271～1360nm
	≤ 5.3ps/（nm·km）
最大零色散斜率	≤ 0.093ps/（nm²·km）
零色散波长 λ_0	1300～1324nm
−40℃～ +70℃	1310nm：≤ 0.05dB/km
衰耗变化值（dB/km）	1550nm：≤ 0.05dB/km
温度恢复到 20℃	无残余附加衰耗

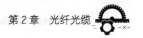

续表

项目	技术要求
以 R=30mm 光纤松绕 100 圈，1550nm、1625nm 波长附加衰耗	$\leqslant 0.5\mathrm{dB}$
PMD[1] 单盘值（1550nm）	$\leqslant 0.15\mathrm{ps}/\sqrt{\mathrm{km}}$
PMD 链路值	$\leqslant 0.1\mathrm{ps}/\sqrt{\mathrm{km}}$
动态疲劳系数	$n \geqslant 20$

注：1. PMD（Polarization Mode Dispersion，偏振模色散）。

2.2.4　非线性效应和偏振模色散

1. 光纤的非线性效应

（1）光纤的非线性机理

通常在光场较弱的情况下，可以认为光纤的各种特征参数随光场的强弱进行线性变化。在强光场的作用下，光纤则呈非线性变化。

光纤中的非线性效应就是一个信道的光强和相位将受到其他相邻信道的影响，从而形成串扰。

（2）主要的非线性效应

光纤中典型的非线性效应有自相位调制效应、交叉相位调制效应、受激拉曼散射、受汽船布里渊散射和四波混频（Four-Wave Mixing，FWM）等。

① 自相位调制效应：光脉冲在光纤中传播时相位的改变分为线性部分和非线性部分，其中，非线性部分与光场强度的平方呈正比，故自相位调制是光场自身引起相位变化，进而导致光脉冲频谱扩展。从原理上说，自相位调制可用来实现调相，但实现调相需要很强的光强，且需选择折射率大的材料。自相位调制效应的真正应用是在光纤中产生光孤子，实现光孤子通信，这是光纤非线性特性的重要应用。

② 受激拉曼散射：由光纤物质中原子振动参与的光散射现象。受激拉曼散射对光纤通信的不利影响主要表现在两个方面：一是造成光纤损耗增加，频率转换，因此必须加以抑制，主要是限制光纤中传输的最大功率；二是引起波分复用系统中的串扰。

③ 四波混频：两个以上不同波长的光信号在光纤的非线性影响下，除了原始的波长信号，还会产生许多额外的混合成分（或叫边带）信号。

在波分复用系统中，特别是当信道间隔很小时，有相当大的信道功率通过四波混频被转换到新的光场中，这一转换直接导致信道功率损耗，同时还会引起邻近通道间的串话，引起信道干扰。四波混频是波分复用系统中最主要的限制系统性能的非线性现象。

2. 偏振模色散

（1）偏振模色散的定义

光纤的几何尺寸不均匀，x 轴、y 轴的模传输速度有偏差，形成偏振模色散。偏振模色散示意如图 2.3 所示。

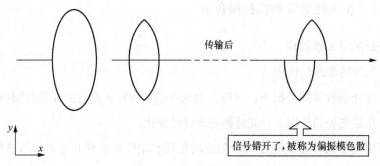

传输后

信号错开了，被称为偏振模色散

图 2.3　偏振模色散示意

（2）偏振模色散的指标

A.1550nm 偏振模色散单盘值 $\leqslant 0.15\text{ps}/\sqrt{\text{km}}$。

B.1550nm 偏振模色散链路值（$\geqslant 20$ 盘）$\leqslant 0.10\text{ps}/\sqrt{\text{km}}$。

2.2.5　ITU-T 对光纤的定义

为了使光纤具有统一的国际标准，ITU T 制定了统一的光纤标准（G 标准），简要介绍如下。

1. 渐变型多模光纤（G.651 光纤）

多模光纤是以多个模式传输的光纤，也就是在多模光纤中存在多个分离的传导模。突变型多模光纤由于模间时延差太大，传输带宽只能达到几十兆，不利于高速传输，已被淘汰，目前，多模光纤均为渐变型多模光纤。渐变型多模光纤的工作波长一般为 0.85μm，衰减较大。

2. 常规单模光纤（G.652 光纤）

常规单模光纤也被称为非色散位移光纤，其零色散波长在 1310nm 处，在波长为 1550nm 处衰减最小，但有较大的正色散，大约为 18ps/（nm·km），工作波长既可选用 1310nm，又可选用 1550nm。常规单模光纤使用最为广泛。

3. 色散位移光纤（G.653 光纤）

色散位移光纤通过改变光纤的结构参数、折射率分布形状来加大波导色散，从而将最小零色散从 1310nm 位移到 1550nm，实现 1550nm 处最低衰减和零色散波长一致，并且在掺铒光纤放大器（Erbium Doped Fiber Amplifier，EDFA）工作波长区域内。这种光纤非常适用于长距离、单信道、高速光纤通信系统。但是，该光纤在通道进行波分复用信号传输时，在 1550nm 附近低色散区存在有害的四波混频等光纤非线性效应，阻碍光纤放大器在 1550nm 窗口的应用，正是因为这个原因，色散位移光纤正在逐渐被非零色散位移光纤所取代。

4. 1550nm 性能最佳单模光纤（G.654 光纤）

此光纤在 1550nm 波长工作窗口具有极小的衰减（0.18dB/km），与 G.652 光纤比较，这种光纤的优点是在 1550nm 工作波长处衰减系数极小，弯曲性能好。这种光纤主要应用在传输距离很长且不能插入有源器件的无中继海底光纤通信系统中。

5. 非零色散位移单模光纤（G.655 光纤）

G.655 光纤常被称为非零色散光纤，是为新一代光放大密集波分复用传输系统设计和制造的新型光纤，属于色散位移光纤，不过在 1550nm 处其色散不是零值 [按 ITU-T 的 G.655 规定，波长 1530 ～ 1565nm 对应的色散值为 0.1 ～ 0.6ps/（nm·km）]，用以平衡四波混频等非线性效应。这种光纤利用较低的色散抑制了四波混频等非线性效应，能用于高速率、大容量、密集波分复用的长距离光纤通信系统中。

6. 色散补偿光纤

利用负色散来补偿在常规光纤中传播时所产生的正色散，是当前比较常用的一种方案。负色散作为色散补偿光纤，基本原理是精心设计光纤的芯径及折射率分布，利用光纤的波导色散效应，使其零色散波长大于 1550nm，即在 1550nm 工作点上产生较大的负色散。当它和常规光纤级联使用时，两者会互相抵消。

7. 宽带光传送的非零色散光纤（G.656 光纤）

从 2002 年 5 月的一次 ITU-TSG15 会议上由日本 NTT 和 CLPAJ 公司联合提出研究文稿以来，经历了多次讨论，G.656 光纤于 2004 年正式批准发布了第一个版本。G.656 光纤被命名为"宽带光传送的非零色散光纤"。经研究修改，ITU-T 于 2006

年 11 月发布了 G.656 光纤第二个版本（V2.0）。

G.656 光纤的 V2.0 定义的宽带光传送的非零色散光纤在 1460 ～ 1624nm 波长区域具有大于非零值的正色散系数值，能有效抑制密集波分复用系统的非线性效应，其最小色散值在 1460 ～ 1550nm 波长区域为 1.00 ～ 3.60ps/（nm·km）。在 1550 ～ 1625nm 波长区域为 3.60 ～ 4.58ps/（nm·km）；最大色散值在 1460 ～ 1550nm 波长区域为 4.60 ～ 9.28ps/（nm·km），在 1550 ～ 1625nm 波长区域为 9.28 ～ 14ps/（nm·km）。这种光纤非常适合于 1460 ～ 1624nm（S+C+L 共 3 个波段）波长区域的粗波分复用和密集波分复用。与 G.652 光纤相比，G.656 光纤能支持更小的色散系数；与 G.655 光纤相比，G.656 光纤能支持更宽的工作波长。G.656 光纤可保证通道间隔 100GHz、40Gbit/s 系统的传输距离至少为 400km。人们预测 G.656 光纤可能成为继 G.652 光纤和 G.655 光纤之后的又一个被广泛应用的光纤。

8. 接入网用弯曲衰减不敏感单模光纤（G.657 光纤）

G.657 光纤接入网用弯曲衰减不敏感单模光纤光缆特性的标准是 ITU-T 于 2006 年 11 月发布的标准。G.657 光纤是为了实现光纤到户，在 G.652 光纤的基础上开发的最新的一个光纤品种。这类光纤最主要的特性是具有优异的耐弯曲特性，其弯曲半径可实现常规的 G.652 光纤弯曲半径的 1/4 ～ 1/2。G.657 光纤分 A、B 两个子类，其中，G.657A 型光纤的性能及其应用环境和 G.652D 型光纤相近，可以在 1260 ～ 1625nm 的宽波长区域内（即 O、E、S、C、L 共 5 个工作波段）工作；G.657B 型光纤主要在 1310nm、1550nm 和 1625nm 这 3 个波长窗口工作，更适用于实现光纤到户的信息传送及安装在室内或大楼等狭窄的场所。

2.3 光缆

2.3.1 光缆分类

（1）按所使用的光纤分类

光缆按使用的光纤不同分为单模光缆、多模光缆。

（2）按光纤的折射率分类

光缆按光纤的折射率不同分为阶跃型光缆、渐变型光缆。

（3）按缆芯结构分类

光缆按缆芯结构不同分为层绞式结构光缆、骨架式结构光缆、束管式结构光缆、带状式结构光缆。

（4）按外护套结构分类

光缆按外套结构不同分为无铠装光缆、钢带铠装光缆和钢丝铠装光缆。

（5）按光缆中有无金属分类

光缆按光缆中有无金属分为有金属光缆、无金属光缆。

（6）按敷设方式分类

光缆按敷设方式不同分为架空光缆、直埋光缆、管道光缆、水底光缆。

（7）按维护方式分类

光缆按维护方式不同分为充油光缆、充气光缆。

（8）按使用范围分类

光缆按使用范围不同分为中继光缆、海底光缆、用户光缆、局内光缆、长途光缆等。

2.3.2 光缆端别

在光缆横截面中，领示色光纤顺时针方向排列为 A 端，逆时针方向排列为 B 端。光纤色谱见表 2.3。

表 2.3 光纤色谱

1	2	3	4	5	6	7	8	9	10	11	12
蓝	桔	绿	棕	灰	白	红	黑	黄	紫	粉红	青绿

2.3.3 光缆型号

光缆的种类较多，有具体的型号和规格。根据 YD/T 908—2000《光缆型号命名方法》的规定，目前，光缆型号是由光缆的代号和光纤的规格两个部分构成，中间用长横线分开。

光缆的型号是由分类、加强构件、派生形状（特性）、护层和外护层 5 个部分组成。各部分的代号所表示的内容如下。

1. 光缆分类代号及其意义

GY——通信用室（野）外光缆。

GR——通信用软光缆。

GJ——通信用室（局）内光缆。

GS——通信设备内光缆。

GH——通信用海底光缆。

GT——通信用特殊光缆。

2. 加强构件的代号及其意义

无符号——金属加强构件。

F——非金属加强构件。

3. 派生特征的代号及其意义

B——扁平式结构。

C——自承式结构。

D——光纤带结构。

G——骨架槽结构。

J——光纤紧套被覆结构。

S——松套结构。

T——填充式结构。

X——中心束管结构。

Z——阻燃。

4. 护层的代号及其意义

Y——聚乙烯护层。

V——聚氯乙烯护层。

U——聚氨酯护层。

A——铝、聚乙烯粘接护层。

L——铝护套。

G——钢护套。

Q——铅护套。

S——钢、铝、聚乙烯综合护套。

5. 外护层的代号及意义

外护层是指铠装层及铠装层外边的外被层，外护层代号及其意义见表 2.4。

表 2.4　外护层代号及其意义

代号	铠装层	代号	外被层
0	无铠装层	1	纤维外被
2	绕包双钢带	2	聚氯乙烯护套
3	单细圆钢丝	3	聚乙烯护套
33	双细圆钢丝	4	聚乙烯护套加覆尼龙套
4	单粗圆钢丝	5	聚乙烯保护管
44	双粗圆钢丝		
5	皱纹钢带		

2.3.4　光缆结构

光缆的结构大体上可分为缆芯、加强元件和护层三大部分。

1. 缆芯

在光缆结构中，缆芯是主体，由单根或多根光纤芯线组成，有紧套和松套两种结构，紧套光纤有二层和三层结构。其结构是否合理，与光纤是否能安全运行紧密相关。一般来说，缆芯结构应满足以下基本要求。

① 使光纤在缆内处于最佳位置和状态，保证光纤传输性能稳定。在光缆受到一定的拉、侧压等外力时，光纤不应受到外力影响。

② 金属线（混合光缆）也应得到妥善安排，并保证其电气性能。

③ 缆芯中的加强元件应能经受允许拉力。

④ 缆芯截面应尽可能小，以降低成本。

2. 加强元件

加强元件用于增强光缆敷设时可承受的负荷，一般是金属丝或非金属纤维。

3. 护层

护层具有阻燃、防潮、耐压、耐腐蚀等特性，主要作用是对已成缆的光纤芯线进行保护。根据敷设条件，可由铝带 / 聚乙烯综合纵包带黏结外护层、钢带（或钢丝）铠装和聚乙烯护层等组成。

2.3.5 光缆类型

1. 常用光缆

（1）GYTA 型光缆

金属加强构件、松套层绞填充式、铝-聚乙烯黏结护套的通信用室外光缆，适用于管道和架空。

GYTA 型光缆的结构是将单模或多模光纤套入由高模量的聚酯材料做成的松套管中，套管内填充防水化合物。缆芯的中心是一根金属加强芯，对于某些芯数的光缆来说，金属加强芯外还需挤上一层聚乙烯（Polyethylene，PE）。松套管和填充绳围绕中心加强芯绞合成紧凑的圆形缆芯，缆芯内的缝隙充以阻水填充物。涂塑铝带，纵包后挤制聚乙烯护套成缆。

GYTA 型光缆结构如图 2.4 所示。

（2）GYTS 型光缆

金属加强构件、松套层绞填充式、钢-聚乙烯黏结护套的通信用室外光缆，适用于管道和架空。

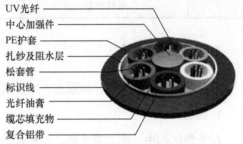

图 2.4　GYTA 型光缆结构

GYTS 光缆的结构是将单模或多模光纤套入由高模量的聚酯材料做成的松套管中，套管内填充防水化合物。缆芯的中心是一根金属加强芯，对于某些芯数的光缆来说，金属加强芯外还需挤上一层聚乙烯。松套管和填充绳围绕中心加强芯绞

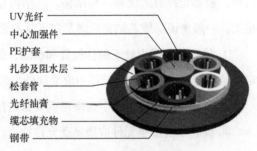

图 2.5　GYTS 型光缆结构

合成紧凑的圆形缆芯，缆芯内的缝隙充以阻水填充物。双面镀铬涂塑钢带，纵包后挤制聚乙烯护套成缆。

GYTS 型光缆结构如图 2.5 所示。

（3）GYTY53 型光缆

金属加强构件、松套层绞填充式、聚乙烯黏结内护套、皱纹钢带铠装、聚乙烯外护层的通信用室外光缆，适用于直埋。

GYTY53 光缆的结构是将单模或多模光纤套入由高模量的聚酯材料做成的松套

管中，套管内填充防水化合物。缆

芯的中心是一根金属加强芯，对于

某些芯数的光缆来说，金属加强芯

外还需挤上一层聚乙烯。松套管和

填充绳围绕中心加强芯绞合成紧凑

的圆形缆芯，缆芯内的缝隙充以阻

水填充物。缆芯外挤上一层聚乙烯

内护套，双面镀铬涂塑钢带，纵包

后挤制聚乙烯外套成缆。

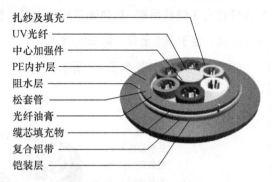

扎纱及填充
UV光纤
中心加强件
PE内护层
阻水层
松套管
光纤油膏
缆芯填充物
复合铝带
铠装层

图 2.6　GYTY53 型光缆结构

GYTY53 型光缆结构如图 2.6 所示。

（4）GYDTA 型光缆

金属加强构件、松套层绞填充式、铝-聚乙烯黏结护套的通信用室外光纤带光缆。

特点：全截面阻水结构，确保良好的阻水防潮性能；松套管内填充特种油膏，对光纤进行关键性保护；中心加强构件采用耐腐蚀的、高杨氏模量的磷化钢丝；光纤带光缆具有光纤密度大、易于施工、便于识别、易于分支、节省时间、方便维护、能降低整个工程造价等优点。在接入网（特别是光缆到路边，光缆到大楼等）、局间中继、广电有线电视网等方面有着广泛的应用前景。

GYDTA 型光缆结构如图 2.7 所示。

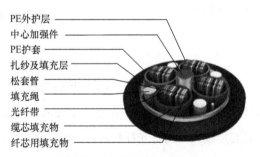

PE外护层
中心加强件
PE护套
扎纱及填充层
松套管
填充绳
光纤带
缆芯填充物
纤芯用填充物

图 2.7　GYDTA 型光缆结构

（5）GYTC8S 型光缆

金属加强构件、松套层绞填充式、钢-聚乙烯黏结护套、"8"字形自承式的通信用室外光缆。

特点：全截面阻水结构，确保良好的阻水防潮性能；松套管内填充特种油膏，对光纤进行关键性保护；纵包钢带加强光缆的抗侧压能力；"8"字形自承式结构抗拉强度高，便于架空敷设，降低安装成本。

GYDTA 型光缆结构如图 2.8 所示。

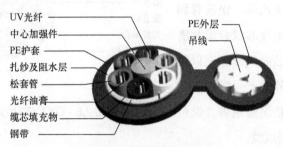

图 2.8　GYDTA 型光缆结构

（6）接入网用蝶形引入光缆

采用扁平"8"字形结构，在光纤两侧对称地放置两根相同的加强构件，加强构件嵌入护套内。加强构件为非金属或金属材料。

根据光缆引入场景不同，蝶形引入光缆分为室内应用、室外自承式架空应用和室外管道应用等不同类型。对于自承式蝶形引入及管道式蝶形引入的光缆，光缆中除了放置加强构件，还需放置增强构件，以保证光缆具有合适的张力、防水和防紫外线性能要求。

图 2.9　蝶形光缆结构

蝶形光缆结构如图 2.9 所示。

2. 特殊光缆

（1）ADSS 光缆

非金属加强构件、松套层绞填充式、聚乙烯外护层的通信用室外全介质自承光缆，适用于利用电力杆塔架设的通信线路、雷电感应突出的地段及大跨距敷设。

ADSS 光缆采用松套层绞式结构，光纤套入由高模量聚酯材料制成的松套管中，套管内填充防水化合物。松套管和填充绳围绕非金属中心加强芯绞合成紧凑的缆芯，缆芯内的缝隙充以阻水油膏。缆芯外挤制聚乙烯内护套，然后双向绞绕两层起加强作用的芳纶，最后挤制聚乙烯外套或耐电蚀外套。

特点：全截面阻水结构，确保良好的阻水防潮性能；松套管内填充特种油膏，对光纤进行关键性保护；中心加强构件采用有较高杨氏模量的玻璃纤维增强塑料棒；全介质自承，高抗拉强度芳纶纱或玻璃纱增强件确保光缆自承及恶劣环境下光纤无应变，不受雷电感应的影响；性能优异，确保光缆在高感应电势环境下的安全；满足电力标准 DL/T 788—2016。

ADSS 光缆结构如图 2.10 所示。

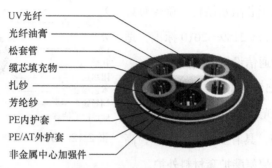

图 2.10　ADSS 光缆结构

（2）GYTA33 型光缆

金属加强构件、松套层绞填充式、铝–聚乙烯黏结护套、单层细圆钢丝铠装聚乙烯外护层的通信用室外光缆。

特点：全截面阻水结构，确保良好的阻水防潮性能；松套管内填充特种油膏，对光纤进行关键性保护；中心加强构件采用耐腐蚀的、高杨氏模量的磷化钢丝；纵包双面覆膜皱纹铝带，细圆钢丝绕包铠装，确保光缆机械抗压、抗拉、防弹性能，满足爬坡直埋、水下敷设等应用要求。

GYTA33 型光缆结构如图 2.11 所示。

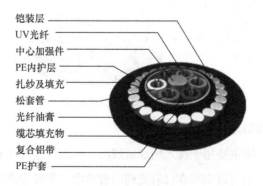

图 2.11　GYTA33 型光缆结构

（3）GDA-xB1+n×1.5 型光缆

光电混合缆，金属加强构件、松套层绞填充式、干芯结构、阻水带铝带纵包、聚乙烯外护层的通信用室外光缆。

特点：松套管内填充特种油膏，对光纤进行关键性保护；外护套具有良好的抗紫外辐射性能；非金属干芯阻水结构，确保良好绝缘性能；满足 YD/T 2159—2010 标准，适用于短距离通信和通信设备远端供电。

GDA-xB1+n×1.5 型光缆结构如图 2.12 所示。

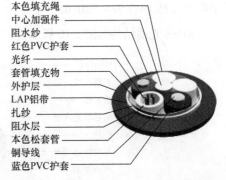

图 2.12　GDA-xB1+n×1.5 型光缆结构

（4）GJFJU 型光缆

应急抢修光缆，具有多根紧套光纤，高质量芳纶，高性能聚氨酯护套材料外护。

应急抢修光缆主要用于光缆线路的抢修。用应急抢修光缆临时接通线路，可在短时间内完成线路的恢复工作，大量减少线路中断的时间。应急抢修光缆系统中的轻便光缆的两侧都加工成 FC/PC 连接头，故障光缆只要在现场安装裸纤适配器，通过法兰盘和连接头连接，故障光缆就可以通过轻便光缆进行正常的信号传输了。

高质量芳纶使其具有足够的抗拉性能，可多次重复卷绕使用，外护套使用聚氨酯材料，具有良好的隐蔽性、耐磨性和阻燃性，耐油，抗化学腐蚀，抗撕裂及具有优良的低温柔韧性和应力缓冲性。

GJFJU 型光缆结构如图 2.13 所示。

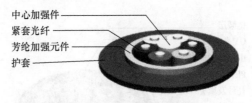

图 2.13　GJFJU 型光缆结构

（5）GCYFTY 微型光缆

GCYFTY 微型光缆主要用于接入网和城域网。我们通过气吹安装技术将光缆安装在微小的管道中，也可以安装在已有光缆的管道中，节省管道资源，满足网络的实时扩容需求，这是光纤到户的有效解决方案。

GCYFTY 型光缆结构如图 2.14 所示。

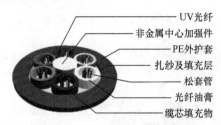

UV光纤
非金属中心加强件
PE外护套
扎纱及填充层
松套管
光纤油膏
缆芯填充物

图 2.14 GCYFTY 型光缆结构

（6）GYTS53 型光缆

防鸟啄光缆的结构是将单模或多模光纤套入由高模量的聚酯材料做成的松套管中，套管内填充防水化合物。缆芯的中心是一根金属加强芯，对于某些芯数的光缆来说，金属加强芯外还需挤上一层聚乙烯。松套管和填充绳围绕中心加强芯绞合成紧凑的圆形缆芯，缆芯内的缝隙充以阻水填充物。双面镀铬涂塑钢带，纵包后挤一层聚乙烯内护套，双面镀铬涂塑钢带，纵包后挤制红色聚乙烯外套成缆。

产品特点如下。

① 精确控制光纤余长保证光缆具有良好的抗拉性能和温度特性。

② 松套管材料本身具有良好的耐水解性能和较高的强度，管内充以特种油膏，对光纤提供了关键性保护。

③ 良好的抗侧压性和柔软性。

④ 双层钢带铠装，增强光缆硬度。

⑤ 鲜亮的红色外护，利用生物性原理，实现防鸟啄。

环境性能如下。

储存温度：–40℃～ 70℃。

使用温度：–40℃～ 70℃。

弯曲半径：静态 12.5 倍缆径；动态 25 倍缆径。

适用环境：管道、架空、直埋。

GYTS53 型光缆结构如图 2.15 所示。

（7）GYXTS 型光缆

磷化钢丝铠装 S 护套防鼠光缆，绕包圆细钢丝与双面镀铬涂塑钢带结合具备优越的防咬合能力；结构轻便，弯曲性能优异，适用于林区架空、城市管道、山区施工；

直径小、重量轻、容易敷设。

GYXTS 型光缆结构如图 2.16 所示。

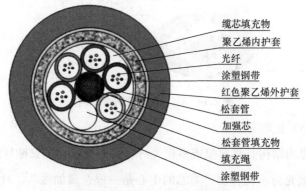

缆芯填充物
聚乙烯内护套
光纤
涂塑钢带
红色聚乙烯外护套
松套管
加强芯
松套管填充物
填充绳
涂塑钢带

图 2.15　GYTS53 型光缆结构

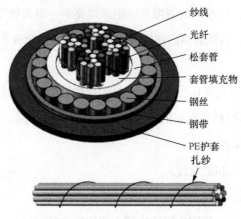

纱线
光纤
松套管
套管填充物
钢丝
钢带
PE护套
扎纱

图 2.16　GYXTS 型光缆结构

3. 新型光缆

全干式光缆是目前研制的一种新型光缆，典型产品为 GYFZY、GYZA53，新性能测试稳定，满足 YD/T 3350.1—2018 标准要求，适用于管道、架空、直埋、隧道（通道）等常规敷设方式。

主要特性如下。

（1）优异的阻燃性能

无油膏填充，发烟量大幅减小，配合非延燃材料，阻燃性能大幅提高。

（2）保护环境

减少油膏对环境的污染，不需要使用化学溶剂清理光缆内的油膏，减少对人体的伤害。

（3）光缆轻便

使用阻水纱和阻水带取代油膏，光缆重量减少 10% 以上，便于运输和施工布放。

（4）施工成本低

省去清洁油膏的步骤，光缆接续时间缩短一半，提升施工效率，减少化学溶剂的使用，降低直接成本。

全干式光缆的常规性能见表 2.5。

表 2.5　全干式光缆的常规性能

序号	项目	指标要求
1	拉伸强度	GYFZY：600/1500N；GYZA53：1000/3000N 长期拉力：光纤无明显附加衰减和应变；短期拉力：光纤附加衰减应不大于 0.1dB，应变不大于 0.15%
2	压扁	GYZA：300/1500N；GYZA53：1000/3000N 长期压扁力：光纤应无明显附加衰减；短暂压扁力：光纤附加衰减应不大于 0.1dB
3	冲击	管道或架空光缆为 450g，直埋和水下光缆为 1kg；冲锤落高为 1m；冲击次数至少为 5 次，每个点 1 次；光纤应无明显残余附加衰减，护套应无目力可见开裂
4	反复弯曲	管道或架空光缆为 150N，直埋光缆为 250N；弯曲次数为 30 次；光纤应无明显残余附加衰减，护套应无目力可见开裂
5	扭转	管道或架空光缆为 150N，直埋光缆为 250N；无铠装光缆的扭转角度为 ±180°，有铠装光缆的扭转角度为 ±90°；扭转次数为 10 次；在光缆扭转到极限位置下光纤应无明显附加衰减
6	卷绕	心轴直径不大于静态允许弯曲半径的两倍；密绕圈数为每次循环 10 圈；循环次数不少于 5 次；光纤应不断裂，护套应无目力可见开裂
7	高低温循环	−40℃～70℃，测试后光纤衰减变化量的绝对值不超过 0.02dB/km
8	低温下 U 形弯曲	−20℃，弯曲半径为 15D；光纤无断裂
9	低温下冲击	−20℃，冲锤重量为 450g；冲锤落高为 1m；冲击次数至少 1 次；光纤应不断裂和护套应无目力可见开裂
10	渗水	3m 样品，1m 水柱，24h，不渗水

2.3.6　光缆选择原则

① 光缆中光纤数量的配置应充分考虑网络冗余要求、未来预期系统制式、传输系统数量、网络可靠性、新业务发展、光缆结构和光纤资源共享等因素。

② 光缆中的光纤应通过不小于 0.69GPa 的全程张力筛选，光纤类型应根据应用

场合按以下规定选取。

A. 长途网光缆宜采用 G.652 光纤或 G.655 光纤。

B. 本地网光缆宜采用 G.652 光纤。

C. 接入网光缆宜采用 G.652 光纤；当需要抗微弯光纤光缆时，宜采用 G.657 光纤。

③ 光缆结构宜使用松套层绞式、中心束管式，大芯数光缆可使用骨架式或其他更为优良的方式。同一条光缆内宜采用同一类型的光纤，不宜混纤。

④ 光缆线路宜采用无金属线的光缆。根据工程需要，在雷害或强电危害严重地段可选用非金属构件的光缆，在蚁害、鼠害严重地段可选用防蚁、防鼠光缆。

⑤ 光缆护层结构应根据敷设地段环境、敷设方式和保护措施来确定，并应符合以下规定。

A. 直埋光缆宜选用聚乙烯塑料内护层加防潮铠装层加聚乙烯塑料外护层，或防潮层加聚乙烯塑料内护层加铠装层加聚乙烯塑料外护层等结构。

B. 采用管道或硅芯管保护的光缆宜选用防潮层加聚乙烯塑料外护层，或微管加微缆等结构。

C. 架空光缆宜选用防潮层加聚乙烯塑料外护层结构。

D. 水底光缆宜选用防潮层加聚乙烯塑料内护层加钢丝铠装层加聚乙烯塑料外护层等结构。

E. 局内、室内光缆宜选用非延燃材料外护层结构。

F. 防蚁光缆宜选用直埋光缆结构加防蚁外护层。

G. 防鼠光缆宜选用直埋光缆结构加防鼠外护层。

H. 电力塔架上的架空光缆宜选用光纤复合架空地线光缆或全介质自承式光缆等。

I. 皮线光缆主要用于用户引入。

2.3.7 光缆机械性能

光缆在承受短期允许拉伸力时，光纤附加衰减应小于 0.2dB，拉伸力解除后光缆残余应变小于 0.08%，且无明显残余附加衰减，护套应无开裂。光缆在承受长期允许拉伸力和压扁力时，光纤应无明显的附加衰减。光缆允许拉伸力和压扁力的机械性能见表 2.6。

表 2.6　光缆允许拉伸力和压扁力的机械性能

敷设方式和加强级别	允许拉伸力最小值 /N		每 100mm 允许压扁力最小值 /N	
	短期	长期	短期	长期
气吹微型光缆	$0.5G^1$	$0.15G$	150	450
管道和非自承架空	1500 和 1.0G	600	1500	750
直埋 I	3000	1000	3000	1000
直埋 II	4000	2000	3000	1000
直埋 III	10000	4000	5000	3000
水下 I	10000	4000	5000	3000
水下 II	20000	10000	5000	3000
水下 III	40000	20000	6000	4000

注：1. G 为每千米光缆的重量。

2.4　光纤接续

在光缆线路上，要把若干根光纤永久地连接成满足设计长度要求的光传输线路；在光纤传输系统中，要把光设备的发送、接收器件与光纤线路连接，能随时拆卸调度水线主备用水底光缆与主干光缆间的光纤连接；在光纤传输性能测量中，光纤间的耦合、临时连接等，都要采用不同的光纤连接方式和工艺来满足上述需要，这就是光纤接续。

2.4.1　光纤接续的主要方式

1. 固定连接（死接头）

固定连接（死接头）用于光缆线路中光纤间的永久性连接，主要方法有电弧熔接法、机械连接法（粘接、匹配）。

2. 活动连接（活接头）

活动连接（活接头）用于传输系统的机、线（纤）间，水线倒换箱内，光仪表耦合等方面，主要方法是采用光纤连接器等器件连接。

3. 临时连接

临时连接用于测量尾纤、假纤与被测光纤间的耦合、连接，主要方法有 V 形槽对准、弹性毛细管连接、临时性固定连接。

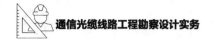

2.4.2 光纤接续要求

光纤接续的要求是根据不同的使用场合及不同的方法提出的。一般要求如下。

1. 对固定连接的要求

光纤固定连接主要用于光缆传输线路中光纤的永久性连接。这种连接习惯上被称为光纤接续。它是光缆线路工程中的一项关键性技术，光纤接续质量不仅直接影响光缆传输损耗的容限，影响传输距离的长度，还影响系统使用的稳定性与可靠性。同时由于固定连接点量大、路长面广，接续工作与工期、效益有着非常重要的意义，因此，对光纤的固定连接提出以下要求。

① 连接损耗要小，能满足设计要求，且应具有良好的一致性。

② 连接损耗的稳定性要好，一般接头要求在 –20℃～60℃内不应有附加损耗产生。

③ 具有足够的机械强度和使用寿命。

④ 操作尽量简单容易。

⑤ 接头体积要小，易于放置、保护。

⑥ 费用低，材料易于加工或选购。

目前，光纤的固定连接多数采用电弧熔接法。虽然它对熔接设备的精度要求很高，但熔接法接头基本上满足了上述要求。良好的熔接平均损耗普遍可以做到0.1dB以下，其长期稳定性也比较好，即使条件恶化，附加损耗一般也会小于0.01dB。从经济性方面看，除一次性投资购买自动熔接机费用，每个接头的附加材料等费用较低。

在连接方法中，人们常提到的有机械连接法和粘接法。根据现在的技术状况，这两种方法实际上是一种方法。因为机械连接法仍要使用匹配液或具有相近折射率的透明胶剂黏合，例如，美国AT&T公司的旋转机械连接法，这一方法在国内外都有使用的实例。机械连接法施工比较方便，可省去熔接机，但机械连接构件精度高，机械连接法成本也较高。

2. 对活动连接的要求

目前，光纤连接都是依靠机械式连接器来实现的。这种光纤连接器有多种结构，但总体分为多模和单模两种。活动连接对连接器的主要要求如下。

① 插入损耗要小，单模光纤要求损耗小于0.5dB。

② 应有较好的重复性和互换性，即连接器配套件之间多次插拔和互换配件，仍有较好的一致性。

③ 具有较好的稳定性，连接件紧固后插入损耗稳定，不受气温变化影响。

④ 体积要小，重量轻。

⑤ 材料要有良好的温度特性和抗腐蚀等性能。

⑥ 经济性。

3. 对临时性连接的要求

临时性光纤连接可以采用 V 形调整架或熔接机上的微调架，将被连接的两根光纤对准并滴上少许匹配液；用簧性毛细管连接件连接可以获得较好的耦合；用熔接方法临时固定接头都可以实现仪表尾纤与被测光纤间的良好耦合。

对于上述要求，一般不做具体规定，主要由使用的性质、要求而确定。例如，用熔接耦合时，虽然要求不一定很严格，但连接损耗也不要过大，应控制在 0.5dB 以下，否则会影响测试值或降低仪表动态范围。从经济上考虑，临时接头的保护以满足需要出发，不一定要采取正规的增强保护措施。

2.4.3 产生多模光纤接续损耗的因素

1. 本征因素

光纤制造技术十分复杂，因此，目前无法避免光纤在参数方面存在的偏差。像几何参数（例如，光纤芯径、包层外径、芯 / 包层同心度、不圆度）和光学参数（例如，纤芯相对折射率差、最大理论数值孔径等），这些参数只要有一项或多项失配，就会产生由不同程度的本征因素引起的连接损耗。

当光由相对折射率差或数值孔径较小的光纤向大的方向传输时，不产生相应的损耗。工程中接头是随机的，而且对每一个接头来说，本征因素不是一致的，故连接损耗的本征因素是以不同程度而存在的。

从多模光缆工程的施工现场统计分析的结果看，最大理论数值孔径的失配，对连接损耗的影响最大。

2. 外界因素

外界因素是指接头机具的精度、操作工艺水平和监测控制等因素。由于光纤精细、工艺要求高，因此，两根光纤在连接后仍难免存在轴心错位、轴向倾斜及纵向分离或纤芯／包层变形等情况，这些都将导致光通过连接部位时，产生传输损耗。

① 轴心错位（即光纤间的模向移位）是由被连接的光纤纤芯未完全对准而造成的，这种因素是诸多因素中影响最大的。

当采用熔接方法连接时，对于多数多模光纤自动熔接来说，其调整件的 Y 轴方向是固定的，即光纤的垂直方向靠光纤外径在同一平面来保证，因此，在熔接的对准过程中是不调芯的，当被连接的光纤纤芯／包层同心度、不圆度产生纤芯偏芯时，会产生一定的连接损耗。因此，在光纤制造时，纤芯／包层的同心度、不圆度要好。

在采用机械连接方法时，可以通过光功率计或光时域反射仪（Optical Time Domain Reflectometer，OTDR）监视调准，以降低轴心错位影响。

② 轴向倾斜即端面倾斜，主要是光纤端面制备工具和操作技术造成的，因此要尽量减小倾斜角度，使端面平整且与光纤轴线呈垂直。

③ 纵向分离即端面分离。光纤端面间存在空气，光通过交界面时，发生菲涅尔反射导致损耗的产生。

用熔接方法连接时，只有在纤芯存在气泡时，才存在损耗，如果纤芯内存在气泡而造成不良熔接，则可重新熔接。机械连接法（例如，美国 AT&T 公司的机械连接法）是指通过高速对准后，在两个光纤端面接触处用匹配液固定，减小或消除纵向分离。

2.4.4 产生单模光纤接续损耗的因素

由于单模光纤芯径仅为多模光纤的 1/5，其连接要求更高。产生连接损耗的因素与多模光纤基本相似，具体分析如下。

1. 本征因素

对连接损耗影响最大的是模场直径，因此，单模光纤模场直径的标准为（9～10）μm±10%。

2. 外界因素

与多模光纤一样，单模光纤中轴芯错位和轴向倾斜对连接损耗影响最大。对于机械连接法还有纵向分离因素，熔接法还有纤芯变形的因素。

（1）轴芯错位

单模光纤纤芯细，显然轴芯错位对损耗的影响更为严重，因此，对于单模光纤接续来说，其首要任务是解决轴芯错位问题。

在机械连接法中，连接件与多模光纤的不同点在于：多模光纤的两个固定光纤的连接件为分体式，只有连接时才对准并固定于座板上，而单模光纤用的连接件为两个一体式，即穿过光纤的轴线孔在一条直线上，这就保证了轴芯错位问题的减少。

使用熔接法连接时，熔接机不仅精度要高，还应是自动调芯式，即通过光的监测使光纤获得最佳对准。

即使采取了这些措施，但仍然会产生轴芯错位引起的损耗。使用机械连接法时，可通过监测调整减少损耗；使用熔接法时，可通过自动对光调整减少损耗。

（2）轴向倾斜

从测试结果可以看出，当单模光纤端面倾斜 1° 时，大约产生 0.2dB 的连接损耗，可见它比多模光纤的影响大，同时单模光纤本身损耗低，连接损耗理所当然比多模光纤要低。因此，在工程上为了降低连接损耗，往往选用高质量的光纤切割钳，同时通过显微镜观察，可以重新制备光纤端面，以减少轴向倾斜。

（3）纤芯变形

使用熔接法连接时，可能出现纤芯变形。当自动熔接机的电流、推进量、放电时间等参数设置合理、操作得当时，纤芯变形引起的损耗可以控制在 0.02dB 以下或完全消除。

2.4.5　光纤熔接法

光纤熔接法是光纤连接方法中使用最为广泛的方法之一。它采用电弧焊接法，即利用电弧放电产生高温，使被连接的光纤熔化而焊接成为一体。在显微镜下观察成功的熔接接头几乎找不到痕迹，连接损耗也很小，因此，熔接连接是实现光纤真正连接的唯一有效的方法。

1. 光纤熔接方式

① 镍铬丝熔接方式。

② 空气放电熔接方式。

③ CO_2 激光器熔接方式。

④ 火焰加热熔接方式。

⑤ 空气预放电熔接方式。

目前，使用较多的是空气预放电熔接方式。

空气预放电熔接方式是在原来空气放电熔接方式的基础上改进的一种实用方法。

空气预放电熔接法是将已经端面处理的待接光纤对准，端面间紧贴放电熔接。若光纤端面不完善，则很容易产生气泡或纤芯变形，从而影响熔接的成功率且会增大连接损耗。改进后的预放电熔接方式通过预熔（0.1～0.3s）将光纤端面的毛刺、残留物清除，使端面趋于清洁、平整，使熔接质量、成功率得到明显提高。

采用空气预放电熔接的装置、设备被称为光纤熔接机。

2. 光纤（单芯）熔接工艺流程

工艺流程是确保连接质量的操作规程，现场正式熔接时应严格掌握各道工艺的操作要领，操作要领主要包括以下内容。

① 光纤端面处理。

② 去除套塑层。

③ 去除预涂层。

④ 切割。

⑤ 清洗。

⑥ 轴向校准。

⑦ 人工放置。

⑧ 人工自动调节。

⑨ 预熔。

⑩ 熔接。

⑪ 质量评价。

⑫ 目视。

⑬ 测量。

⑭ 增强保护（热缩管法）。

⑮ 加热。

⑯ 质量复检。

2.4.6　光纤熔接接头衰减限值

光纤连接后，光传输经过接续部位可以产生一定的损耗量，我们习惯称之为光纤连接传输损耗，即接头损耗。

　　无论是多模光纤，还是单模光纤，被连接的两根光纤的几何尺寸、光学参数不完全相同，而且在连接后，连接方法的工艺等会造成光纤纤芯的轴芯错位、端面倾斜、端面间间隔、端面不清洁等，从而导致接头损耗的产生。

　　理论上，若光纤参数一致，其连接损耗可以为零或很小。但实际中光纤存在不同程度的失配，工艺条件、操作技能难以使光纤无偏差地对准。因此，光纤连接损耗问题目前还无法克服。

　　为了满足光链路的传输指标要求，根据国家标准或行业标准，我们应根据光纤类型、光纤质量、光缆段长度等，对光纤固定接头的衰减进行严格控制。

　　光纤熔接接头衰减限值见表 2.7。

表 2.7　光纤熔接接头衰减限值

接头衰减 光纤类别	单纤 /dB		光纤带光纤 /dB		测试波长 /nm
	平均值	最大值	平均值	最大值	
G.652	≤ 0.06	≤ 0.12	≤ 0.12	≤ 0.38	1310/1550
G.655	≤ 0.08	≤ 0.14	≤ 0.16	≤ 0.55	1550
G.657	≤ 0.06	≤ 0.12	≤ 0.12	≤ 0.38	1310/1550

注：1. 单纤平均值的统计域为中继段光纤链路的全部光纤接头损耗。

　　2. 光纤带光纤的平均值统计域为中继段内全部光纤接头损耗。

　　3. 单纤机械式接续的衰减平均值不应大于 0.2dB/ 个。

　　根据工程实际经验，光纤接续采用熔接法，并按相同线序对接，不得接错。中继段内同一条光纤接头损耗的双向平均值应不大于 0.04dB/ 个，单个接头损耗的双向平均值应不大于 0.08dB/ 个。

　　所供光缆中的任意两根光纤在工厂条件下，1310nm 和 1550nm 波长的熔接损耗应满足平均值小于或等于 0.03dB，最大值小于或等于 0.06dB。

2.5　光缆接续

　　光缆接续是光缆施工中工程量最大、技术要求复杂的一道重要工序。其质量直接影响到光缆线路的传输质量和寿命，持续速度也对整个工程的进度造成直接影响。特别是长途干线，其缆内光纤数量较多，且质量要求较高，不仅要求施工人员技术熟练，还要求施工组织严密，在保证质量的前提下，提高施工的速度。

光缆接续包括缆内光纤、铜导线等的连接及光缆外护套的连接，其中，直埋光缆的接续还应包括监测线的连接。

对于光缆传输线路，根据国内外统计，故障发生概率最高的是在接头部位，这些故障一般表现为光纤接头劣化、断裂，铜导线绝缘不良，护套进水等。上述故障不仅取决于光缆连接护套的方式、质量，还取决于内部光纤接头增强保护方式、材料的质量。同时故障与光缆接续工艺、施工人员的责任心等因素都有着密切的联系。

2.5.1 光缆接续内容

光缆接续一般是指机房成端以外的光缆接续。对于采用阻燃型局内光缆的线路，光缆接续包括进线室内局外光缆与局内光缆的接续，以及局外全部光缆之间的接续工作。每一个光缆接头包括以下内容。

① 光缆接续准备，护套内部组件安装。

② 加强件连接或引出。

③ 铝箔层、铠装层连接或引出。

④ 远供或业务通信用铜导线的接续。

⑤ 光纤的连接及连接损耗的监控、测量、评价和余留光纤的收容。

⑥ 接头盒内对地绝缘监测线的安装。

⑦ 光缆接头处的密封防水处理。

⑧ 接头盒的封装（包括封装前各项性能的检查）。

⑨ 接头盒处余留光缆的妥善盘留。

⑩ 接头盒安装及保护。

⑪ 各种监测线的引上安装（直埋）。

⑫ 埋式光缆接头坑的挖掘及埋设。

⑬ 接头标石的埋设安装（直埋）。

2.5.2 光缆接续要求

① 光缆接续前，应核对光缆的程式、端别无误，光缆状态良好，光纤传输特性

良好，若有铜导线，则其直流参数应符合规定值，护层对地绝缘合格。

② 接头盒内光纤（及铜导线）的序号应做出永久性标记，如果两个方向的光缆从接头盒同一侧进入，则应对光缆端别做出统一永久标记。

③ 光缆接续的方法和工序标准应符合施工规程和不同接头盒的工艺要求。

④ 应创造良好的工作环境，光缆接续一般应在车辆或接头帐篷内作业，以防止灰尘影响；在雨雪天施工时应避免露天作业；当环境温度低于零度时，应采取升温措施，以确保光纤的柔软性和熔接设备正常工作，以及施工人员的正常操作。

⑤ 光缆接头余留和接头盒内的余留应充足，光缆余留一般不少于 7m，接头盒内最终余留长度应不少于 60cm。

⑥ 光缆接续应注意连续作业，对于当日无法结束的光缆接头，应采取措施，防止光缆受潮，确保光缆安全。

⑦ 光纤接头的连接损耗应低于内控指标，每条光纤通道的平均连接损耗应达到设计文件的规定值。

2.5.3　光缆接头规定

① 埋式光缆的接头坑应位于路由前进方向的右侧，个别因地形限制，位于路由左侧时，应在路由竣工图上标明。

② 埋式光缆接头的埋深标准应同该位置埋式光缆的埋深标准一致。坑底应铺 10cm 厚的细土，接头盒上方应加水泥盖板保护，水泥盖板上方为回填土。接头坑应符合设计要求。

③ 架空光缆的接头一般安装在杆旁，并应采用伸缩弯。接头的余留部分应妥善地盘放在相邻杆上，一般采取预留架盘留的方式。

④ 管道人孔内光缆接头及余留光缆的安装方式，应根据光缆接头盒的不同和人孔内光缆占用情况确定。

A. 尽量安装在人孔内较高位置，减少雨季时人孔被积水浸泡。

B. 安装时应注意尽量不影响其他线路接头的放置和光缆走向。

C. 光缆应有明显标志，两根光缆走向不明显时应做方向标记。

D. 按设计要求对人孔内的光缆进行保护，并放置光缆安全标志牌。

E. 箱式接头盒一般固定于人孔内壁，余留光缆要按设计要求进行安装、固定。

2.5.4　光缆接头内光纤余留长度收容方式

光缆接头必须有一定长度的光纤，完成光纤连接后的余留长度（光缆开剥处到接头间的长度）一般为 60 ～ 100cm。

1. 光纤余长的作用

光纤由接头护套内引到熔接机或机械连接的工作台，需要一定的长度，一般最短长度为 40cm。

（1）再连接的需要

在施工中可能发生光纤接头的重新连接，当维护中发生故障时，需拆开光缆接头护套，利用原有的余纤进行重新接续，以便在较短的时间内排除故障，保证通信畅通。

（2）传输性能的需要

光纤在接头内盘留，对弯曲半径、放置位置都有严格的要求，过小的曲率半径和光纤受挤压，都将产生附加损耗，因此，必须保证光纤有一定的长度才能按规定要求妥善地放置于光纤余留盘内。即使遇到压力，由于余纤具有缓冲作用，也可避免光纤损耗增加或长期受力产生疲劳及可能受外力产生的损伤。

2. 光纤余留长度的收容方式

无论何种方式的光缆接续护套、接头盒，它们共同的特点是具有光纤余留长度的收容位置，例如，盘纤盒、余纤板、收容仓等。

2.5.5　光缆接续流程

1. 准备

（1）技术准备

在光缆接续工作开始前，必须熟悉工作所用的光缆护套的性能、操作方法和质量要点。对于第一次采用的护套（指以往未操作过的），应编写操作规程，必要时进行短期培训，避免盲目作业。

（2）器具准备

器材主要指光缆连接护套的配套部件，不同结构护套的构件有差别。施工前应按中继段规定的接头数进行清点、配套，一般运至现场的连接护套多数是散件，采取集中包装，施工准备阶段最好以一套为包装单位，避免集中使用时产生丢失或不配套的现象。在准备的数量方面，应考虑少部分备件，一般一个中继段考虑一个备用护套。有些工程中护套的品种较多，可以以整个工程考虑备件，需要统一调用。

不同机具和不同的护套结构所需工具也不完全相同，但大致可归纳为以下几类。

① 机具。应视光纤连接方法而定：采用熔接法时，必须配备光纤切割钳、熔接机及光纤接头保护用工具；采用热可缩管保护时，要配加热器；采用硅胶保护时，需胶剂和相应的小工具。

光纤熔接机必须注意区别是多模还是单模，是松套光纤还是紧套光纤。

② 帐篷。为防止风沙、雨雪等造成的影响，在帐篷中进行长途光缆接续非常必要。长途光缆的一个作业小组需要两个帐篷（接续、监测）。若采用流水作业方法，还应增加一顶帐篷。

③ 车辆。尤其对于长途光缆工程必不可少，一般一个作业小组配一辆车。

（3）光缆准备

光缆接续应具备的条件如下。

① 光缆必须按设计文件规定的芯数、程式、规格、路由和布放端别规定的方向敷设安装（指被连接段）。

② 光缆内光纤的传输特性良好。

③ 光缆内铜导线的电气特性良好。

④ 光缆金属层的对地绝缘应达到规定要求值，对于存在护层不完整的情况（即有损伤），应及时处理修复，对于对地绝缘不合格，而处理时存在困难，应做检查分析并找出原因，避免盲目接头，造成故障查找的难度加大。

2. 接续位置的确定

光缆接续位置的选择原则：架空线路的接头应落在杆旁 2m 以内；埋式光缆的接头应避开水源、障碍物及坚石地段；管道光缆接头应避开交通要道，尤其是交通繁忙的丁字、十字路口。

3. 光缆护层的开剥处理

光缆外护层、金属层的开剥尺寸和光纤预留尺寸按不同结构的光缆接头护套所需长度在光缆上做好标记，然后用专用工具逐层开剥，松套光纤一般暂不剥去松套管，以防操作过程中损伤光纤。

光缆护层被开剥后，缆内的油膏可用煤油或专用清洗剂擦干净，一般正式接头不宜用汽油，以免对护层、光纤被覆层造成影响。

4. 加强芯、金属护层等接续处理

加强芯、金属护层在接头护层内是接续连通，还是断开或引出，应根据设计要求实施。

5. 光纤的接续

光纤接续采用何种连接方式，采用何种增强保护方法，应按工程订货的材料、设备及施工队的设备等具体条件而定。光纤的具体接续方法和要求可参考前文有关光纤接续的内容。

6. 光纤连接损耗的监测、评价

光缆接续中光纤连接损耗的现场监视、测量、统计评价方法，对于整个光缆接续质量的重要性是不言而喻的。

7. 光纤余留长度的收容处理

光纤余留长度收容在施工中所用的方法是由光缆接续护套的设计决定的。光纤连接后，经检测，连接损耗合格，并完成保护后，按护套结构所规定的方式进行光纤余长的收容处理。在光纤余长收容的盘绕中，应注意曲率半径和放置整齐等操作。光纤余长盘绕后，一般还要用 OTDR 复测光纤的连接损耗，当发现连接损耗变大时，应检查原因并予以解决。

8. 光缆接头护套的密封处理

光缆接头护套的密封处理是接头护套封装的关键，不同结构的连接护套，在其密封方式也不同。在具体操作中，应按接头护套规定的方法，严格按操作步骤和要领进行。对光缆密封部位均应做清洁和打磨，以提高光缆与防水密封胶带间可靠的密封性能。需要注意的是，打磨砂纸不宜太粗，应沿光缆垂直方向旋转打磨，不宜按与光缆平行的方向打磨。

光缆接头护套封装完成后，应做气闭检查和光电特性的复测，以确认光缆接续良好并接续完成。

9. 光缆接头的安装固定

光缆接续完成后，应按光缆接头的规定或按设计中确定的方法进行安装固定。接头安装在接头施工中是最后一道工序，一般在设计中有具体的安装示意图。接头安装必须做到规范化，架空及人孔的接头应注意整齐、美观和有明显标志。

2.6　光缆单盘检验

在敷设光缆之前必须进行单盘检验工作。

单盘检验工作包括对运到现场的光缆及连接器材的规格、程式、数量进行核对、清点、外观检查和对光电主要特性的测量。通过检测以确认光缆、器材的数量、质量达到设计文件或合同规定的有关要求。

光缆的单盘检验是一项较为复杂、细致且技术性、严肃性较强的工作。它对确保工程的工期、施工质量，保证今后的通信质量、工程经济效益、维护使用及线路寿命有着重大影响。同时，检验工作对分清光缆、器材质量的责任方，维护施工企业的信誉，都有不可低估的影响。因此，必须按规范要求和设计或合同方规定的指标进行严格的检测，即使工期紧迫，也不能草率进行，必须以科学的态度和正确的检验方法，执行有关的技术规定。

2.6.1　单盘检验与光缆验收测试的区别

验收测试是按合同或设计文件规定的光缆光电特性、机械特性、环境特性及护层对地绝缘阻抗等各项指标进行的测试。

单盘检验是按合同或设计文件规定的光电特性，检查光缆合格证书和厂家提供的出厂记录，核对其参数是否符合要求，然后对与施工关系重大的主要项目（例如，光缆和光纤的长度、光纤损耗常数及光纤后向散射信号曲线等）进行测量（一般视情况对其他参数进行部分抽测）。

单盘检验与出厂验收测试在测量方法和评价方法上存在一些不同点。

出厂验收测试多依据国际电信联盟或国家标准规定的方法进行，它要求测量偏差小，标准要求高，对参数的要求以单条光纤、光缆为准。

现场单盘检验测试是根据施工现场特点和施工条件，按工程规范、工程操作规程进行，其评价方式基本上是按平均统计值为准，例如，每盘光缆的平均值、中继段中各条光纤的平均值，它以合同或设计规定值为依据，以出厂数据作为参考。

2.6.2 单盘检验一般规定

单盘检验是对工程质量负责，对用户负责，也是对企业本身的信誉负责。单盘检验一般应按以下规定进行。

（1）单盘检验场所要求

单盘检验应在光缆运达现场分屯点后进行。若在某地进行集中检验，则运达现场后还应进行外观检查和光纤后向散射信号曲线的观察，以确认经长途运输后光缆完好无损。

（2）单盘检验前准备工作

① 熟悉施工图、技术文件和订货合同，了解光缆规格等技术指标和中继段光功率分配等。

② 收集、核对各盘光缆的出厂产品合格证书、产品出厂测试记录等。

③ 光纤、铜导线的测量仪表（经计量或校验）及测试用连接线、电源等测量条件。

④ 必要的测量场地及设施。

⑤ 测试表格、文具等。

⑥ 对参加测量的人员进行交底或短期培训，以统一认识、统一方法。

（3）做好记录

应记录经过检验的光缆、器材，并在缆盘标明盘号、外观端别、长度、程式及使用段落。

（4）检验合格后的工作

单盘光缆检验合格后应及时恢复包装，包括光缆端头的密封处理，固定光缆端头，将缆盘护板重新钉好，并将缆盘置于妥善位置，应注意光缆安全。

（5）注意事项

对经检验发现不符合设计要求的光缆、器材，应登记上报，不得随意在工程中使用。对个别损耗超出指标的光缆、光纤，应重点测量，例如，确定超标，但超出不多并且单盘光缆及中继段单纤平均损耗达标的可以使用；对于后向散射曲线有缺陷的光纤，应做记录考查，凡出现尖锋、严重台阶的光纤，应做不合格处理。存在一般缺陷的器件修复后可以使用。

2.6.3　光缆长度复测

目前，各个厂家的光缆标称长度与实际长度不完全一致。为了按正确长度配盘，确保光缆安全敷设和不浪费光缆资源，在单盘检验中对光缆长度的复测很有必要。

光缆长度复测方法和要求如下。

① 抽样比例为 100%。

② 按厂家标明的光纤折射率系数，用 OTDR 进行测量，对于不清楚光纤折射率的光缆可自行推算出较为接近的折射率系数。

③ 按厂家标明的光纤与光缆的长度换算系数，计算出单盘长度，对于不清楚换算系数的可自行推算出较为接近的换算系数。

④ 要求光缆的出厂长度只允许正偏差，当发现负偏差时应进行重点测量，以得出光缆的实际长度；当发现复测长度比厂家标称长度长时，应仔细核对，为不浪费光缆和避免差错，应进行必要的长度测量和实际试放。

2.6.4　光缆纤长测量

进行光缆长度复测时，首先测定其缆内光纤的长度，测准每盘光缆中的 1～2 根光纤，其余光纤一般只进行粗测，即看末端反射峰是否在同一点上。因为每条光纤的折射率有一些微小的偏差，所以有时同一光缆中的光纤长度有一点差别，当偏差较大时，应判断该光纤在末端附近有无断点，方法是从末端进行一次测量。

测量光纤长度时，应注意 OTDR 上的长度设置范围，不同挡位的测量精度都不一样。在单盘测量时，如果用几部仪表设备，则应选择同一挡位。

2.6.5　单盘光缆损耗测量

在光缆单盘检验项目中，光纤损耗测量是十分重要的。它直接影响线路的传输质量，同时由于损耗测量工作量较大、技术性较强，所以根据现场特点，技术人员应掌握基本操作方法，正确地测量、分析，及时完成测量任务，对确保工期、工程质量均有重要作用。

在现场测量光纤损耗远不同于在实验室测量光纤损耗。一般实验室内的测量装置、仪器是放置在稳固、清洁的钢板或水泥工作台上，电源、光线、温度等均可满足不同情况的要求。但工程现场则不然，现场条件差，难以达到防尘、稳固、温度适宜和其他条件的要求，给现场测量带来一定的困难。

光纤的光损耗是指在光信号沿光纤波导传输过程中光功率的衰减。不同波长的衰减是不同的，单位长度上的损耗量被称为损耗常数，单位为 dB/km，主要是测量其损耗常数，常用方法为后向测量法。

采用后向散射技术测量光纤损耗的方法，被称为后向法，又被称为 OTDR 法。这是一种非破坏性的方法，具有单端测量的特点，适用于现场测量，由于目前 OTDR 的测量精度不断提高，实际上在现场单盘检验中，用后向法测量光纤损耗可以得到满意的结果。

2.6.6　单盘光缆对地绝缘标准

1. 单盘光缆绝缘电阻

光缆外护层内铠装层与大地间绝缘电阻在光缆浸水 24 小时后测试，应不小于 2000MΩ·km（直流 500V 测试）。

2. 单盘光缆介电强度

外护层内铠装与大地间在光缆浸水 24 小时后测试的介电强度应不小于直流 15kV2 分钟。外护层内铠装与金属加强芯间的介电强度应不小于直流 20kV5 秒，符合 ITU–TK.25 规定。

2.7　光缆配盘

配盘主要根据光缆检验、路由复测资料、设计施工图要求来进行。配盘工作对合理用料、节省光缆、确保传输质量有着非常重要的作用，一般应由经验丰富的工程技术负责人来完成。对施工来说，配盘工作非常重要，负责配盘的工程技术人员在单盘检验后开始配盘，在布放过程中，还应不断检验配盘是否合理，必要时可做小范围的调整。因此，配盘工作待光缆全部敷设完毕才算完成。

2.7.1　光缆配盘要求

① 光缆配盘应根据复测路由计算出光缆敷设总长度，应符合光纤全程传输质

量要求，选配单盘光缆。

②　光缆应尽量做到整盘敷设，以减少中间接头。

③　靠设备侧的第 1、2 段光缆的长度应尽量大于 1km。

④　靠设备侧应选择光纤的几何尺寸、数值孔径等差数偏差小、一致性好的光缆。

⑤　不同敷设方式及不同的环境温度，应根据设计规定选用相适应的光缆。

⑥　光缆配盘结果应填入中继段光缆配盘图（表），同时应按配盘图在选用的光缆盘上标明该盘光缆所在的中继段别及配盘编号。

2.7.2　光缆配盘后接头点应满足的要求

①　直埋光缆接头应安排在地势平坦和地质稳固的地点，应避开水塘、河流、沟渠及道路等。

②　管道光缆接头应避开交通要道口。

③　架空光缆接头应落在杆上或杆旁 1m 处左右。

④　埋式与管道光缆交界处的接头，应安排在人孔内。

2.7.3　光缆端别配置应满足的要求

①　为了便于连接、维护，要求按光缆端别顺序配置，除个别特殊情况，一般端别不得倒置。

②　长途光缆线路应以局（站）所处地理位置规定：北（东）方为 A 端，南（西）方为 B 端。

③　市话局间光缆线路在采用汇接中继方式的城市，以汇接局为 A 端，分局为 B 端。两个汇接局间以局号小的局为 A 端，局号大的局为 B 端。在没有汇接局的城市，以容量较大的中心局（领导局）为 A 端，对方局（分局）为 B 端。

④　分支光缆的端别应服从主干光缆的端别。

2.7.4　ADSS 光缆的配盘

ADSS 光缆的配盘是光缆订货、施工中的重要环节，当采用的线路及状况明确后，就要考虑影响光缆配盘的主要因素。

①　由于 ADSS 不像普通光缆那样可任意接续（因为光纤的纤芯不能受力），必

须在线路的耐张杆塔上进行，又由于野外接续点条件较差，每盘光缆的盘长尽量控制在 3 ~ 5km。光缆太长会给施工带来不便；光缆太短则导致接续的次数较多，通路的损耗大，影响光缆的传输质量。

② 除了输电线路的长度是光缆盘长的主要影响因素，还应考虑杆塔之间的自然条件，例如，牵引机行进是否方便，张力机是否可以摆放等。

③ 由于线路设计的误差，光缆的配盘可使用以下经验公式。

光缆盘长 = 输电线路长 × 系数 + 施工考虑长度 + 熔接用的长度 + 线路误差。

通常"系数"包括线路弧垂、杆塔上过引长度等，"施工考虑长度"为施工中的牵引所用长度。

④ ADSS 挂点距地最低一般不小于 7m，在确定配盘时，要简化档距差，以便减少光缆的种类，这样既可以减少备品备件的数量（例如，配置的各种悬挂金具等），又方便施工。

第3章 通信线路工程勘察

3.1 前期工作

3.1.1 准备工作

1. 人力组织

我们在接到下达的生产任务后，要确定项目负责人，成立项目组，安排勘察设计人员。对于干线工程，不仅要有设计人员参加，还应有建设维护、施工等单位人员，人员多少视工程规模大小而定。

2. 熟悉研究相关文件

项目负责人向项目组全体人员介绍本工程的概况和建设方案，明确工程任务和范围，例如，建设理由，工程性质，规模大小，近期和远期规划等。重点了解本工程的组网架构，需要和传输设备设计人员制订方案，确定是采用新设光缆或在原有杆路加挂光缆，还是挖潜利旧现有光缆，以保证投资最少，收益最高。强调勘察设计要点和注意事项。

3. 收集资料

收集与本工程有关的技术资料，例如，地图、最近工程建设的竣工资料等。了解本工程沿线涉及的市政、公路、铁路等方面的规划建设情况，以及沿线主要障碍物的处理方式，例如，大型河流、公路、铁路、变电站等，便于在勘察过程中做到心中有数，选择安全稳固的光缆路由。工程的资料收集工作将贯穿线路勘察设计的全过程，主要资料应在查勘前和查勘中收集齐全。

4. 制订查勘计划

根据设计任务书和所收集的资料，做出工程概貌的粗略方案，该方案作为制订查勘计划的依据，从而细化工序，明确分工，确定日程进度，同时列出安全生产计划。

5. 勘察工具准备

根据不同勘察任务准备不同的工具，勘察工具及用途见表 3.1。

表 3.1 勘察工具及用途

序号	工具名称	主要用途
1	勘察记录本、夹子、铅笔、橡皮、彩笔	主要用于勘察记录、标注
2	钢卷尺、测距仪、测轮、皮尺、绳尺	主要用于室内外测量距离及测角深
3	GPS、智能手机	主要用于定位，测经纬度，用于基站选址、电杆定位、人孔定位等场景
4	数码相机	根据建设方要求，在提供图片记录的情况下选用
5	对讲机	用于在没有手机信号的地方进行联系，主要用于长线光缆线路工程
6	电池	测距仪、GPS、测轮、数码相机、对讲机等要配置不同型号的电池
7	指南针	确定方向
8	地图	1:50000 地形图用于长途工程，其他地图用于本地网工程
9	地阻仪	测量大地导电率，主要用于接地、直埋光缆线路工程布放排流线使用
10	经纬仪、水平仪、塔尺	测量高程，主要用于通信管道工程
11	榔头、钩子	揭人孔盖
12	标杆、大红旗、三角旗、标桩、油漆、毛笔	新设路由测量及定标用具
13	订书机、订书针	整理资料
14	脚扣、梯子	上电杆、下人孔
15	有害气体检测仪	用于人孔、通道
16	工具袋	勘察工具收纳
17	车辆	接送人员
18	帽子、手套、绝缘鞋、药物、口罩、雨靴、水壶	安全防护用品

3.1.2 线路测量分工和工作内容

以长途线路勘察为例说明，任务分工及工作要求见表 3.2。

表 3.2　任务分工及工作要求

序号	任务分工	工作要求
1	**方案组** 1. 选择路由，负责确定光缆敷设方法和具体位置 2. 插定大旗后，在 1∶50000 地形图上标入 3. 发现新修公路、高压输电线、水利、绿化及其他重要建筑设施时，在 1∶50000 地形图上补充绘入 4. 确定新设、利用原有设施以及共享共建的段落	1. 与初步设计路由偏离不大，不涉及与其他建筑物的隔距要求，不影响协议文件规定，允许适当调整路由，使之更为合理和便于施工维护 2. 发现路由不妥时，应返工重测，个别特殊地段可测量两个方案，做技术经济对比 3. 确定穿越河流、铁路、公路、输电线等的交越位置，注意与电力杆及现有通信设施的隔距要求 4. 与军事目标、文物及重要建筑设施的隔距，应符合规范要求 5. 大旗位置选择在路由转弯点或高坡点，直线段较长时，中间增补 1～2 面大旗
2	**测距组** 1. 负责路由测量长度的准确性 2. 配合大旗组用花杆定线定位，量距离，钉标桩、登记累计距离，登记工程量和对障碍物的处理方法。确定 S 弯预留量	1. 保证丈量长度的准确性的措施 ①每天校对测量工具 ②遇上下坡、沟坎和需要 S 形上下的地段，测绳要与地形与光缆的布放形态一致 ③每天工作结束时，总体核对一遍，发现差错随时更正 2. 登记和障碍物处理 ①编写标桩编号。以累计距离作为标桩编号，一般只写到百位数 ②登记过河、沟渠、沟坎的高度、深度、长度，穿越铁路、公路的保护长度，靠近坟墓、树木、房屋、电杆等的距离，各项防护加固措施和工程量 ③确定 S 弯预留和预留量 3. 钉标桩 ①登记各测挡内的土质、距离 ②每千米终点、转弯点、水线起止点、每百米直线段钉一个标桩
3	**测绘组** 现场测绘图纸，经整理后作为施工图纸。负责所提供图纸的完整与准确	1. 图纸绘制内容与要求 ①直埋光缆线路施工图以路由为主，将路由长度和穿越的障碍物准确地绘入图中。路由 50m 以内的地形、地物要详细绘制，50m 以外重点绘制。与车站、村镇、电力设施等的距离也在图上标出 ②光缆穿越河流、渠道、铁路、公路、沟坎等所采取的各项防护加固措施也要标出 ③特殊地段要绘制大样图 2. 与测距组共同完成的工作内容 ①丈量光缆线路与孤立大树、电杆、房屋、坟堆等的距离 ②测定山坡路由中坡度大于 20° 的地段 ③三角定标：路由转弯点、穿越河流、铁路、公路和直线段每隔 1000m 左右 ④测绘光缆穿越铁路、公路干线、堤坝的平面断面图

序号	任务分工	工作要求
3	**测绘组** 现场测绘图纸，经整理后作为施工图纸。负责所提供图纸的完整与准确	⑤绘制光缆引入局（站）进线室、机房内的布缆路由及安装图
		⑥绘制光缆引入无人再生中继站的布缆路由及安装图
		⑦复测水底光缆线路平面、断面图
		⑧测绘市区新建管道的平面、断面图，原有管道路由及主要人孔展开图
		⑨绘制光缆附挂桥上安装图
		⑩绘制架空光缆施工图，包括配杆高、定拉线程式、定杆位和拉线地锚位置、登记杆上设备安装内容
4	**测防组** 配合测距组、测绘组提出防雷、防强电、防机械损伤、防蚀等意见	1. 土壤 pH 值和含有机质按初步设计查勘的抽测值
		2. 土壤电阻率的测试
		①平原地区：每千米测一处 ρ_{10} 值
		②山区：每千米测一处 ρ_{10} 值；土壤电阻率有明显变化的地段
		③需要安装防雷接地的地点
5	**其他** 增强安全意识，必要时戴安全帽等	

3.1.3 外部沟通

项目负责人或指定的设计人员与建设单位项目主管交流沟通。

1. 建设方案

① 本工程建设规模、覆盖范围以及确定本工程线路建设标准。

② 核对本工程途经区域内现有光缆建设情况、光缆路由、光缆芯数、本工程涉及的新旧基站、用户接入点的相对位置。

③ 光缆线路的敷设方式，例如，哪些地段可以管道敷设、哪些地段要新建杆路、哪些地段利用现有杆路。

④ 重点落实挖潜利旧。

⑤ 是否牵涉到共享共建、租赁等问题。

⑥ 对于建设单位提出与设计及施工技术标准相违背的要求时，需要由建设单位出具相关的书面材料。

2. 费用

① 设计费、监理费、施工费的折扣。

② 确定主要材料和设备的价格，运杂费、运输保险费、采购及保管费、采购

代理服务费是否计取。

③ 确定预算里面基本费率是否按标准费率计取，哪些费用和费率不计取。

④ 确定租赁费用、共建共享分摊费用。

⑤ 过河、过公路铁路、过林区等特殊地段的综合赔补费用。

⑥ 建设单位对于费用提出的特殊要求，必须讲清楚利害关系，并在设计文件有关费用、费率的章节中说明。

3. 时间

与建设单位主管协商勘察设计的具体时间。

3.2 光缆线路路由

不论是新设架空杆路还是直埋光缆，均按以下要求选择路由。

3.2.1 一般原则

① 路由必须保证通信质量，使线路安全可靠、经济合理，且便于施工、维护。

② 应以现有的地形地物、建筑设施和既定的建设规划为主要依据，并应充分考虑城市和工矿建设、铁路、公路、航运、水利、长输管道、土地利用等有关部门发展规划的影响。

③ 在符合大的路由走向的前提下，线路宜选择沿靠公路或街道，但应顺路取直，避开路边设施和计划扩改地段。

④ 通信线路路由选择应考虑建设地域内的文物保护、环境保护等事宜，减少对原有水系及地面形态的扰动和破坏，维护原有景观。

⑤ 通信线路选择应考虑强电影响，不宜选择在易遭受雷击、化学腐蚀和机械损伤的地段，不宜与电气化铁路、高压输电线路和其他电磁干扰源长距离平行或过分接近。

⑥ 扩建光缆网络时，应结合网络系统的整体性，优先考虑在不同道路上扩增新路由，以加强网络安全。

3.2.2 光缆路由选择

① 线路路由应选择在地质稳固、地势较为平坦的地段，尽量减少翻山越岭，

并避开可能因自然或人为因素造成危害的地段。

② 光缆路由宜选择在地势变化不剧烈、土石方工程量较少的地方，避开滑坡、崩塌、泥石流、采空区及岩溶地表塌陷、地面沉降、地裂缝、地震液化、沙埋、风蚀、盐渍土、湿陷性黄土、崩岸等对线路安全有危害的地方。应避开湖泊、沼泽、排涝蓄洪地带，尽量少穿越水塘、沟渠，在障碍物较多的地段应合理绕行，不宜强求长距离直线。

③ 光缆路由穿越河流，当过河地点附近存在可供敷设的永久性坚固桥梁时，线路宜在桥上通过。采用水底光缆时，应选择在符合敷设水底光缆要求的地方，并应兼顾大的路由走向，不宜偏离过远。但对于河势复杂、水面宽阔或航运繁忙的大型河流，应着重保证水线的安全，此时可局部偏离大的路由走向。

④ 在保证安全的前提下，可利用定向钻孔或架空等方式敷设光缆线路过河。

⑤ 光缆线路遇到水库时，应在水库的上游通过，沿库绕行时敷设高程应在最高蓄水位以上。

⑥ 光缆线路不应在水坝上或坝基下敷设，只能在该地段通过时，报请工程主管单位和水坝主管单位，经其批准后方可实施。

⑦ 光缆线路不宜穿过大型工厂和矿区等大的工业用地，在通过该地段时，应考虑对线路安全的影响，并采取有效的保护措施。

⑧ 光缆线路在城镇地区，应尽量利用管道进行敷设。在野外敷设时，不宜穿越和靠近城镇和开发区，以及穿越村庄，只能穿越或靠近时，应考虑当地建设规划的影响。

⑨ 光缆线路应尽量避开地面建筑设施和电力线缆，且不宜通过森林、果园及其他经济林区或防护林带。

3.2.3 杆路定线要求

① 杆路定线应在交通线用地之外，公路建筑控制区的范围从公路用地外缘起向外的距离标准为：高速公路不小于30m、国道不小于20m、省道不小于15m、县道不小于10m、乡道不小于5m。铁路线路安全保护区的范围，从铁路线路路堤坡脚、路堑坡顶或铁路桥梁（含铁路、道路两用桥）外侧起向外的距离分别为：城区市区高速铁路为10m，其他铁路为8m；城市郊区居民居住地区高速铁路为12m，其他

铁路为 10m；村镇居民居住区高速铁路为 15m，其他铁路为 12m；其他地区高速铁路为 20m，其他铁路为 15m。

② 杆路在市区一般应在道路（或规划道路）的人行道上或与城建部门商定的位置，避免跨越房屋等建筑物。通信线不宜与电力线在同一侧。

③ 当同路由上已有的通信线路确实无法予以利用需要新建杆路时，新建杆路路由应不影响已有通信线路的建筑和运行安全，与原有杆路路由的隔距应符合规范。

④ 杆路与铁路、公路、河流的交越应符合以下要求。

A. 与铁路、高等级公路交越，应首选地下通过方式，可采用顶管、埋管或在涵洞中穿越。

B. 与通航河流或河面较宽的河流交越，应先考虑在桥梁上通过，也可采用水底光缆或微控地下定向钻孔敷管等方式。

C. 在钢管或硬质塑料管中穿越时，光缆可以不改变外护层结构。

⑤ 杆路与电力线交越应符合下列要求。

A. 杆路与 35kV 以上电力线应垂直交越，不能垂直交越时，其最小交越角度不得小于 45°。

B. 光缆应在电力线下方通过。光缆的第一层吊线与电力杆最下层电力线的间距应符合架空光缆交越其他电气设施的最小垂直净距要求。

C. 通信线不应与电气铁道或电车滑接网交越。

⑥ 杆路路由和定线应考虑生态环境和文物保护的要求。

⑦ 杆路与其他建筑设施的最小水平净距见表 3.3。

表 3.3　杆路与其他建筑设施的最小水平净距

其他设施名称	最小水平净距 /m	备注
消火栓	1.0	消火栓与电杆距离
地下管、缆线	0.5～1.0	包括通信管、缆线与电杆间的距离
火车铁轨	杆高的 4/3	—
人行道边石	0.5	—
地面上已有其他杆路	杆高的 4/3	以较长杆高为基准。其中，500～750kV 输电线路不小于 10m，750kV 以上输电线路不小于 13m

其他设施名称	最小水平净距 /m	备注
市区树木	0.5	缆线到树干的水平距离
郊区树木	2.0	缆线到树干的水平距离
房屋建筑	2.0	缆线到房屋建筑的水平距离

3.3 现场勘察草图绘制的内容及要求

3.3.1 一般要求

① 方向标注在图纸左上角。

② 原则上从左往右绘制，严格按照相关规定的图例执行，距离标注要准确。

③ 草图不要求比例，以示意图体现，但要标注清楚施工地点的地形地貌，例如，平原、丘陵、城区和山区。

④ 草图要求整洁，字迹清晰。每页图纸要有接图线，并注明上下接图号。如果是分段多人绘图，则要注意临界点的图纸衔接。

⑤ 对于复杂的地段场景，例如，过河过桥、过变电站或其他电力设施、过公路铁路顶铺管、跨越山沟等，采用大样图并详细说明，必要时要画出立面图。

⑥ 说明垂直引上管材程式、引上距离、水平引上管材程式及保护措施、挖沟土质、是否打穿人孔墙洞、是否破复路面等。

⑦ 新设路由在特殊点（转角、光缆分歧、终端、水线起止点等特殊地段）需要做三角定标。

⑧ 在 50m 范围内，线路沿途经过的规划区域、公路、铁路、河流、桥涵、沟壑、电力线变压器等电力设施、变电站、森林及经济作物地带、村庄、主要建筑物、附近的其他杆路管道、地形地貌等参照物必须记录清楚并标注名称。

⑨ 记录共建共享的起止点。

⑩ 光缆交接箱、光纤配线架（Optical Distribution Frame，ODF）的断面图，是否新增子框、托盘和适配器，设备的接地措施。

⑪ 要有建设单位主管及配合人员的签字认可，图纸要标明段落、日期、勘察人员。

⑫ GPS 定位，提供现场勘察的影像资料，便于码化管理和智能管理。

3.3.2　架空杆路

① 原有吊线程式和新设吊线程式。

② 新设杆路与公路、铁路、其他通信设施、电力杆路、电力设施、建筑物红线或其他参照物的隔距。

③ 新设、更换、拆除电杆的程式。

④ 转角杆要标注角深。

⑤ 新设、更换、拆除拉线的程式。

⑥ 架空光缆跨越电力线、变压器、公路、铁路、树林以及穿越桥涵、变电站等的保护措施，并确定保护材料的型号、长度及固定方式。

⑦ 原有杆路是否需要整治，如果需要，则必须标明段落。

⑧ 详细记录安装或补充防雷防强电设施，例如，拉线式地线、延伸式地线的杆号。

⑨ 记录原有杆号。

⑩ 记录杆根加固方式，例如，固根横木、水泥卡盘、水泥底盘、石护墩等。

⑪ 安装飞线跨越杆的地点、飞线装置的配置。

3.3.3　直埋光缆

① 确定挖沟的上下底尺寸、土质分类、破复路面分类。

② 确定不同地段的保护材料及起止点。

③ 确定加强型直埋光缆、2T 和 4T 水线光缆的起点，确定放弧方向和过河的挖沟方式。

④ 确定穿越公路、铁路、树林、河流、沟坎、桥涵、边沟、水渠等的施工方法、保护方式（顶管、铺管、护坎、漫水坝、侧护坡、水泵冲槽、截流挖沟等，确定沟坎高度、护坡长度等）及措施，并确定保护材料的型号、长度及固定方式。

⑤ 线路要从变电站、孤立大树、坟墓、其他通信设施、拉线等附近经过时，需要确定保护材料的型号、长度及固定方式。

⑥ 直埋光缆转角要标注角深或偏转角。

⑦ 记录大地导电率，确定排流线布放段落。

⑧ 确定水泥包封起止点。

⑨ 确定新增简易管道的位置、材料及起止点。

⑩ 过高等级公路、铁路的顶管要标出里程碑，并确定施工方式和保护材料。

⑪ 记录高速公路引入的里程碑并画出立面图，确定保护材料。

⑫ 确定气流穿放光缆的起止点及管材。

⑬ 确定光缆引上点的位置及保护方式。

⑭ 确定光缆接头的位置。

⑮ 确定在特殊地段安装警示牌的位置。

3.3.4　管道光缆

① 记录人（手）孔原有编号并确定孔内是否有积水、垃圾等。

② 确定本工程光缆占孔情况，必要时绘出人孔展开图。

③ 确定光缆通过人（手）孔的方式（托架、钉固）。

④ 确定原有管道修复的起止点。

⑤ 确定人（手）孔井盖是否缺失。

⑥ 确定特殊人孔（过大、过深）光缆的余长及固定方式。

⑦ 如果占用市政综合管廊，需要标出具体位置并绘制断面图。

3.3.5　室内光缆

① 确定光缆在进线室的盘留位置。

② 确定进线室至光缆终端设备的路由图（包括平面图和剖面图）以及保护措施，记录尺寸。

③ 绘制机房平面图。

A. 首先画出机房的总体结构（例如，墙壁、门、窗等）。

B. 画出机房内设备排列的相对位置，利旧光纤配线架要画出它的具体位置并标注，如果需要新增，则要标注安装准确位置。

C. 画走线架，如果需要新增走线架，那么应画出走线架的具体位置及尺寸并标明原有走线架的情况（包括材质、单双层等情况）。

④ 端子板图。

A. 画出 ODF 架示意图及 ODF 架模块面板放大图。

B. 利旧 ODF 模块应标出原端子的占用情况，并对本期工程占用端子情况做出说明。

C. 在原有 ODF 架新增子框，并标注其位置，同时与原有设备型号及尺寸相同。

⑤ 确定是否打穿墙洞和楼层洞及其封堵方式。

⑥ 确定是否必须更换非延燃光缆，确定普通光缆缠绕阻燃胶带的长度。

⑦ 确定竖井及桥架布放光缆的固定方式和保护措施。

3.3.6　墙壁光缆

① 确定墙壁光缆是吊线式还是钉固式，要标明与其他缆线的隔距，对于需要保护的缆线，要标明保护材料型号及尺寸。

② 现场确定分纤箱、终端盒等设备的安装位置。

3.3.7　引上光缆

标明是墙壁引上还是电杆引上，确定引上的位置和保护措施。

3.4　安全生产要求

现场作业的勘察设计人员，必须加强安全作业意识，做好防范措施，确保人身安全。

① 在公路、街道等地段勘察时，应注意过往车辆。

② 在高速公路上勘察，要到高速公路管理处办理相关手续，安排专人指挥并设置警示标志，不得随意穿越高速公路。

③ 在人流密集处勘察，要保护勘察工具，防止他人破坏。

④ 在森林、山区以及偏远村镇勘察时，应安排 2 人以上的作业人员，携带防护工具，防止野生动物伤人。

⑤ 上杆操作的作业人员要戴安全帽，系安全带。伸缩梯伸缩长度严禁超过其规定值。在电力线、电力设备下方或危险范围内，严禁使用金属伸缩梯。

⑥ 在江河、湖泊及水库等水面上作业时，必须携带必要的救生用具，作业人员必须穿好救生衣，听从统一指挥。

⑦ 在光缆进线室、水线房、机房、无（有）人站、木工场地、仓库、林区、草原及易燃易爆炸场所等处勘察时，严禁烟火。

⑧ 在供电线路附近、变电站附近作业时，作业人员必须戴安全帽、绝缘手套，穿绝缘鞋。

⑨ 在塌方地段、采石场、煤矿等地段作业时，作业人员必须戴安全帽。

⑩ 进入地下室、地下通道、管道人孔前，必须使用专用气体检测仪器进行气体检测，确认无易燃、易爆、有毒、有害气体并通风后方可进入。作业期间，必须保证通风良好，必须使用专用气体监测仪器进行气体监测。作业中，作业人员若感觉呼吸困难或身体不适，或发现易燃、易爆以及有毒、有害气体或其他异常情况时，必须立即呼救并迅速撤离，待查明原因并处理后方可恢复作业。人孔内人员无法自行撤离时，井上监护人员应使用安全绳将人员拉出，未查明原因严禁下井施救。

⑪ 上下人孔时必须使用梯子，严禁把梯子搭在人孔内的线缆上，严禁踩踏线缆或线缆托架。在人孔内作业时，人孔上面必须有人监护。

⑫ 严禁将易燃、易爆物品带入地下室、地下通道、管道人孔，严禁在地下室、地下通道、管道人孔吸烟、生火取暖。作业时，使用的照明灯具及用电工具必须是防爆器具，必须使用安全电压。

3.5 影像资料

对于特殊地段或在建设单位有要求的情况下，按要求提供影像资料。

1. 机房内
ODF 架等设备安装的具体位置，光缆成端位置和现有端子的占用情况。

2. 机房外
特殊地段，例如，桥梁、隧道、大型河流、跨越高速公路和铁路、高速引接、特殊地质带等，特别是做飞线技术处理的地段。

3. 其他
根据建设单位要求，在需要形成影像资料的地段拍照。

第4章　通信架空杆路设计

4.1　新设通信架空杆路

4.1.1　负荷区划分

依据所经过地区的风速、吊线或光缆上冰凌厚度，通信线路气象负荷区划分为轻负荷区、中负荷区、重负荷区、超重负荷区4类。负荷区划分和气象条件见表4.1。

表 4.1　负荷区划分和气象条件

气象条件	负荷区别			
	轻负荷区	中负荷区	重负荷区	超重负荷区
冰凌等效厚度 /mm	≤ 5	≤ 10	≤ 15	≤ 20
结冰时温度 /℃	−5	−5	−5	−5
结冰时最大风速 /(m/s)	10	10	10	10
无冰时最大风速 /(m/s)	25			

注：1. 冰凌的密度为 8.82kN/m³，当为冰霜混合体时，可按其厚度的 1/2 折算冰厚。

2. 最大风速应以气象台自动记录仪上选取 10min 时段的平均最大风速为计算依据。架空线路的负荷区应根据建设地段的气象资料，按照平均每十年为一周期出现的最大冰凌厚度和最大风速选定。个别冰凌严重或风速超过 25m/s 的地段，应根据实际气象条件，单独提高该段线路的建筑标准，不应全线提高。

4.1.2　杆路基本测量方法

1. 直线段的测量

一般由 3 ～ 4 人组合进行插标、看标，然后由测距人员测出地面距离、钉标桩距离等。直线段测量看标的方法如图 4.1 所示。前面由 2 人插标杆，后面由 1 人看标，如图 4.1(a) 所示。插标时，要求用力均匀使标杆插直，否则插斜了易造成误差。

看标时，要求负责看标的人离 A 标杆 30cm 左右，人体重心位于 A、B 标杆的直线上，双目平视前方，以 A、B 两标杆为基线，改变 C 杆位置使 A、B、C 三标杆成一直线。

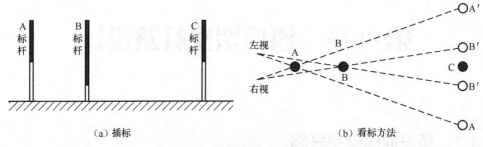

（a）插标　　　　　　　　　　　　　　　　（b）看标方法

图 4.1　直线段测量看标的方法示意

图 4.1（b）是看标的基本方法，看标方法得当，所测量的直线不会走标，造成误差。看标人分别用左、右眼单独看 A、B 标杆，其左、右视图至 C 标杆间距相等，表明 A、B、C 三标杆在一直线上，否则应适当移动 C 标杆位置。

与三杆成直线后，对换 B 标杆与 C 标杆的插入位置，即 C 标杆不动成为 B 标杆，B 标杆前移成为 C 标杆，A 标杆相应前移继续看标。

2. 路由障碍的引标测量方法

若遇到高坡或低洼地形，影响看标视线，可通过插标方法测量。路由障碍的引标测量方法如图 4.2 所示，由 A、B 标杆与 D、E 引标杆成直线，引标杆插定之后，C 标杆通过 D、E 引标杆使之成为直线即完成 A、B、C 三标杆的直线测量。低洼地形测量方法与上述高坡的测量方法相似。

测量后，需要做直角即做垂线，一般采用等腰三角形法或采用"勾股弦"方法确定。

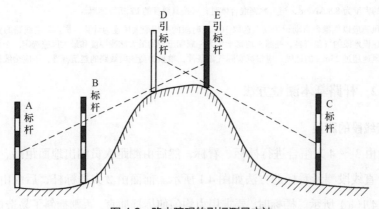

图 4.2　路由障碍的引标测量方法

3. 拐弯段的测量

测量线路拐弯角度的方法是先测量其夹角的角深，再核算出角度。角深的测量方法详见 4.1.5 小节，测出拐弯角的角深，通过角深与角度换算表就可以方便地换算出该拐弯的角度。

4. 河宽的测量

对于长途光缆线路，经过河流总是少不了的，测量河宽是比较重要的工作，尤其是当采用水底光缆时，必须获取河宽的正确数据，方能进行水底敷设。河流宽度的测量方法如图 4.3 所示，利用相似三角形的几何学原理，就可以计算出 A、B 标杆间的距离，即河流宽度。

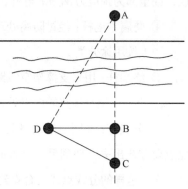

测量时，使 A、B、C 标杆按测量直线方法在一条直线上；在 B 标杆处做垂线 BD 垂直于 AB；并在 D 标杆处做垂线 DC 垂直于 AD（移动 C 标杆来获得，C 标杆与 A、B 标杆保持直线）。这样便得到图 4.3 中的 △ABD 和 △BCD 两个三角形，根据相似三角形的原理，$AB:BD=DB:BC$，河宽：$AB=BD^2/BC$

图 4.3　河流宽度的测量方法

4.1.3　杆距

杆距是架空线路相邻两杆之间的距离。工程设计应按杆上负载和所经过地区负荷区和地理环境选定杆距。标称杆距范围见表 4.2。

表 4.2　标称杆距范围

负荷区		轻负荷区 /m	中负荷区 /m	重 / 超重负荷区 /m
标称杆距范围	野外	50 ～ 65	50 ～ 60	25 ～ 50
	市区	35 ～ 55	35 ～ 50	25 ～ 40

在轻、中负荷区，对于特殊地形，可通过电杆加固使单吊线档距达到 150m。

4.1.4　电杆

GB/T 51421—2020《架空光（电）缆通信杆路工程技术标准》对电杆的定义为：

竖立在地面上用以架设线缆或安装通信或电力设施的支撑物；通信工程常用钢筋混凝土电杆（简称水泥杆）或防腐木杆（简称木杆）。

1. 电杆分类

（1）按材料分类

① 钢筋混凝土电杆：纵向受力钢筋为普通钢筋的电杆。

② 预应力混凝土电杆：纵向受力钢筋为预应力钢筋的电杆，抗裂检验系数允许值等于1.0。

③ 部分预应力混凝土电杆：纵向受力钢筋由预应力钢筋和部分普通钢筋组合而成，或全部为预应力钢筋的电杆，抗裂检验系数允许值等于0.8。

④ 防腐木电杆：经过防腐处理具有防腐性能的改性木杆。

（2）按用途分类

① 终端杆：用来支撑架空线路中承受线路终结单侧张力的电杆。

② 角杆：架空线路转向点处建立的电杆。

③ 分线杆：在同一条线路上，有通往不同地点的光缆，这些光缆在沿线的某一地点要分线出去，架到另一个方向的线路上；或者两趟线路在某一地点合到一个杆路上来。这样的分线点或汇合点建立的电杆统称为分线杆。

④ 中间杆：架空线路直线上配置的电杆称为中间杆。

⑤ 跨越杆：为支撑架空线路跨越河流、山谷或其他特殊地点并使其升到所需高度的电杆称为跨越杆。

⑥ H杆：杆路设施中需要特别加强电杆杆身强度而采用双电杆，且两杆间隔类似英文字母"H"的电杆组。

2. 电杆的程式

① 根据杆路预期最终架挂光缆数量、所在环境（野外或市区）及电杆埋深要求选定杆高，根据所在负荷区及杆上负载选定杆距和电杆规格（电杆梢径）。

② 电杆规格必须考虑设计安全系数 K。水泥杆杆路的使用年限宜为 30～50 年，木杆杆路的使用年限宜为 15～20 年。

其中，水泥杆 $K \geqslant 2.0$ 防腐木杆 $K \geqslant 2.2$。

③ 通信电杆的程式一般用杆高（m）× 稍径（mm）表示，标准杆高一般为 8m。水泥杆稍径一般为 $\phi150mm$，木杆稍径一般为 $\phi140mm$。

例如，ϕ140mm × 8000mm 表示稍径为 140mm，杆高 8m 的防腐木电杆。

3. 电杆埋深

不同的电杆埋深见表 4.3。

表 4.3　不同的电杆埋深

电杆类别	杆长 /m	分类			
		普通土	硬土	水田、湿地	石质
		埋深 /m			
水泥电杆	6.0	1.2	1.0	1.3	0.8
	6.5	1.2	1.0	1.3	0.8
	7.0	1.3	1.2	1.4	1.0
	7.5	1.3	1.2	1.4	1.0
	8.0	1.5	1.4	1.6	1.2
	8.5	1.5	1.4	1.6	1.2
	9.0	1.6	1.5	1.7	1.4
	10.0	1.7	1.6	1.8	1.6
	11.0	1.8	1.8	1.9	1.8
	12.0	2.1	2.0	2.2	2.0
木电杆	6.0	1.2	1.0	1.3	0.8
	6.5	1.3	1.1	1.4	0.8
	7.0	1.4	1.2	1.5	0.9
	7.5	1.5	1.3	1.6	0.9
	8.0	1.5	1.3	1.6	1.0
	8.5	1.6	1.4	1.7	1.0
	9.0	1.6	1.4	1.7	1.1
	10.0	1.7	1.5	1.8	1.1
	11.0	1.7	1.6	1.8	1.2
	12.0	1.8	1.6	2.0	1.2

注：1. 本表适用于中、轻负荷区新建的通信线路；重负荷区的电杆埋深应按本表规定值另加 100～200mm。

　　2. 当埋深达不到要求时可采用石护墩等保护方式。

4. 单接杆和品接杆

①　通信用单接杆和品接杆一般由防腐木电杆组合而成。一般地区的接杆稍径为 ϕ140mm 即可。

②　木杆单接杆的下节杆稍径不得小于上节杆的根径；品接杆的下节杆稍径不得小于上节杆根径的 3/4。

③ 计算公式：锥度是圆锥体电杆直径的大径减小径的径差与电杆长度的比值，根据电杆的锥度，可以得到以下计算任意长度处直径的公式。

A. 电杆根径＝$L/75$＋稍径（单位：mm）。

B. 从电杆顶端往下任意长度处的直径的 $D = L_x/75$＋稍径（L_x 任意高度）（单位：mm）。

5. 跨越杆和飞线杆的配置

吊线高度符合规范要求的情况下，飞线杆电杆程式见表 4.4；电杆高度应满足吊线高度，符合规范要求。

表 4.4　飞线杆电杆程式

飞线档距 /m	电杆程式
151～170	ϕ180mm×8000mm 木电杆
171～190	ϕ180mm×9000mm 木电杆
191～210	ϕ180mm×10000mm 木电杆
211～230	12m 品接杆
231～260	14m 品接杆
261～300	16m 品接杆

6. 不同场景品接杆的配置材料

品接杆的配置材料见表 4.5。

表 4.5　品接杆的配置材料

使用地点	品接杆	配置
一般地段	12m 品接杆	1 根 ϕ140mm×8000mm+2 根 ϕ160mm×6000mm
	14m 品接杆	1 根 ϕ140mm×10000mm+2 根 ϕ160mm×6000mm
	16m 品接杆	1 根 ϕ140mm×10000mm+2 根 ϕ160mm×8000mm
长杆档	12m 品接杆	1 根 ϕ160mm×8000mm+2 根 ϕ180mm×6000mm
	14m 品接杆	1 根 ϕ160mm×10000mm+2 根 ϕ180mm×6000mm
	16m 品接杆	1 根 ϕ160mm×10000mm+2 根 ϕ180mm×8000mm
飞线	12m 品接杆	1 根 ϕ180mm×8000mm+2 根 ϕ200mm×6000mm
	14m 品接杆	1 根 ϕ180mm×10000mm+2 根 ϕ200mm×6000mm
	16m 品接杆	1 根 ϕ180mm×10000mm+2 根 ϕ200mm×8000mm

注：每根品接杆用 2 根 ϕ200mm×1500mm 的固根横木。

7. 品接杆实物

品接杆安装实物如图 4.4 所示。

图 4.4　品接杆安装实物

4.1.5　拉线

1. 角深的概念及测量

（1）线路转角可用"角深"表示

通常在标准杆距 50m 时，角杆至前后两相邻电杆连线的垂直距离来表示"角深"。

线路转角的角度通常用"角深 Dm"来表示，角深的定义如图 4.5 所示，常用的测量方法如图 4.6 所示。

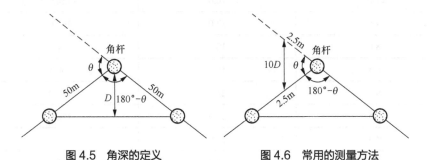

图 4.5　角深的定义　　　　　　　图 4.6　常用的测量方法

角深与线路转角的关系如式（4-1）所示。

$$D = L \times \cos[(180° - \theta)/2] \qquad \text{式（4-1）}$$

在式（4-1）中：

D——角杆的角深（m）。

$L = 50\text{m}$。

θ——线路的转角角度（°）。

（$180° - \theta$）——转角的内角（°）。

（2）角杆的角深 D 与转角角度的关系

角深与转角、内角关系对照见表4.6。

表 4.6　角深与转角、内角关系对照

角深 /m	转角 / (°)	内角 / (°)
1.0	2.0	178.0
1.5	3.5	176.5
2.0	4.5	175.5
2.5	6.0	174.0
3.0	7.0	173.0
3.5	8.0	172.0
4.0	9.0	171.0
4.5	10.0	170.0
5.0	11.5	168.5
5.5	12.5	167.5
6.0	14.0	166.0
6.5	15.0	165.0
7.0	16.0	164.0
7.5	17.0	163.0
8.0	18.5	161.5
8.5	19.5	160.5
9.0	21.0	159.0
9.5	22.0	158.0
10.0	23.0	157.0
10.5	24.0	156.0
11.0	25.5	154.5
11.5	26.5	153.5
12.0	28.0	152.0
12.5	29.0	151.0
13.0	30.0	150.0
13.5	31.5	148.5
14.0	32.5	147.5

续表

角深 /m	转角 / (°)	内角 / (°)
14.5	34.0	146.0
15.0	35.0	145.0
17.5	41.0	139.0
20.0	47.0	133.0
22.5	53.0	127.0
25.0	60.0	120.0

2. 拉线分类及用途

（1）角杆拉线

角杆拉线可用于杆路转角。角杆拉线安装实物如图 4.7 所示。

（2）终端拉线

终端拉线可用于杆路吊线终端。终端拉线安装实物如图 4.8 所示。

图 4.7　角杆拉线安装实物

图 4.8　终端拉线安装实物

（3）人字（双方）拉线

① 根据架空光缆的条数，按照规范规定的防风拉、防凌拉的隔装数进行配置。

② 11m 单接杆和 12m 以上的品接杆应增设人字拉线。

③ 跨越杆应增设人字拉线。

④ 飞线杆应增设人字拉线。

⑤ 在一些特殊地形，例如，吊档杆等需要增设人字拉线。

人字拉线安装实物如图 4.9 所示。

（4）三方拉线

三方拉线可用于长杆档电杆加固、跨越杆电杆加固、飞线杆配置。

（5）四方拉线

① 根据架空光缆的条数，按照规范规定的防风拉、防凌拉的隔装数进行配置。

② 一些特殊地形需要增设四方拉线加固电杆。

四方拉线安装实物如图 4.10 所示。

（6）高桩拉线

在角杆或双方拉线的拉线方向上，如果遇到拉线需要跨越道路或其他障碍物时，则需要安装高桩拉线。高桩拉线安装示意如图 4.11 所示。

图 4.9　人字拉线安装实物

图 4.10　四方拉线安装实物

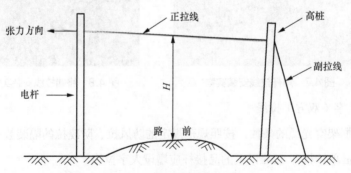

图 4.11　高桩拉线安装示意

（7）吊板拉线

由于地理条件限制无法按正常距高比安装拉线时，可安装吊板拉线。吊板拉线安装示意如图 4.12 所示。

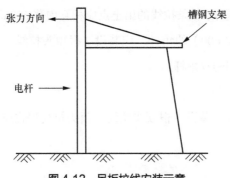

图 4.12　吊板拉线安装示意

（8）撑杆

当角杆外侧无法做拉线或终端杆无法做顶头拉线时，可以安装撑杆。撑杆安装示意如图 4.13 所示。

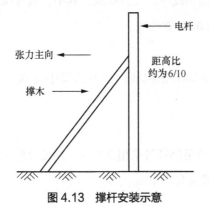

图 4.13　撑杆安装示意

3. 拉线配置

拉线配置要满足距高比的要求，距高比是指拉线地锚出土点距电杆杆位的距离（D）与拉线在电杆上安装位置距地面的高度（H）之比。

（1）角杆拉线

① 角深不大于 13m（300）的角杆，可安装 1 根与吊线程式相同的镀锌钢绞线作为拉线。

② 角深大于 13m（300）且小于 25m（600）的角杆、拉线距高比在 0.75 ～ 1 且角深大于 10m 的角杆、距高比小于 0.5 且角深大于 6.5m 的角杆，应采用比吊线程式高一级的镀锌钢绞线作为拉线或与吊线同程式的 2 根镀锌钢绞线作为拉线。

如果采用与吊线同程式的 2 根镀锌钢绞线作为拉线时，则每条拉线应分别装在对应的线条张力的反侧方，2条拉线的出土点应相互内移600mm。

③ 角深大于25m（600）的角杆，应装设2根顶头拉线，也可分成2个角深大致相等且转变方向相同的双角杆。

（2）终端拉线

终端杆的每条吊线应装设1根顶头拉线，顶头拉线程式应采用比吊线程式高一级的钢绞线。

（3）分线杆拉线

分线杆在分线光缆方向的反侧加设顶头拉线，顶头拉线可采用比分支吊线程式大一级的钢绞线作为拉线（等同于终端拉线）。

（4）跨越杆拉线

跨越杆两侧的电杆应装设一层三方拉线，其中，双方拉线可采用7/2.2mm钢绞线，顺线拉线可采用7/3.0mm钢绞线。

（5）长杆档拉线

顶头拉线可采用7/3.0mm钢绞线，三方拉线中的双方拉线可采用7/2.2mm钢绞线。

（6）吊档杆拉线

坡度变更大于20%的吊档杆可采用7/2.2mm钢绞线作为双方拉线，受地势限制时双方拉线可以作为顺线安装。

（7）品接杆拉线

杆高11m、12m及以上的电杆（接杆）应装设一层7/2.2mm钢绞线作为双方或四方拉线，如果为三接杆则应在每一个接杆处增加一层双方或四方拉线。

（8）抗风杆及防凌杆拉线

① 架空通信线路应相隔一定杆数，交替设立抗风杆和防凌杆，抗风杆及防凌杆隔装数见表4.7。

表4.7 抗风杆及防凌杆隔装数

风速/（m/s）	架空光缆吊线/条	轻、中负荷区		重、超重负荷区	
		抗风杆	防凌杆	抗风杆	防凌杆
风速≤25	≤2	8	16	4	8
（一般地区）	＞2	8	8	4	8

续表

风速 /（m/s）	架空光缆吊线 / 条	轻、中负荷区		重、超重负荷区	
		抗风杆	防凌杆	抗风杆	防凌杆
25 ＜风速 ≤ 32	≤ 2	4	8	2	4
	＞ 2	4	8	2	4
风速＞ 32	≤ 2	2	8	2	4
	＞ 2	2	4	2	4

② 抗风杆装置应采用一层双方拉线。拉线程式为同杆吊线中最大的一种吊线程式；防凌杆应装设一层四方拉线，其侧面拉线程式同抗风杆拉线，顺线拉线可采用 7/3.0mm 钢绞线。

③ 角杆拉线不能完全替代抗风杆，遇到装设拉线（或撑杆）的角杆或规定装设点的地形无法装设拉线时，可将抗风杆及防凌杆前移1～3个杆位，并从该杆重新计数。

④ 市区杆路可不装设抗风杆及减少防凌杆安装数。

（9）飞线拉线配置

飞线拉线配置见表4.8。

表 4.8　飞线拉线配置

序号	杆距 /m	拉线（单侧）
1	150 ～ 230	7/3.0mm 双股两条，7/3.0mm 单股拉线 4 条
2	231 ～ 300	7/3.0mm 双股两条，7/3.0mm 单股拉线 6 条

（10）其他

① 松土、沼泽地等经常淹积水、塌陷、滑坡等地点的电杆，在安装杆根加强装置仍不够稳固时，可加装双方拉线来加固。

② 终端杆前一档可设立辅助终端杆（也称泄力杆），安装 1 根 7/3.0mm 钢绞线的顺线拉线。

4. 拉线安装

① 拉线在电杆上的安装及与地锚的连接可采用夹板法（三眼双槽钢绞线夹板）、卡固法（U 形卡子）或另缠法（3.0mm 镀锌钢线缠扎）。

② 在人行道上应尽量避免使用拉线。如果需要安装拉线，则对于拉线及地锚位于人行道或人车经常通行的地点，应在距离地面高 2.0m 以下的部位用塑料管或毛竹筒包封，在塑料管或毛竹筒外面用红白相间色作为警告标志。

③ 在市区人行道或人车经常通行的地方，角深 ≤ 2.5m 的角杆可不装设角杆拉线，角深 > 2.5m 的角杆宜采用吊板拉线。

④ 拉线安装位置有以下 3 种方式。

一是终端拉线、顶头拉线、角杆拉线、三方拉线和四方拉线的顺线拉线应安装在吊线的上方，防风拉线（双方拉线、三方拉线及四方拉线的侧面拉线）应安装在吊线的下方。

二是第一层吊线距离杆顶 500mm，如果杆上只有 1 条吊线且装设 1 条拉线时，则水泥杆拉线应距离吊线 100mm，木杆拉线应距离吊线 300mm。

三是如果杆上有 2 层吊线且装设 2 条拉线时，则层间间隔应为 400mm，水泥杆拉线应距离吊线 100mm，木杆拉线应距离吊线 300mm。

5. 拉线材料配置

以制作单条落地拉线为例说明拉线材料的配置。木杆制作单条拉线所需的材料见表 4.9。水泥杆制作单条拉线所需的材料见表 4.10。

表 4.9　木杆制作单条拉线所需的材料

| 序号 | 拉线程式 /mm | 水泥拉线盘的长 × 宽 × 厚 /mm | 地瞄钢柄直径及长度 /mm | 镀锌钢绞线 /kg | 镀锌铁线 /kg | | | 三眼双槽夹板 /副 | 拉线衬环 | 瓦型护杆板块 | 条形护杆板块 |
					φ1.5mm	φ3.0mm	φ4.0mm				
1	7/2.2	500 × 300 × 150	φ16 × 2100	3.02	0.02	0.3	0.22	2	3 股 1 个	2	4
2	7/2.6	600 × 400 × 150	φ20 × 2400	4.41	0.04	0.55	0.22	2	5 股 1 个	2	4
3	7/3.0	600 × 400 × 150	φ20 × 2400	5.88	0.04	0.45	0.22	4	5 股 1 个	2	4

表 4.10　水泥杆制作单条拉线所需的材料

| 序号 | 拉线程式 /mm | 水泥拉线盘的长 × 宽 × 厚 /mm | 地瞄钢柄直径及长度 /mm | 镀锌钢绞线 /kg | 镀锌铁线 /kg | | | 三眼双槽夹板 /副 | 拉线衬环 | 拉线抱箍 /副 |
					φ1.5mm	φ3.0mm	φ4.0mm			
1	7/2.2	500 × 300 × 150	φ16 × 2100	3.02	0.02	0.3	0.22	2	3 股 2 个	1
2	7/2.6	600 × 400 × 150	φ20 × 2400	3.8	0.04	0.55	0.22	2	5 股 2 个	1
3	7/3.0	600 × 400 × 150	φ20 × 2400	5	0.04	0.45	0.22	4	5 股 2 个	1

4.1.6　电杆根部加固及保护设计

1. 电杆根部加固

① 例如，土质松软地点的角杆，抗风 / 防凌杆及跨越铁路两侧的电杆，坡度变更大于 20% 的电杆、接杆。

② 例如，松土、沼泽地、斜坡等杆位不稳固的地点，经常受水淹或可能受洪水冲刷的地点。

2. 木杆线路

一般在杆根侧面安装固根横木或杆根底部安装垫木加固，横木及垫木应用时应注油或做其他防腐处理。横木规格见表 4.11。

表 4.11　横木规格

用途	规格（直径 × 长度）/mm
固根横木	$\phi 180 \times 1200$
杆根垫木	$\phi 180 \times 1200$
品接杆垫木	$\phi 200 \times 1500$

3. 水泥杆线路

一般在杆根侧面安装水泥卡盘或杆根底部安装水泥底盘加固，水泥卡盘及底盘程式见表 4.12。

表 4.12　水泥卡盘及底盘程式

名称	程式（长 × 宽 × 厚）/mm
底盘	$500 \times 500 \times 80$
卡盘	$800 \times 300 \times 120$

注：卡盘安装采用"U"形卡盘抱箍。

4. 下列电杆应装设单横木或单卡盘

① 角深小于 13m 的角杆、抗风杆。

② 跨越铁路两侧的电杆、终端杆前一档的辅助终端杆。

③ 松土地点的电杆或坡度变更大于 20% 的吊杆档。

5. 下列电杆应装设单垫木或底盘

① 接杆、撑杆。

② 立在沼泽地的电杆、坡度变更大于 20% 的抬杆档。

6. 下列木杆应装设双横木或水泥杆装设卡盘及底盘

① 角深大于 13m 的角杆、防凌杆。

② 终端杆。

7. 不可避免时，下列情况需要采取杆根保护措施

① 斜坡、滑坡地点的电杆，可以做木围桩保护。

② 水淹或土壤易流失地点的电杆可以做石笼保护。

③ 河中立杆可能受洪水冲刷时，可以采用打桩法并在水流方向上游 2～3m 处设立挡水桩、木围桩、石笼等。

4.1.7　杆上附装其他设施时的电杆设计要求

① 电杆上附装接入网室外型设备、分线箱、交接箱或其他体积较大、重量较重的装置时，应对该电杆做特殊设计。

② 电杆上的附装设备应符合 YD/T 5139—2019《有线接入网设备安装工程设计规范》的规定。

4.1.8　防护措施

1. 强电线路影响及防护设计要求的规定

当架空杆路与中性点有效接地的 110kV 及以上架空输电线平行或与发电厂及变电站的地线网、高压杆塔的接地装置接近时，应考虑输电线故障和工作状况时由电磁感应、地电位升高等因素对吊线造成的危险影响。

跨越档两侧的架空光缆杆上的吊线应做接地处理，杆上地线应在距离地面高 2.0m 处断开 50mm 的放电间隙，两侧电杆上的拉线应在距离地面高 2.0m 处加装绝缘子，并设置电气断开。

跨越档两侧附近电杆上的吊线应加装绝缘子，并设置电气断开。

2. 防雷设计规定

每隔 250m 左右的电杆、终端杆、角深大于 1m 的角杆、飞线跨越杆、杆长超过 12m 的电杆、山坡顶上的电杆等应设置避雷线，架空吊线应与地线连接。

吊线应每隔 300～500m 利用电杆避雷线或拉线接地，每隔 1km 左右加装绝缘子，并设置电气断开。

雷击频繁地段的杆档应架设架空地线，架空地线应每隔50～100m接地一次。

杆上避雷针应高出电杆100mm，木杆可以用4.0mm镀锌铁线作为避雷线并沿电杆卡固入地；有拉线的电杆可利用拉线入地；水泥杆有预留接地螺栓的，可接在接地螺栓入地；无接地螺栓的，可通过杆顶接电杆钢筋入地。

水泥杆拉线式地线安装实物如图4.14所示。架空电杆避雷线的接地电阻要求见表4.13。

图 4.14　水泥杆拉线式地线安装实物

表 4.13　架空电杆避雷线的接地电阻要求

设备名称	普通土	砂黏土	砂土	石质土
	土壤电阻率/（Ω·m）			
电杆避雷线	≤ 100	101～300	301～500	＞500
	80	100	150	200

4.1.9　杆号

（1）长途光缆通信线路工程电杆的编号宜符合以下原则

① 电杆的编号宜由北向南或由东向西。

② 杆路宜以起止点地点名称独立编号。

③ 同一段落有两趟及两趟以上的杆路时，可将各路分别编号。

④ 中途分支的线路宜单独编号，编号从分线点开始。

（2）本地光缆通信线路工程电杆的编号宜符合以下原则

① 市区电杆宜以街道及道路名称顺序编号，同一街道两端都有杆路而中间尚无杆路衔接时，应视中间段距离长短和街道情况预留杆号。

② 里弄、小街、小巷及用户院内的杆路杆号，宜以分线杆的分线方向编排副号。

③ 市郊及郊区的电杆宜以杆路起止点地点名称独立编号。

杆号应面向道路的一侧，如果电杆两侧均有道路，则宜以该杆路所沿着的道路为准，如果某段杆路离所沿道路较远而线路改沿小路时，则杆号宜面向小路一侧。

水泥电杆可用喷涂或直接书写杆号的方式，木杆宜用钉杆号牌方式。

（3）光缆通信线路工程电杆杆号编写的主要内容应符合以下规定

业主或资产归属单位、标注电杆的建设年份、标注中继段或线路段名称的简称或汉语拼音、标注市区线路的道路及街道的名称。

（4）杆号编写要求应符合以下规定

① 电杆杆号应按整个号码填写，不得增添虚零。

② 在原有线路上增设电杆时，在增设的电杆上应采用前一位电杆的杆号，并在它的下面加上分号。

③ 原有杆路减少个别电杆时，一般可保留空号，不再重新编制杆号。

④ 水泥杆上编号的最后一个字或杆号牌钉在木杆上的最下沿，宜距离地面2m，市区宜为2.5m，特殊地段可酌情提高或降低。

⑤ 高桩拉线和撑杆都不应编列号码，标注业主或资产归属单位及建设年份即可。

⑥ 在实际应用中，杆路标识出现了电子编号方式，因此需要根据建设单位的要求进行电杆标识设计。

4.2 架空光缆吊线设计

4.2.1 吊线程式选择

新设吊线可以选用7/2.2mm和7/3.0mm镀锌钢绞线。一般情况下，常用杆距为50m。不同钢绞线在各种负荷区适宜的杆距见表4.14。当杆距超出表4.14的范围时，宜采用正副吊线跨越装置。

表 4.14 不同钢绞线在各种负荷区适宜的杆距

吊线规格 /mm	负荷区别	杆距 /m	备注
7/2.2	轻负荷区	≤ 150	
7/2.2	中负荷区	≤ 100	
7/2.2	重负荷区	≤ 65	
7/2.2	超重负荷区	≤ 45	
7/3.0	中负荷区	101 ～ 150	
7/3.0	重负荷区	66 ～ 100	
7/3.0	超重负荷区	45 ～ 80	

中负荷区，杆距在 100m 以内时，宜采用 7/2.2mm 镀锌钢绞线；杆距在 101 ～ 150m 时，宜采用 7/3.0mm 镀锌钢绞线；杆距在 151 ～ 300m 时，宜采用正、辅助吊线，辅助吊线为 7/3.0mm 镀锌钢绞线，正吊线为 7/3.0mm 镀锌钢绞线，正、辅助吊线连接夹板间距约为 50m，正、辅助吊线隔距为 0.6m。

4.2.2 吊线安装位置设计

终端拉线、顶头拉线、角杆拉线、三方拉线和四方拉线的顺线拉线应安装在吊线的上方，防风拉线（双方拉线、三方拉线及四方拉线的侧面拉线）应安装在吊线的下方。

第一层吊线距离杆顶 500mm，如果杆上只有 1 条吊线且装设 1 条拉线时，则水泥杆拉线应距吊线 100mm，木杆拉线应距吊线 300mm。

如果杆上有 2 层吊线且装设 2 条拉线时，层间间隔应为 400mm，水泥杆拉线应距吊线 100mm，木杆拉线应距吊线 300mm。

吊线应悬挂在预定高度和间隔的电杆之间，并固定在电杆上，第一层吊线距电杆顶部 ≥ 500mm，特殊情况下应 ≥ 250mm，每层吊线间距为 400mm。

吊线应安装在线路顺线方向电杆的侧面，如果杆路靠近道路，第一条新设吊线应安装在靠近道路侧。如果杆路安装在野外，新建南北向的杆路，第一条吊线应安装在西侧；新建东西向的杆路，第一条吊线应安装在北侧。

光缆线路工程吊线的安装位置，应兼顾杆上其他线缆的要求，并保证架挂光缆后，在温度和负载发生变化时光缆与其他设施的净距离符合相关隔距要求。

4.2.3　吊线施工要求

① 吊线安装方式：没有预留眼的水泥杆可采用抱箍、夹板安装；木杆及有预留眼的水泥杆可采用穿钉、夹板安装。

② 吊线每隔 1km 左右用中号蛋形隔电子将吊线电气断开。

③ 各种负荷区的吊线安装垂度应符合规范要求。

④ 外角杆吊线及坡度变化较大的吊线应加装吊线辅助装置。

木杆角杆的角深为 5 ~ 10m 时，用 ϕ3.0mm 镀锌铁线做吊线辅助装置；角深为 10 ~ 25m 时，用同吊线规格的镀锌钢绞线做吊线辅助装置。木杆外角杆吊线辅助装置如图 4.15 所示。

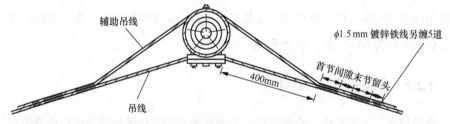

图 4.15　木杆外角杆吊线辅助装置

水泥杆角杆在角深小于 25m 时，用同吊线规格的镀锌钢绞线做吊线辅助装置。水泥杆外角杆吊线辅助装置如图 4.16 所示。

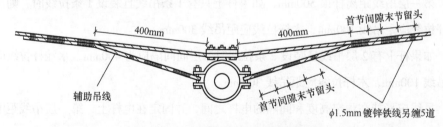

图 4.16　水泥杆外角杆吊线辅助装置

当吊线坡度变更大于杆距 5% 且小于杆距 10% 时，用同吊线规格的镀锌钢绞线做吊线仰俯角辅助装置，用 ϕ3.0mm 镀锌铁线缠扎。仰角吊线辅助装置如图 4.17 所示。俯角吊线辅助装置如图 4.18 所示。

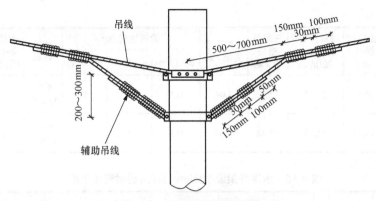

图 4.17　仰角吊线辅助装置

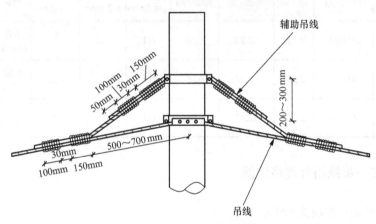

图 4.18　俯角吊线辅助装置

吊线应在防凌杆处做泄力终结，在相邻杆档负荷不相等处做假终结，在正、辅助吊线的起止点做终结。

4.2.4　材料计算

木杆架设 1000m 吊线所需材料（平原）见表 4.15，水泥杆架设 1000m 吊线所需材料（平原）见表 4.16。

表 4.15　木杆架设 1000m 吊线所需材料（平原）

序号	吊线程式 /mm	镀锌钢绞线 /kg	镀锌穿钉 /长 180 ~ 260mm	三眼单槽夹板 /副	三眼双槽夹板 /副	镀锌铁线 /kg			拉线衬环	瓦型护杆板 /块	条形护杆板 /块
						ϕ1.5mm	ϕ3.0mm	ϕ4.0mm			
1	7/2.2	221.27	22.22	22.22	4.04	0.1	1	2	3 股 4.04 个	8.08	12.12

序号	吊线程式/mm	镀锌钢绞线/kg	镀锌穿钉/长180~260mm	三眼单槽夹板/副	三眼双槽夹板/副	镀锌铁线/kg			拉线衬环	瓦型护杆板/块	条形护杆板/块
						ϕ1.5mm	ϕ3.0mm	ϕ4.0mm			
2	7/2.6	322.7	22.22	22.22	4.04	0.1	1	2	5股4.04个	8.08	12.12
3	7/3.0	430.36	22.22	22.22	4.04	0.1	1	2	5股4.04个	8.08	12.12

表 4.16　水泥杆架设 1000m 吊线所需材料（平原）

序号	吊线程式/mm	镀锌钢绞线/kg	吊线抱箍/副	三眼单槽夹板/副	三眼双槽夹板/副	镀锌铁线/kg			拉线衬环	拉线抱箍/副
						ϕ1.5mm	ϕ3.0mm	ϕ4.0mm		
1	7/2.2	221.27	22.22	22.22	6.06	0.1	1	2	3股8.08个	4.04
2	7/2.6	322.77	22.22	22.22	6.06	0.1	1	2	5股8.08个	4.04
3	7/3.0	430.36	22.22	22.22	6.06	0.1	1	2	5股8.08个	4.04

4.2.5　吊线附件规格性能

1. 吊线的规格程式和性能

吊线的规格程式和性能见表 4.17。

表 4.17　吊线的规格程式和性能

规格程式（股数/单根线径）/mm	钢线型号	钢绞线外径/mm	钢绞线截面面积/mm²	钢绞线自重/（N/km）	钢绞线总拉断力不小于/N	弹性伸长系数	温度膨胀系数	钢绞线拉力强度系数/（N/mm²）
7/2.0	1号	6.0	22.0	1800	26400	50×10^{-6}	12×10^{-6}	1200
7/2.2	1号	6.6	26.6	2100	31920	50×10^{-6}	12×10^{-6}	1200
7/2.6	1号	7.8	37.2	3000	44640	50×10^{-5}	12×10^{-6}	1200
7/3.0	1号	9.0	49.5	4000	59400	50×10^{-6}	12×10^{-6}	1200

2. 挂钩规格程式与选用

挂钩规格程式与选用见表 4.18。

表 4.18　挂钩规格程式与选用

挂钩规格 /mm	用于光缆的外径 /mm	用于光缆吊线的规格 /（股 /mm）	挂钩自重 /（N/ 只）	挂钩原材料规格	可承托电缆的对数				
					0.4mm	0.5mm	0.6mm	0.7mm	0.8mm
25	< 12	7/2.2	0.36	ϕ3mm 黑钢丝、0.5mm 厚锌片	≤ 30	≤ 20	≤ 10	5	5
35	12 ～ 17	7/2.2	0.47		50 ～ 100	25 ～ 50	20 ～ 30	10 ～ 20	10 ～ 15
45	18 ～ 23	7/2.2	0.54		150 ～ 200	80 ～ 100	50 ～ 80	30	20
55	24 ～ 32	7/2.6	0.69		300	150 ～ 200	100 ～ 150	50 ～ 80	50 ～ 80
65	> 32	7/3.0	1.03		400	300	200	100 ～ 150	100

3. 夹板规格程式和性能

吊线（钢绞线）夹板规格程式和性能见表 4.19。

表 4.19　吊线（钢绞线）夹板规格程式和性能

吊线夹板名称	夹固吊线槽径 / mm	夹板长度 / mm	夹板宽度 / mm	夹板厚度 / mm	自重 /N	配套零件
三眼单槽夹板	7	144	42	24	22.10	ϕ12mm × 43mm 穿钉两套
三眼双槽夹板	7	152	44	22	34.76	ϕ16mm × 41mm 穿钉三套
单眼单槽夹板	7	50	44	18	3.36	ϕ12mm × 32mm 穿钉一套

4. U 形钢绞线卡子规格程式和性能

U 形钢绞线卡子的规格见表 4.20。

表 4.20　U 形钢绞线卡子的规格

适用钢绞线		主要尺寸 /mm						每个重量 /kg
截面 /mm²	外径 /mm	b_1	b_2	d_1	r	l	s	
25	6.5（7/2.2）	22	26	4	4.0	30	16	0.08
35	7.8（7/2.6）	25	37	10	4.7	45	21	0.15
50	9.0（7/3.0）	26	37	10	6.7	50	23	0.22
70	11.0（7/3.5）	32	44	10	8.2	65	28	0.35

4.3 长杆档及飞线设计要求

4.3.1 长杆档设计要求

1. 长杆档配置

长杆档两侧的电杆杆高配置应考虑由于杆距加大而引起的光缆垂度增大的影响。杆上最低一层光缆在最大垂度时与地面及其他建筑物的隔距应符合规范规定的要求。

2. 长杆档划分和加固

架空光缆线路的杆距在轻负荷区超过 60m、中负荷区超过 55m、重负荷区超过 50m 时，应采用长杆档建筑方式。

架空光缆线路的杆距超过标准杆距 25% ～ 100% 时，应采用长杆档建筑方式，超过准杆距 100% 的杆距应采用飞线装置。

长杆档应采用相应的加强措施，一般可以加装拉线或根部加固。

3. 长杆档电杆加强设计

在长杆档两侧电杆的反侧方向上加装顶头拉线 1 条，超过标准杆距 50% 或风力超过 10m/s 的地区，宜装设一层三方拉线。

顶头拉线程式应采用比吊线程式高一级的钢绞线，三方拉线中的双方拉线应采用与吊线程式相同的钢绞线。

电杆根部应加装卡盘或固根横木。

4. 长杆档辅助终结设计

超过标准杆距 50% 的长杆档两侧的电杆应在面向长杆档侧加装与吊线同一程式的辅助吊线钢绞线。

4.3.2 飞线设计要求

1. 飞线跨越杆距要求

超过长杆档杆距的飞线跨越杆距范围见表 4.21。

飞线跨越档吊线负载大于 1 条钢绞线强度要求时，应加装辅助吊线。飞线跨越档吊线用钢绞线程式见表 4.22。正吊线和辅助吊线程式按光缆重量、跨越杆距、气象条件等来设计，应符合表 4.22 的要求。

表 4.21　超过长杆档杆距的飞线跨越杆距范围

负荷区	无冰及轻负荷区 /m	中负荷区 /m	重负荷区 /m
无辅助吊线	≤ 150（100）	≤ 150（100）	≤ 100（65）
有辅助吊线	≤ 500（300）	≤ 300（200）	≤ 200（100）

注：1. 超重负荷区不宜做飞线跨越，需要时应做特殊设计。

2. 当每条吊线架挂的光缆重量大于 250kg/km 时，适用表 4.21 中括号内的数值范围，重量超过 500kg/km 的光缆不宜做架空飞线跨越。

表 4.22　飞线跨越档吊线用钢绞线程式

负荷区	无冰及轻负荷区		中负荷区			重负荷区		
最大跨距 /m	150	500	100	150	300	65	100	200
正吊线 /mm	7/2.2	7/2.2	7/2.2	7/3.0	7/3.0	7/2.2	7/3.0	7/3.0
辅助吊线 /mm	—	7/3.0	—	—	7/3.0	—	—	7/3.0

2. 飞线跨越杆需要考虑以下因素

① 跨越杆杆位的地势与所跨越的河流、山谷飞越其他建筑物的高程差。

② 上下光缆吊线的间距由普通的 0.4m 增大到 0.6m。

③ 随跨距增大的吊线与光缆的垂度。

④ 正吊线与辅助吊线的间距。

⑤ 电杆埋深的加大。

⑥ 最下一层光缆与其他建筑物的间距应符合规范。

3. 吊线及垂度要求

① 加装辅助吊线后，正吊线和辅助吊线的钢绞线强度合并计算。

② 当没有光缆负载时，钢绞线吊线垂度应符合原始安装垂度的要求；挂缆后的垂度可以在吊线垂度的基础上再增加 0.5 ～ 1.0m。

4. 跨越杆和飞线杆的配置

当飞线跨越杆的计算杆高超过 12m 时，飞线跨越档两侧的电杆应设置终端杆和跨越杆。

当飞线跨越杆的计算杆高不超过 12m 时，终端杆和跨越杆宜合并，称为终端跨越杆。

5.飞线杆装置配置

飞线杆装置配置见表 4.23。

表 4.23　飞线杆装置配置

序号	杆距	所需电杆程式（品接杆）	主 / 辅助吊线安装	拉线安装（单面）
1	150 ～ 230m	ϕ180mm × 12000mm ϕ180mm × 14000mm ϕ180mm × 16000mm	7/3.0mm 镀锌钢绞线	7/3.0mm 双股 2 条， 7/3.0mm 单股拉线 4 条
2	231 ～ 300m	ϕ180mm × 12000mm	7/3.0mm 镀锌钢绞线	7/3.0mm 双股 2 条， 7/3.0mm 单股拉线 6 条

光缆飞线（151 ～ 230m）拉线装置示意如图 4.19 所示。

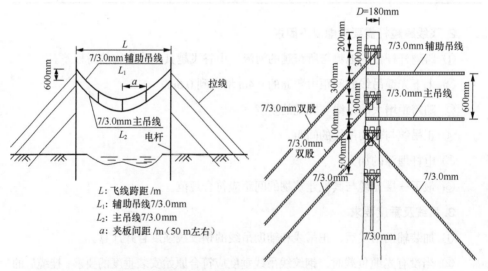

L：飞线跨距 /m
L_1：辅助吊线 7/3.0mm
L_2：主吊线 7/3.0mm
a：夹板间距 /m（50 m 左右）

注：1.本图为中负荷区光缆飞线拉线装置示意图。
　　2.本图中主吊线与辅助吊线平行敷设，且隔距为 0.6m。
　　3.本图中的木电杆高度为 12m 及 12m 以内的防腐木电杆，木杆梢径为 180mm。
　　4.本图中 7/3.0mm 双股拉线，需配置 800mm × 400mm × 150mm 水泥拉盘及 ϕ 22mm × 2400mm 拉线地锚。

图 4.19　光缆飞线（151 ～ 230m）拉线装置示意

光缆飞线（231 ～ 300m）拉线装置示意如图 4.20 所示。

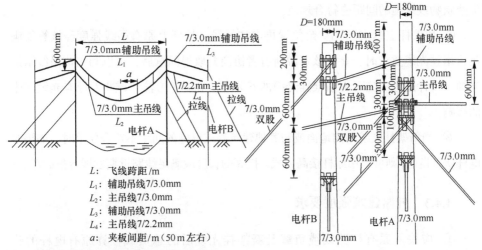

注：1. 本图为中负荷区光缆飞线拉线装置示意图。
　　2. 本图中主吊线与辅助吊线平行敷设，且隔距为 0.6m。
　　3. 本图中的木电杆 A 高度为超过 12m 的防腐木电杆，木杆梢径为 180mm。
　　4. 本图中的木电杆 B 高度按正常计算，木杆梢径为 180mm。
　　5. 本图中 7/3.0mm 双股拉线，需配置 800mm × 400mm × 150mm 水泥拉盘及 ϕ 22mm × 2400mm 拉线地锚。

图 4.20　光缆飞线（231 ～ 300m）拉线装置示意

4.4　原杆路架挂光缆的杆路要求

4.4.1　杆路选择要求

①　当计划新建通信光缆线路工程的路由走向上或顺路附近有已建的杆路时，应考虑在该杆路上架挂光缆并采取相应的技术措施。

②　当同一路由附近有两趟或两趟以上杆路可以选用时，宜选择其中，路由较近、地形及环境较好、杆线路由固定、建筑质量良好、施工及维护较方便的杆路。

③　选定在原有杆路上架挂光缆的电杆杆高、建筑强度应基本满足新建工程架挂光缆的要求。架挂光缆后，应对原杆线的使用和运行产生最低程度的影响。

④　当原杆路容量或建筑强度不符合要求时，应尽量通过技术改造来满足要求。

⑤　在 35kV 及以上的输电线路上架设通信光缆，应采用全介质自承式光缆。

4.4.2　架挂位置及设计要求

①　新架挂光缆与杆上原有光缆设施的间距应为 400mm，距离地面高度及与其

他建筑物或设施的间距应符合规范。

② 如果杆上确实已无空余位置再增挂吊线，且杆上原有吊线强度经核算能满足再增挂光缆要求时，在与该资源所有者协商并取得同意后，可以利用该吊线增加光缆。设计过程中应考虑新架挂光缆的安装方法和施工方法，减小对原有光缆产生的影响。

③ 当新架挂光缆距离地面或与其他建筑物或设施的间距不符合要求时，如果原电杆质量良好，则可采用原杆接高方式。接高的长度应满足线路近期发展容量的需要。

4.4.3 杆路建筑强度要求

① 应按照原有杆路线缆负载及新架挂光缆后的总负载核算原有电杆的建筑强度。

② 如果新增光缆后的负载超出原杆路基本杆的容许弯矩，当超出的数值不大时，宜增加原有杆路抗风杆双方拉线的密度。

③ 当增加拉线有困难时，可用比原来拉线高一级程式的钢绞线来更换原有部分拉线。

④ 当原杆路上个别电杆的杆身严重损坏或者电杆高度不满足要求无法采用接杆方式时，应予以更换。

⑤ 杆身完好但根部有腐朽的木杆，可用"绑桩"加固；腐朽较严重的电杆可用截根式绑桩。使用水泥绑桩或经防腐处理的木绑桩处理，杆径程式应符合接杆要求。

4.4.4 杆路整治具体要求

架挂本工程通信光缆线路的原有杆路应按 GB 51158—2015《通信线路工程设计规范》、GB 51171—2016《通信线路工程验收规范》和 GB/T 51421—2020《架空光（电）缆通信杆路工程技术标准》的要求，正确处理好建设单位和设计部门、工程投资和工程质量的关系，本着负责任的态度，对杆路进行整治。

1. 电杆

（1）新立电杆

新立电杆为水泥电杆，标准杆高为 8m，梢径为 150mm；新立电杆为防腐木电杆，标准杆高为 8m，梢径为 140mm。

对于以下情况需要新立电杆。

① 路由迁改地段。

② 丢失电杆的地方需要增补电杆。

③ 调整大跨距需要增加电杆。

④ 新增跨越杆、飞线杆等。

（2）更换电杆

① 原有电杆高度不够。

② 原有木杆腐朽。

③ 原有电杆纵向裂纹过大。

④ 原有电杆的程式不能满足挂缆要求。

⑤ 原有电杆根部断裂。

（3）扶正电杆

对于原有电杆倾斜的要扶正，必要时可采取增加拉线或杆根保护等措施。

（4）拆除电杆

① 对于同一杆位上有两根及两根以上电杆的，只保留较好的一根，拆除其余的电杆。

② 杆路上已经没有必要存在的电杆要拆除，例如，原"H"杆等。

2. 拉线安装设计

（1）新设或更换拉线

① 原有拉线的规格程式不能满足吊挂光缆要求。

② 原有拉线的设置不能满足有关规范要求。

③ 原有拉线断股、锈蚀严重。

④ 新立跨越杆的顺线拉线和侧面拉线。

⑤ 光缆吊线终端、正 / 辅助吊线起止点等需要加装顶头拉线。

⑥ 原杆路无防凌、防风拉线的需要增加。

⑦ 由于电杆更换引起的拉线更换。

⑧ 跨越铁路及高等级公路两侧的电杆。

⑨ 坡度变更大于 20% 的吊线档。

⑩ 长杆档两侧的电杆。

⑪ 杆高大于 12m 的电杆。

（2）收紧拉线

对于还能使用但已松弛的拉线，要求收紧。

3. 吊线设计

对于以下情形要新增吊线。

① 本身无吊线的（自承式除外）。

② 原有吊线锈蚀严重。

③ 原有长杆档、飞线及吊线设计不符合现行规范。

④ 原有吊线荷载已达到或超过规范要求。

⑤ 原有吊线断股。

4. 现有缆线整修

架空光缆可采用挂钩吊挂方式安装，挂钩隔距一般为 50cm。新设 7/2.2mm 吊线的地段采用 25mm 挂钩，原吊线已挂 1 条光缆的地段采用 35mm 挂钩，特 25mm 光缆挂钩仅在 7/3.0mm 吊线上使用。

对于原吊线加挂光缆的挂钩，其使用范围如下。

① 原有挂钩规格程式不能满足加挂本工程通信光缆，需要更换挂钩。

② 原有挂钩锈蚀严重，需要更换挂钩。

③ 原吊线挂钩密度不够，需要补充挂钩。

④ 原吊线挂钩失去弹性，需要更换挂钩。

⑤ 新设吊线需要补充挂钩。

缆线整修，对于本工程选用的吊线，如果出现现有缆线加挂混乱不堪、左右上下乱穿、垂度过大（有的快拖至地面、有的拖至房顶、有的拖至树梢）等情况，要采取相应措施，例如，移挂光缆、收紧吊线等进行缆线整修。

5. 保护及防护

除按规范给出的保护及防护措施，对于原有杆路加挂光缆，特别强调以下几个方面。

① 当原有杆路靠近或跨越烟囱或散发热源的建筑物时，原有杆路要套塑料管保护。

② 当原有杆路跨越房屋时，原有杆路要套塑料管保护。

③ 当原有杆路靠近或跨越变压器等电力设施时，原有杆路要套塑料管保护，并

从变压器下方通过。

④ 当原有杆路跨越新建的电力线时（通信杆路建设在前），原有杆路要做好相邻两根电杆的防强电措施。

⑤ 当原有杆路没有防雷、防强电措施，原有杆路要补充完整。

⑥ 当电力线在通信光缆下方，光缆应按直埋方式处理。

⑦ 原有杆路缺少的应有保护措施，要补充完整，例如，进行必要的杆根加固等。

⑧ 更换拉线必须做拉线式地线。

⑨ 在电力设施下或附近施工时，图纸上应给出安全保护措施或警示。

第5章　通信光缆线路设计

5.1　光缆线路敷设安装设计

5.1.1　光缆线路敷设安装的一般要求

① 光缆线路在敷设安装过程中，应根据敷设地段的环境条件，在保证光缆不受损伤的原则下，可采用人工或机械敷设，并保证光缆外护套的完整性及直埋光缆金属护套对地绝缘良好。光缆线路敷设安装允许的最小弯曲半径见表5.1。

表 5.1　光缆线路敷设安装允许的最小弯曲半径

光缆护套型式	Y 型、A 型、S 型、W 型		A 型、S 型、金属护套
光缆外护层型式	无外护层或 04 型	53 型、54 型、33 型、34 型、63 型	333 型、43 型
静态弯曲时	10D	12.5D	15D
动态弯曲时（例如，敷设安装期间）	20D	25D	30D

注：D 为光缆外径。

② 光缆重叠、增长和预留参考长度见表5.2。

表 5.2　光缆重叠、增长和预留参考长度

项目	敷设方式			
	直埋	管道	架空	水底
接头每侧预留长度	5～10m	5～10m	5～10m	
人（手）孔内自然弯曲增长		0.5～1m		
光缆沟或管道内弯曲增长	7‰	10‰		按实际需要
架空光缆弯曲增长			7‰～10‰	
地下局（站）内每侧预留	5～10m，按实际需要调整			
地面局（站）内每侧预留	10～20m，按实际需要调整			
因水利、道路、桥梁等建设规划导致的预留	按实际需要调整			

③ 在各类管材中穿放时，光缆外径宜不大于管孔内径的 90%，光缆敷设安装后，管口应封堵严密。

④ 光缆布放时及安装后，其所受张力、侧压力不应超过光缆允许的机械性能要求。

⑤ 光缆敷设后为便于识别使用和维护，应有清晰永久的标识，管道和架空光缆应加挂标识牌，直埋光缆可敷设警示带。

5.1.2　光缆敷设端别

光缆敷设端别的规定如下。

① 长途光缆线路应以局（站）所处地理位置规定：北（东）为 A 端，南（西）为 B 端。

② 本地网光缆线路以汇接局为 A 端，分局为 B 端。

③ 光缆环顺时针起点为 A 端，反之为 B 端。

5.1.3　架空光缆敷设安装

① 当架空光缆采用挂钩吊挂方式安装时，挂钩隔距一般为 50cm。新设 7/2.2mm 吊线的地段可使用 25mm 光缆挂钩，原吊线已挂一条光缆的地段使用 35mm 光缆挂钩，7/3.0mm 吊线上使用特 25mm 光缆挂钩。

② 光缆接头盒应吊挂在靠近电杆的吊线上。光缆接头盒在吊线上的安装示意如图 5.1 所示。

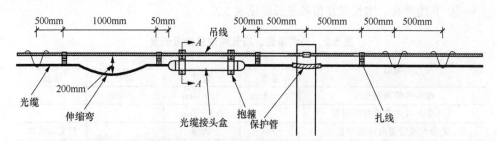

图 5.1　光缆接头盒在吊线上的安装示意

③ 架空光缆每隔 500m 左右在靠近杆侧做一处盘留（盘留在盘留架上），盘留长度为 5 ～ 10m。架空光缆预留方式如图 5.2 所示。

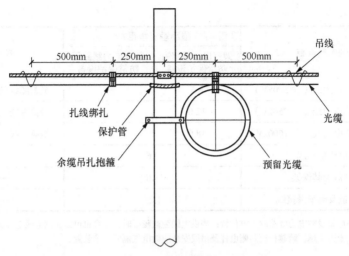

图 5.2　架空光缆预留方式

④ 架空光缆在每根电杆上做伸缩弯预留（验收规范规定每 1 ～ 3 根杆），光缆接触电杆处用长 300mm 纵剖塑料子管保护，电杆两侧 0.25m 处用电话皮线绑扎。光缆在电杆上伸缩弯示意如图 5.3 所示。

⑤ 架空光缆的布放应通过滑轮牵引，布放过程不允许出现过度弯曲。

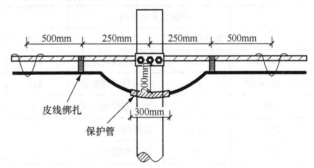

图 5.3　光缆在电杆上伸缩弯示意

⑥ 架空光缆与其他建筑物及其他线路的间距要求如下。架空光缆交越其他电气设施的最小垂直净距见表 5.3。

表 5.3　架空光缆交越其他电气设施的最小垂直净距

其他电气设施	最小垂直净距 /m		备注
	架空电力线路有防雷保护设备	架空电力线路无防雷保护设备	
10kV 以下电力线	2.0	4.0	最高缆线到电力线条
35 ～ 110kV 电力线（含 110kV）	3.0	5.0	最高缆线到电力线条
110 ～ 220kV 电力线（含 220kV）	4.0	6.0	最高缆线到电力线条
220 ～ 330kV 电力线（含 330kV）	5.0	—	最高缆线到电力线条

续表

其他电气设施	最小垂直净距 /m		备注
	架空电力线路有防雷保护设备	架空电力线路无防雷保护设备	
330～500kV 电力线（含500kV）	8.5	—	最高缆线到电力线条
500～750kV 电力线（含750kV）	12.0	—	最高缆线到电力线条
750～1000kV 电力线（含1000kV）	18.0	—	最高缆线到电力线条
供电线接户线	0.6		—
霓虹灯及其铁架	1.6		—
电气铁道及电车滑接线	1.25		—

注：1. 通信线缆应架设在电力线路的下方位置；当供电线为被覆线时，光缆也可以在供电线上方交越。
2. 光缆应在上方交越，跨越杆档两侧电杆及吊线安装应做电气隔断保护装置。

架空光缆架设高度见表 5.4。

表 5.4　架空光缆架设高度

名称	与线路方向平行时		与线路方向交越时	
	架设高度 /m	备注	架设高度 /m	备注
市内街道	4.5	最低缆线到地面	5.5	最低缆线到地面
市内里弄(胡同)	4.0	最低缆线到地面	5.0	最低缆线到地面
铁路	3.0	最低缆线到地面	7.5	最低缆线到轨面
公路	3.0	最低缆线到地面	5.5	最低缆线到路面
土路	3.0	最低缆线到地面	5.0	最低缆线到路面
房屋建筑物	—		0.6	最低缆线到屋脊
			1.5	最低缆线到房屋平顶
河流	—		1.0	最低缆线到最高水位时的船桅顶
市区树木	—		1.5	最低缆线到树枝的垂直及水平距离
郊区树木	—		1.5	最低缆线到树枝的垂直及水平距离
其他通信导线	—		0.6	一方最低缆线到另一方最高线条

注：1. 普通杆档按最高温度时的垂度再加 0.5m（挂缆后下垂度）计算。
2. 长杆档及跨越杆档按最高温度时的垂度再加 1.0m（挂缆后下垂度）计算。

⑦ 光缆在架空电力线路下方交越时，应做纵剖绝缘物处理，并在光缆吊线交越处两侧加装接地装置或安装高压绝缘子进行电气断开。

⑧ 架空光缆标志牌按照 2 根杆 1 个（材质为铝合金）配置，规格样式由建设单位提供。

⑨ 光缆在不可避免跨越或临近有火险的各类设施时，应采取防火保护措施。

5.1.4 管道光缆敷设安装

① 管道光缆敷设前应核对所设计的管道路由和所占用的管孔，管道、管孔应先进行疏通，疏通后再将管孔清洗干净。

② 对于需要穿放子管的管孔，在清洗后的管孔中应按设计要求穿放子管，一个管孔中安装的塑料子管应一次布放，子管两端伸出管孔 20cm，在相邻人孔间的管孔内，塑料子管不应有接头，不用的子管要用专用塞子堵塞。

③ 一般管道光缆采用人工方式布放时，可先布放半盘，然后倒盘排 "8" 字形，再向另一侧布放。为减少敷设中所受张力，在直线管道段，每个人孔中要安排一个施工人员，在拐弯人孔中安排 2～3 个施工人员进行中间辅助牵引，管道光缆每 500m 预留一次，预留长度为 5～10m。

④ 经过人孔时，光缆要套纵剖塑料软管（蛇形管）保护，并用塑料扎带固定在托架上，人孔内的光缆应有醒目标志（挂 2 个光缆标志牌）。

⑤ 管道光缆接头原则上应选在大（中）号直通型人孔内，接头盒及光缆盘留支架应安放在该人孔侧壁铁架与上覆之间的位置，盘留圈直径以 40cm 为宜，绑扎要牢靠，并用接头盒等装置加以固定。

⑥ 光缆在公路、铁路、桥上，以及与其他大孔径管道同沟等比较特殊的管道中敷设时，应充分考虑诸如路面沉降、冲击、振动、温度剧烈变化导致结构变形等因素对光缆线路的影响，并采取相应的防护措施。

5.1.5 直埋光缆敷设安装

1. 距离标注

距离测量从 0km+000 开始，凡整千米处、转角处、水线起止点、分线点等特殊地点，要求绘制三角定标并进行大标注，例如，路由在 1.45km 处转弯，该点标注为 1km+450m。中间距离按 100m 为单位实行小标注，采用 1、2、3……9 的形式表示。

2. 地阻测量

每 1km 用地阻仪测量一次大地电阻。地阻系数与防蚀测试见表 5.5。

表 5.5 地阻系数与防蚀测试

序号	桩号	地点	土质	电阻 / Ω	地阻系数 / $(\Omega \cdot m)$	pH值 / 1.5m	取样编号	备注
				R_2	ρ_2			
				R_{10}	ρ_{10}			
				R_2	ρ_2			
				R_{10}	ρ_{10}			

注：$\rho_2 = 12 \times 56R_2$，$\rho_{10} = 62 \times 8R_{10}$。

3. 路面、土质分类

① 标明路由经过之处的破复路面、土质、沟坎、护坡、漫水坝、堵塞、封沟（水泥包封）等情况。

② 路面分为土路面、砂石路面、柏油路面、水泥路面、方砖（花砖）路面等，并确定其路面厚度。

③ 土质分为普通土、硬土、砂砾土、软石、坚石。

④ 沟坎按实际高度计算，例如，1m 高的沟坎，记录为 h_1。

⑤ 护坡按长度乘以坡长计算。

⑥ 漫水坝、封沟按长 × 宽 × 高计算。

⑦ 堵塞按处计算。

4. 光缆埋深

直埋光缆的敷设采用人工挖沟及抬放方式，光缆埋深应符合规范要求，光缆沟的回填要符合相关要求。沟坎前后 2m 范围内的回填土应分层夯实，光缆沟回填工作中严禁用铁锹等尖刃工具捣实，以免铲伤光缆，保证光缆对地绝缘指标。需要特别注意的是，在农田里回填土，不应把石块等杂物留于表层，以免影响农田耕种。

（1）规范规定的标准埋深

光缆埋深标准见表 5.6。

表 5.6 光缆埋深标准

敷设地段及土质	埋深 /m
普通土、硬土	≥ 1.2
砂砾土、半石质、风化石	≥ 1.0
全石质、流砂	≥ 0.8

续表

敷设地段及土质		埋深 /m
市郊、村镇		≥ 1.2
市区人行道		≥ 1.0
公路边沟	石质（坚石、软石）	边沟设计深度以下 0.4
	其他土质	边沟设计深度以下 0.8
公路路肩		≥ 0.8
穿越铁路（距路基面）、公路（距路面基底）		≥ 1.2
沟、渠、水塘		≥ 1.2
河流		按水底光缆要求

注：1. 边沟设计深度为公路或城建管理部门要求的深度，人工开槽石质边沟的深度可减少为 0.4m，并采用水泥砂浆等防冲刷材料封沟。

　　2. 石质、半石质地段应在沟底和光缆上方各铺 100mm 厚的细土或砂土，此时光缆的埋深相应减少。

　　3. 表 5.6 中不包括冻土地带的埋深要求，其埋深在工程设计中另行分析取定。

（2）直埋光缆与其他建筑物及地下管线的间距

直埋光缆与其他建筑设施间的最小净距见表 5.7。

表 5.7　直埋光缆与其他建筑设施间的最小净距

名称	平行时 /m	交越时 /m
通信管道边线 [不包括人（手）孔]	0.75	0.25
非同沟的直埋通信光缆、电缆	0.5	0.25
埋式电力电缆（交流 35kV 以下）	0.5	0.5
埋式电力电缆（交流 35kV 及以上）	2.0	0.5
给水管（管径＜ 300mm）	0.5	0.5
给水管（300mm ≤管径≤ 500mm）	1.0	0.5
给水管（管径＞ 500mm）	1.5	0.5
高压油管、天然气管	10.0	0.5
热力、排水管	1.0	0.5
燃气管（压力小于 300kPa）	1.0	0.5
燃气管（压力 300kPa 及以上）	2.0	0.5
其他通信线路	0.5	—
排水沟	0.8	0.5
房屋建筑红线或基础	1.0	—
树木（市内、村镇大树、果树、行道树）	0.75	—
树木（市外大树）	2.0	—
水井、坟墓	3.0	—

名称	平行时 /m	交越时 /m
粪坑、积肥池、沼气池、氨水池等	3.0	—
架空杆路及拉线	1.5	—

注：1. 直埋光缆采用钢管保护时，与水管、煤气管、输油管交越时的净距离可降为 0.15m。

　　2. 对于杆路、拉线、孤立大树和高耸建筑，还应考虑防雷要求。

　　3. 大树是指直径在 300mm 及以上的树木。

　　4. 穿越埋深与光缆相近的各种地下管线时，光缆宜在管线下方通过。

　　5. 当隔距达不到表 5.7 中的要求时，应采取保护措施。

5. 直埋光缆敷设

① 直埋光缆敷设只有在路由沿公路时，才能采用机械布放。机械布放采用卡车或卷放线平车作牵引，先用起重机或升降叉车将光缆盘装入车上绕架，拆除光缆盘上的小割板或金属盘罩，指挥人员准备工作就绪后，再开始布放。机动车应缓慢前移，同时工作人员手动将光缆从缆盘上拖出，轻轻放到沟边（条件允许，在不会造成光缆扭折的情况下，可直接放入沟中的地滑轮上）。

② 在人工布放、直线肩扛式时，人员隔距小，由指挥人员统一指挥，不得将光缆在地面拖拽。

③ 光缆布放后，应指定专人从末端朝前对光缆进行整理，防止光缆在沟中拱起和腾空，排除塌方，确保光缆平放在沟底。

④ 对于敷设 1～2 条直埋光缆的光缆沟，其下底宽度为 0.3m，两条光缆之间的距离为 10cm，其上底宽度需要根据挖沟深度及放坡系数确定。

直埋光缆敷设安装示意如图 5.4 所示。

6. 回填土

回填光缆沟有松填和夯填两种方式。一般情况下，田地、山坡等地段采用松填，其他地段采用夯填。

回填前必须先对光缆进行检查，如果外护套有损伤，则应立即修复。先回填 15cm 的细砂或细土，严禁将石块、砖头、冻土推入沟内。回填时应安排专人下沟踩缆，防止回填土将光缆拱起，第一层细土回填完后应人工踩实后再填。回土夯实后的光缆沟，在高等级路面上应与路面平齐，回填土在路面修复前不得有凹陷现象，其他土路面可高出路面 50～100mm，田地可高出 150mm。

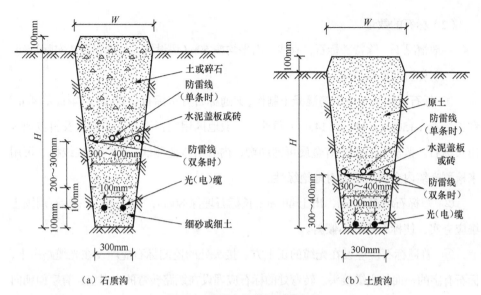

（a）石质沟　　　　　　　　　　　（b）土质沟

图 5.4　直埋光缆敷设安装示意

7. 接头坑

对于直埋光缆的接头坑，为保护接头盒的安全，回填土时应在上方铺 4 块水泥方砖进行保护。

接头盒出线：直埋敷设的光缆接头盒，所有光缆均从接头盒的同一端进出。

直埋光缆接头盒安装示意如图 5.5 所示。

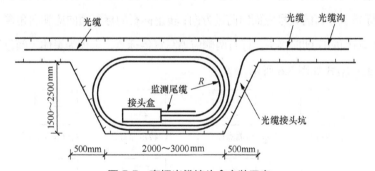

图 5.5　直埋光缆接头盒安装示意

8. 标石的设置

（1）标石的种类和应用场合

光缆接头、光缆转弯点、排流线起止点、同沟敷设光缆的起止点、光缆特殊预留点、与其他缆线的交越点、穿越障碍物地点和直线段均应设置标石。标石主要分为监测标石、接头标石、转弯标石、预留标石、直线标石、障碍标石等。

（2）标石的数量

一般情况下，除特殊标石，直线标石平均按 50m/ 块设置，特殊标石按实际计列。

（3）标石的埋设要求

① 标石可用坚石或钢筋混凝土制作，普通标石有短标石（100cm×14cm×14cm）和长标石（150cm×14cm×14cm）两种。一般地区用短标石，土质松软及斜坡地区用长标。监测标石上方有金属可卸端帽，内有引接监测线、地线的接线板，可用来检测光缆内金属护层的对地绝缘性。

② 短标石埋深 60cm，出土 40cm；长标石埋深 80cm，出土 70cm；标石周围土壤应夯实，使标石稳固不倾斜。

③ 普通标石应埋设在光缆的正上方。接头处的监测标石应埋设在光缆路由上，标石有字的一面朝光缆接头。转弯处的标石应埋设在线路转弯的交点上，有字面朝向光缆弯角较小的一面。当光缆沿公路敷设间距不大于 100m 时，标石面朝向公路侧。

④ 对于标准的标石埋深，允许偏差 ±5cm。标石埋设应与地面垂直，出土部分倾斜不超过 2cm，标石的周围应夯实或者用水泥砂石封闭，周围 60cm 内应无杂草。

⑤ 在城市路面上可以采用暗标形式。

（4）标石的标注

标石编号可用涂料喷涂，为白底红字，标石顶为红色，按现有顺序编号。直线标石的标石标徽、标石的编号应面向前进方向；转角标石的标石面向应朝向角深方向；接头标石的标石面向应朝向接头。标石两侧应喷写宣传标语，字体为黑体，颜色为红色。

标石编写格式如图 5.6 所示。

图 5.6　标石编写格式

（5）监测标石加工

监测标石加工如图 5.7 所示。

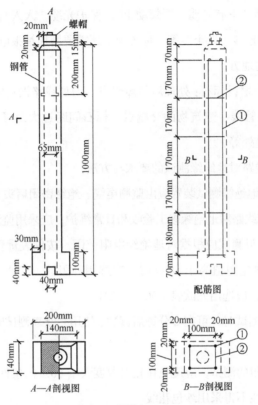

A—A剖视图　　　　B—B剖视图

钢筋表

编号	尺寸	直径 /mm	根数	长度 /mm	总长度 /mm
①	20mm 860mm 20mm	4	4	940	3.76
②	100mm 100mm	4	6	450	2.7

每块用料表

序号	名称	单位	数量
1	$\phi 4.0$mm 钢筋	kg	0.7
2	$\phi 0.7$mm 铁扎线	kg	0.014
3	32.5水泥	kg	5.3
4	碎石	kg	22.5
5	粗砂	kg	11.9
6	铁管及螺帽	kg	1

图 5.7　监测标石加工

（6）标志牌的设置

村屯、主要道口、挖砂取土地带、过河渡口等地段应设置标志牌，并且要字迹清晰。

标志牌内容包括"下有光缆　严禁动土""保护光缆　人人有责""严禁在地下光缆两侧3m范围内挖沙、取土"等，标志牌上还需要增加举报电话。

（7）增设标石的地方

遇到以下情况应增设标石：处理后的障碍点、增加线路设备的地点（例如，防雷地线等）、后建的管线、建筑物的交越点、标石间距过大及寻找光缆困难地段、介入或更换短段光缆处等。

（8）直埋光缆线路对地绝缘测试的要求与方法

① 光缆线路对地绝缘测试装置应由监测尾缆、绝缘密闭堵头和接头盒进水监测电极组成。直埋光缆线路对地绝缘竣工验收和日常维护，应采用监测装置进行测试。

② 对地绝缘电阻测试应根据对地绝缘电阻范围，按仪表量程确定使用高阻计或兆欧表。对地绝缘电阻值高于5MΩ时，应选用高阻计（500V·DC）；对地绝缘电阻值低于5MΩ时，应选用兆欧表（500V·DC）。

③ 使用高阻计测试时，可在2分钟后读数；使用兆欧表测试时，应在仪表指针稳定后读数。

④ 对地绝缘电阻的测试，应避免在相对湿度大于80%的条件下进行。

⑤ 测试仪表引线不得采用纱包花线。

⑥ 直埋光缆线路对地绝缘测试装置缆线连接方法如图5.8所示。

9. 防护

① 光缆线路要尽量垂直穿越铁路和主要公路，光缆埋深距离排水沟底部小于0.8m时，可采用顶管、铺管或定向钻敷管等方式，顶管时使用φ100mm无缝钢管，铺管时使用φ100mm对缝钢管保护，同时钢管内要穿放五孔或七孔综合子管。一般公路铺钢管即可，钢管伸出路基两侧各1m，管口采用油麻沥青堵塞密封。

② 光缆穿越有疏浚和挖砂取土的沟、渠、水塘时，在光缆上方可铺盖水泥盖板或水泥砂浆袋进行保护，也可采用φ38/46mm半硬塑料管或钢管予以保护。

③ 光缆线路沿公路排水沟敷设时，可采用φ38/46mm大长度半硬塑料管予以保护（两条缆时分别保护），有的地段还要在光缆沟回填土后用水泥砂浆封沟。路肩敷设时可采用φ50mm钢管（内穿一根子管）进行保护。

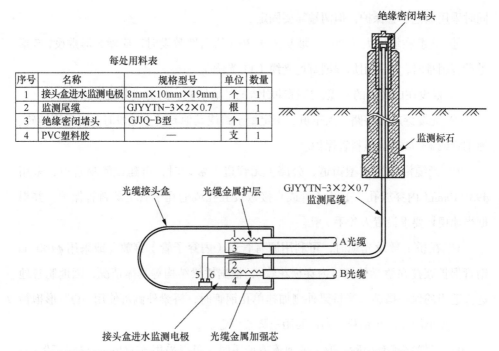

每处用料表

序号	名称	规格型号	单位	数量
1	接头盒进水监测电极	8mm×10mm×19mm	个	1
2	监测尾缆	GJYYTN-3×2×0.7	根	1
3	绝缘密闭堵头	GJJQ-B型	个	1
4	PVC塑料胶	—	支	1

注：1. 进水监测电极用 PVC 胶黏结在接头盒内底壁上，其位置应不影响接头盒的再次开启使用。

　　2. 监测尾缆芯线 1～6 号的色谱依次为红、橘、蓝、绿、黑、白，遇到非金属加强芯光缆时，3、4 号线腾空，线头做绝缘处理。

　　3. 监测尾缆芯线与光缆金属护层应电气连通、接触良好。

　　4. 监测尾缆在标石上线孔内或紧靠标石处预留 200～300mm。

图 5.8　直埋光缆线路对地绝缘测试装置缆线连接方法

采用 φ38/46mm 大长度半硬塑料管保护时，直线段每隔 200m 左右及拐弯处塑料管间隔 2m，间隔处应加套 3m 长的 φ50/60mm 塑料管，套袖塑料管两端应用胶带缠扎密封。

④ 在石质地段敷设光缆时，沟底应平整，并在沟底和光缆上方各铺 10cm 的细砂或细土。

⑤ 光缆通过市郊、村镇等动土可能性较大的地段时，可采用铺砖、塑料管方式进行保护。光缆在地质易变地段宜采用 φ65mm 碳素护线管进行保护，在直线段每隔 150m 左右及拐弯处塑料管间隔 2m，间隔处应加套 3m 长的 φ80mm 碳素护线管，套袖两端应用胶带缠扎密封。

⑥ 敷设在公路路肩上的光缆跨越公路的山间小桥和涵洞时，方法同上述③路肩的保护措施，注意钢管两端应伸出小桥和涵洞 2m。

⑦ 光缆穿越冲刷严重的季节性山溪时，应视具体情况设置漫水坡、挡水墙或

同时采用加铠子管保护，但两端需要固定。

⑧ 光缆在坡度大于 20°、坡长大于 30m 的山坡敷设时，应做 S 形敷设，S 形敷设有困难时，可采用加强型直埋光缆（1T 光缆）。

⑨ 敷设在山坡上的光缆，应视冲刷情况采取堵塞、封沟或分流措施。

⑩ 光缆穿越机耕路、大车道、未定型土路或其他易动土地段时，可采用铺砖、铺钢管或 ϕ38/46mm 塑料管保护。

⑪ 光缆沿市区定型街道、公路（无管道）敷设时，可建设简易管道，采用 ϕ93/110mm（内穿五孔、七孔子管或直接敷设五孔或七孔子管）塑料管保护，并根据当地规划要求设置人（手）孔。

⑫ 在桥上敷设光缆时，可利用原有管道（内穿子管）穿放，或采用 ϕ100mm 钢管保护架挂在桥梁外侧（内穿梅花管），根据桥梁结构等具体情况，因地制宜地选择适当的保护措施。当桥梁外侧加挂单孔钢管时，桥梁外侧可使用"Ω"形抱箍固定，如果加挂多孔钢管，则需要用三脚架固定。

⑬ 光缆穿越有挖砂、取土的河流或地段时，可以采用 ϕ38/46mm 塑料管保护，并在河岸或取土区设置禁止取土警示牌。

⑭ 光缆与地下输油管、水管、天然气管、各种缆线等交越时，可以采用钢管或塑料管保护，保护长度一般大于 4m，根据原地下管线的埋深来确定本次光缆在上方还是下方，并标明保护原有设施的安全。

⑮ 当光缆穿越狭窄深沟时，光缆可采用铺钢管（内穿子管）保护措施并做好护坎。

⑯ 水线光缆登陆安装加固方法。一般水线光缆丝网加固如图 5.9 所示。加强型水线光缆丝网加固如图 5.10 所示。水线光缆登陆安装加固如图 5.11 所示。

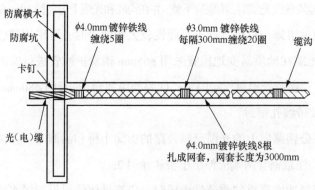

图 5.9　一般水线光缆丝网加固

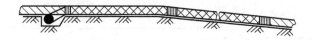

主要材料表

序号	名称	单位	数量	备注
1	2m×(16~20)cm防腐横木	根	1	也可用水泥电杆代替
2	φ4.0mm镀锌铁线	kg	4	—
3	φ3.0mm镀锌铁线	kg	0.7	—

图 5.9　一般水线光缆丝网加固（续）

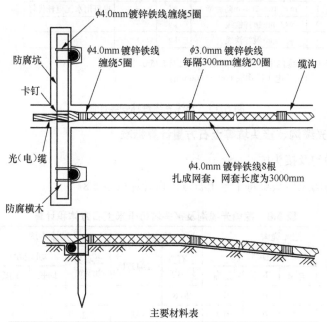

主要材料表

序号	名称	单位	数量	备注
1	2m×(16~20)cm防腐横木	根	3	也可用水泥电杆代替
2	φ4.0mm镀锌铁线	kg	6	—
3	φ3.0mm镀锌铁线	kg	0.7	—

注：1. 水平横木与沟底齐平，垂直横木埋深应为杆身长度的 2/3。
　　2. 在土质松软地带可采用图 5.10 所示的安装方式。

图 5.10　加强型水线光缆丝网加固

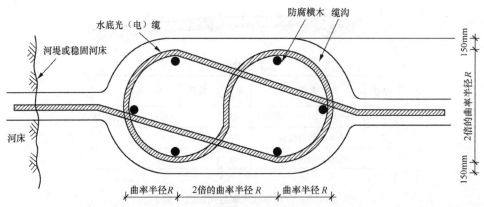

主要材料表

序号	名称	单位	数量	备注
1	2m×(16～20)cm防腐横木	根	6	也可用水泥电杆代替
2	φ4.0mm镀锌铁线	kg	—	
3	φ3.0mm镀锌铁线	kg	—	

注：1. R 为水线光（电）缆的曲率半径，R 通常不大于 1.25m。

　　2. 防腐横木应高出光（电）缆沟底 600～800mm。

图 5.11　水线光缆登陆安装加固

10. 挖填光缆沟、接头坑等土石方量计算标准

（1）光缆沟及接头坑

挖填光缆沟及接头坑每千米土石方体积计算见表 5.8。

表 5.8　挖填光缆沟及接头坑每千米土石方体积计算

土质	挖光缆沟				挖沟坎		挖接头坑			每千米土石方量合计 /100m³
	土石方量 /m³	沟型尺寸 /m			土石方量 /m³	占沟方比	土石方量 /m³	坑型 /m		
		沟深	下宽	上宽				均长	均宽	
普通土	540	1.2	0.3	0.6	20.6	3.8%	2.6	2.5	1.5	5.64
	750	1.5	0.3	0.7	28.5	3.8%	3.2	2.5	1.5	7.82
硬土	540	1.2	0.3	0.6	25.4	4.7%	2.6	2.5	1.5	5.68
	750	1.5	0.3	0.7	35.3	4.7%	3.2	2.5	1.5	7.89
砂砾土	425	1.0	0.3	0.55	12.8	3.0%	2.2	2.5	1.5	4.40
	540	1.2	0.3	0.6	16.2	3.0%	2.6	2.5	1.5	5.59
软石	320	0.8	0.3	0.5	14.4	4.5%	1.8	2.5	1.5	3.37
	425	1.0	0.3	0.55	19.1	4.5%	2.2	2.5	1.5	4.47
坚石	320	0.8	0.3	0.5	12.8	4.0%	1.8	2.5	1.5	3.35
	425	1.0	0.3	0.55	17.0	4.0%	2.23	2.5	1.5	4.45
沟槽	140	0.4	0.3	0.4	2.8	2.0%	3.3	2.5	1.5	1.46

（2）石护坎（坡）

砌筑石护坎（坡）体积计算见表 5.9。

表 5.9　砌筑石护坎（坡）体积计算

坎（坡）高度 /m	单位	石砌护坎（坡）体积 /m³					
		普通土、硬土		砂砾土		软石、坚石	
		埋深 1.2m	埋深 1.5m	埋深 1.0m	埋深 1.2m	埋深 0.8m	埋深 1.0m
1.0 以下	处	1.8	2.1	1.6	1.8	1.4	1.6
1.1～2.0	处	2.7	3.1	2.5	2.7	2.3	2.5
2.1～3.0	处	4.6	5.2	4.4	4.6	4.2	4.4
3.1～5.0	处	8.7	9.5	8.2	8.7	7.8	8.2

（3）漫水坡及堵塞的砌石体积

① 漫水坡体积。

漫水坡高 1.5m（标准埋深 1.2m）：1.9m³/ 处。

漫水坡高 1.8m（标准埋深 1.5m）：2.3m³/ 处。

② 堵塞体积。

普通土、硬土（标准埋深 1.2m）：0.8m³/ 处。

砂砾土（标准埋深 1.0m）：0.6m³/ 处。

软石、坚石（标准埋深 0.8m）：0.5m³/ 处。

③ 加强型漫水坡（按实际情况计算）。

（4）封石沟的体积

由设计人员根据实际（长 × 宽 × 高）尺寸自行计算。

（5）关于三七土护坎

① 坎高小于 1.0m 时只进行素土夯实，不做三七土护坎。

② 坎高为 1.1～2.0m 的三七土护坎体积为 3m³。

③ 坎高为 2.1～3.0m 的三七土护坎体积为 10m³。

④ 坎高大于 3.0m 时按石护坎考虑，不做三七土护坎。

5.1.6　水底光缆敷设安装

1. 水底光缆的敷设长度

水底光缆的敷设长度，应遵从以下要求。

① 有堤的河流，水底光缆应伸出取土区，伸出堤外不宜小于 50m；无堤的河流，应根据河岸的稳定程度、岸滩的冲刷程度确定，水底光缆伸出岸边不宜小于 50m。

② 河道、河堤有拓宽或改变规划的河流，水底光缆应伸出规划堤 50m 以外。

③ 土质松散、易受冲刷的不稳定岸滩部分，光缆应有适当预留。

④ 主、备用水底光缆的长度宜相等，如果有长度偏差，则应满足传输要求。

2. 水底光缆长度

穿越河流的水底光缆的长度应根据河宽和地形情况确定，水底光缆长度估算见表 5.10。

表 5.10　水底光缆长度估算

河流情况	两终点间丈量长度的倍数
河宽 < 200m，水深、岸陡、流急，河床变化大	1.15
河宽 < 200m，水较浅、流缓，河床平坦、变化小	1.12
河宽 200 ～ 500m，流急，河床变化大	1.12
河宽大于 500m，流急，河床变化大	1.10
河宽大于 500m，流缓，河床变化小	1.06 ～ 1.08

注：在实际应用中，应结合施工方法和技术装备水平综合考虑取定。

水底光缆长度应按式（5-1）计算。

$$L=(L_1+L_2+L_3+L_4+L_5+L_6)\times(1+a) \qquad 式（5-1）$$

在式（5-1）中：

L——水底光缆长度（m）。

L_1——水底光缆两终端间现场的丈量长度（m）。

L_2——终端固定、过堤、"S" 形敷设、岸滩及接头等项增加的长度（m）。

L_3——两终端间各种预留增加的长度（m）。

L_4——布放平面弧度增加的长度（m），可参照表 5.11 确定。布放平面弧度增加长度比例见表 5.11。

L_5——水下立面弧度增加的长度（m），应根据河床形态和光缆布放的断面计算确定。

L_6——施工余量（m），可根据不同的施工工艺考虑取定，其中，拖轮布放时可为水面宽度的 8% ～ 10%，抛锚布放时可为水面宽度的 3% ～ 5%，埋设犁布放时另行计算，人工抬放时一般可不加余量。

　　a——自然弯曲增长率，根据地形起伏情况，一般取 1% ～ 1.5%。

　　单盘水底光缆的长度不宜小于 500m。

表 5.11　布放平面弧度增加长度比例

f/Lbs	6/100	8/100	10/100	13/100	15/100
增长比例	0.01Lbs	0.017Lbs	0.027Lbs	0.045Lbs	0.06Lbs

注：Lbs 代表布放平面弧度的弦长，*f* 代表弧线的顶点至弦的垂直高度，*f*/Lbs 代表高弦比。

3. 水底光缆选型

　　一般河流选用 20000N（2T）的钢丝铠装光缆，大型河流选用 40000N（4T）的钢丝铠装光缆。

　　2T 光缆为钢丝铠装的水底光缆，主要用于河床及岸滩稳定、流速不大但河面宽度大于 150m 的一般河流或季节性河流。

　　4T 光缆为钢丝铠装的水底光缆，主要用于河床及岸滩不太稳定、流速大于 3m/s 的河流或主要通航河道等。

4. 水底光缆的敷设安装

　　对于河床稳定、流速较小、河面不宽的河道，在保证安全且不影响水利工作的前提下，可采用直埋光缆过河。根据土质及水流的情况，挖沟可采用人工挖沟、水泵冲槽、截流挖沟和机械挖沟等多种方式。

　　如果河床土质及水面宽度情况满足定向钻孔施工要求，则可以在钻孔中穿放直埋或管道光缆过河。如果采用定向钻孔施工方式，不破坏河床，则可以直过。如果采用挖沟方式，破坏河床，对于河面较宽且流速较大的河流，则可以采取光缆放弧，弧形顶点设在河流的主流位置上，弧形顶点至基线的距离应依据弧形弦长的大小和河流的稳定情况确定。水底光缆应避免在水中设置光缆接头。

　　水深小于 8m（指的是枯水季节的深度）的区段，如果河床不稳定或土质松软，则光缆埋入河底的深度应不小于 1.5m；如果河床稳定或土质坚硬，则光缆埋入河底的深度应不小于 1.2m。水深大于 8m 的区段，可将光缆直接布放在河底，不加掩埋。光缆通过河堤的方式及其保护措施，应保证光缆和河堤的安全，并严格符合相关堤防管理部门的技术要求。

5.1.7　墙壁光缆敷设安装

①　墙壁光缆按敷设方式可分为钉固式和吊挂式两种。对于建筑物外表面比较平直的地段，一般采用钉固式；对于建筑物立面凹凸不平或有障碍物的地段，以及处于两个建筑物之间，一般采用吊挂式。

②　墙壁光缆在选择路由时应考虑建筑物外表面的整齐美观，路径尽量短、直，一般应按水平和垂直方向有规律地敷设，避免上下左右不呈直线，注意横平竖直。

③　墙壁光缆距离地面的高度一般不小于 3m，墙壁吊线跨越两个建筑物间的通路时，吊线距离地面的高度不小于 4.5m。

④　光缆应敷设在隐蔽和不容易受外界损伤的地段，应尽量避免接近电力线、避雷引下线、暖气管道、煤气管道等容易造成损害的管线。

⑤　在墙壁光缆无法避免会与其他管线平行或交叉的场合，墙壁光缆与其他管线的最小间距见表 5.12。

表 5.12　墙壁光缆与其他管线的最小间距

管线种类	平行净距 /mm	垂直交叉净距 /mm
电力线	200	100
避雷引下线	1000	300
保护地线	50	20
给水线	150	20
压缩空气管	150	20
热力管（不包封）	500	500
热力管（包封）	300	300
煤气管道	300	20
其他通信线路	150	100

⑥　光缆吊线在悬挂光缆后保持一定高度，光缆吊线每隔一定的距离需要采用固定支撑，支撑间距离一般为 8 ～ 10m，终端固定物与第一个中间支撑的距离应不大于 5m。

⑦　考虑到在墙壁上面合挂光缆的需求，一般做 7/2.2mm 墙壁吊线，墙壁吊线终结以 U 形钢卡终结为主，双槽夹板法为辅。

⑧　敷设钉固式墙壁光缆时，应在光缆外套上塑料管保护，卡钩间距为 50cm，转弯两侧的卡钩距离为 15 ～ 25cm，两侧距离相同，钉固螺丝必须在光缆的同一侧。

5.1.8　楼道光缆敷设安装

光缆在楼道中敷设时一般采用在线槽和暗管敷设两种方式，应符合以下规定。

① 密封线槽内的光缆布放应顺直，尽量不交叉，在光缆进出线槽部位、转弯处应绑扎固定，不宜与电力电缆交越，如果无法满足要求，那么必须采取相应的保护措施。

② 在水平、垂直线槽中敷设光缆时，应对光缆进行绑扎。垂直布放时绑扎间距不宜大于 1.5m，间距应均匀，不宜绑扎过紧或使缆线受到挤压；水平布放时绑扎间距应为 5 ～ 10m。

③ 光缆敷设不允许超过最大的光缆拉伸力和压扁力，光缆外护层不应有明显损伤。

5.1.9　蝶形引入光缆敷设安装

① 敷设蝶形引入光缆的最小弯曲半径应符合：敷设过程中不小于 30mm；固定后不小于 15mm。

② 应使用光缆盘携带蝶形引入光缆，并在敷设光缆时使用放缆托架，使光缆盘自动转动，以防止光缆被缠绕。

③ 蝶形引入光缆的拉伸力一般为 80N，在暗管中穿放时宜涂抹滑石粉、油膏或者润滑剂以减少摩擦，在镀锌暗管出入口、线槽开口及其他易造成光缆损伤的拐弯处采取保护措施。

④ 在水平、垂直线槽中敷设光缆时，应对光缆进行绑扎。绑扎间距不宜大于 1.5m，间距应均匀，不宜绑扎过紧或使光缆受到挤压。

⑤ 蝶形引入光缆在进入用户暗管前必须全程做好保护，不得裸露。

⑥ 在入户光缆敷设过程中，如果发现可疑情况，则应及时对光缆进行检测，确认光纤是否良好。

⑦ 入户皮线光缆敷设应严格做到"防火、防鼠、防挤压"，布放应顺直，无明显扭绞和交叉，不应受到外力的挤压和操作损伤。

⑧ 在暗管中敷设皮线光缆前应检查暗管管口有无毛刺，以免损坏光缆，敷设时，应随时检查光缆外护套有无损伤，可采用液状石蜡、滑石粉等无机润滑材料。竖向管中的管径利用率应为 50%，水平管宜穿放一根皮线光缆。

⑨ 在敷设皮线光缆时，牵引力应不超过光缆最大允许张力的 80%，瞬间最大牵引力应不超过光缆最大允许张力（100N），皮线光缆敷设完毕后应释放张力，保持自然弯曲状态。

⑩ 采用钉固方式沿墙壁明敷时，要求直线段钉固间距宜为 30～50cm，钉固间距相等，转弯处两侧第一个卡钉距转弯点的距离宜为 3～5cm，两侧间距应相等。水平敷线时，线卡的钉子宜钉在光缆的下侧；垂直敷设时，线卡的钉子宜均匀钉在光缆两侧。

⑪ 皮线光缆敷设的最小弯曲半径应符合以下要求：敷设过程中皮线光缆的弯曲半径应不小于 $20D$（D 为光缆直径），固定后皮线光缆的弯曲半径应不小于 $10D$。

⑫ 布放皮线光缆两端预留长度应满足以下要求：光分纤箱一端预留 1m，预留光缆应盘绕整齐，绑扎在光缆盘留架上，并有统一、清楚的标识，户内光缆终端一端预留 0.5m。

5.1.10 局内光缆敷设安装

① 局内光缆应预留 20m，预留光缆可盘在进线室的盘留架上。地下室盘留光缆较多，盘留架应根据地下室的具体情况，选择位置固定，引接光缆盘留在机房的墙壁上。

② 局内光缆应布放整齐，安放牢固。沿上线孔布放的光缆应牢固地绑扎在上弦加固横铁上，沿墙布放的光缆应整齐钉固在墙壁上。

③ 室内光缆应采用非延燃外护套光缆，如果采用室外光缆直接引入机房，必须采取严格的防火处理措施，例如，室内光缆要用阻燃胶带包缠并悬挂光缆标志牌。

④ 具有金属护层的室外光缆进入机楼（房）时，应在光缆进线室对光缆金属护层做接地处理。

⑤ 在大型机楼内布放光缆需要跨越防震缝时，应在该处留有适当余量。

⑥ 在 ODF 架中，光缆金属构件应使用截面积不小于 $6mm^2$ 的铜接地线与高压防护接地装置相连，然后用截面积不少于 $35mm^2$ 的多股铜芯电力电缆引接到机房的第一级接地汇接排或小型局（站）的总接地汇接排。

5.1.11 光缆线路传输设计指标

① 长途、本地网光缆中继段光纤链路的衰减指标应不大于式（5-2）的计算值。

$$\beta = \alpha_f \times L + (N+2) \times \alpha_j \qquad \text{式（5-2）}$$

在式（5-2）中：

β——中继段光纤链路的传输损耗（dB）。

L——中继段光缆线路的光纤链路长度（km）。

α_f——设计中所选用的光纤衰减常数（dB/km），按光缆供应商提供的实际光纤衰减常数的平均值计算。

N——中继段光缆接头数，按设计的光缆配盘表中所配置的接头数量计算。

2——中继段光缆线路的终端接头数，每端 1 个。

α_j——设计中根据光纤类型和站间距等因素综合考虑取定的光纤接头损耗系数（dB/ 个）。

② 接入网光缆中继段光纤链路的衰减指标应不大于式（5-3）的计算值。

$$\text{光纤链路衰减} = \sum_{i=1}^{n} L_i \times A_f + X \times A_\oplus + Y \times A_c + \sum_{i=1}^{m} l_{\cdot_a} + Z \times A_{\hat{a}} \qquad \text{式（5-3）}$$

在式（5-3）中：$\sum_{i=1}^{n} L_i$——光纤链路中各段光纤长度的总和（km）。

A_f——设计中选择使用的光纤，供应商给出的实际光纤衰减系数（dB/km）。

X——光纤链路中的光纤熔接接头数（含尾纤熔接接头数）。

$A_\oplus$——设计中规定的光纤熔接接头平均衰减系数（dB/ 个）。

Y——光纤链路中的活动接头数量。

A_c——设计中规定的活动连接器的衰减系数（dB/ 个）。

$\sum_{i=1}^{m} l_{\cdot_a}$——光纤链路中 m 个光分路器插入衰减的总和（dB）。

$A_{\hat{a}}$——设计中规定的冷接子接头衰减系数（dB/ 个）。

Z——光纤链路中含有机械式光纤冷接子的数量。

③ 长途网中继段光缆线路提出了 PMD 指标，光纤链路的 PMD 值应不大于式（5-4）的计算指标。

$$\text{PMD} = \text{PMD}_{系数} \times \sqrt{L} \qquad \text{式（5-4）}$$

在式（5-4）中：

PMD——中继段光纤链路的 PMD 值（ps）。

$\text{PMD}_{系数}$——光纤的偏振模色散系数（ps/$\sqrt{km}$），依据光缆供货商提供该产品的光纤偏振模色散系数。

L——中继段光纤链路的长度（km）。

④ 单盘光缆埋设后，其金属护层对地绝缘电阻的竣工验收指标应不低于 10MΩ·km，其中，允许 10% 的单盘光缆不低于 2MΩ·km。

⑤ 光缆线路工程验收指标。

A. 工厂验收和工地到货检测。

光缆外观检查包括光缆盘包装是否完整，光缆外皮、光缆端头封装是否完好，各种随盘资料是否齐全，光缆 A、B 端标志是否正确、清晰。

光纤衰减系数如下。

在 1310nm 波长上的最大衰减系数为 0.35dB/km。

在 1550nm 波长上的最大衰减系数为 0.20dB/km。

1550nm 波长光纤的偏振模色散单盘值 ≤ $0.15\text{ps}/\sqrt{\text{km}}$。

B. 施工验收。

光缆熔接衰耗：中继段内的所有新熔接接头损耗双向的平均值 ≤ 0.04dB/ 个，单个新熔接接头损耗双向平均最大值 ≤ 0.08dB。

中继段新敷设光缆的最大衰减系数（1550nm）为 0.22dB/km。

中继段新敷设光缆的最大衰减系数（1310nm）为 0.36dB/km。

1550nm 波长光纤的偏振模色散链路值（ ≥ 20 盘） ≤ $0.10\text{ps}/\sqrt{\text{km}}$。

单盘直埋光缆金属护套对地绝缘电阻 ≥ 10MΩ·km（500V·DC），其中，允许 10% 的单盘光缆不低于 2MΩ·km。

5.2 光缆交接设备

5.2.1 光纤配线架

光纤配线架是光缆和光通信设备之间或光通信设备之间的配线连接设备。

1. 光纤配线架功能要求

（1）光缆固定与保护功能

光纤配线架应具有光缆引入、固定和保护装置。该装置具有以下功能。

① 将光缆引入并固定在机架上，保护光缆及缆中纤芯不受损伤。

② 光缆金属部分与机架绝缘。

③ 固定后的光缆金属护套及加强芯应与高压防护接地装置可靠连接。

（2）光纤终接功能

光纤终接装置便于光缆纤芯及尾纤接续操作、施工、安装和维护，能够固定和保护接头部位平直而不位移，避免受外力影响，保证盘绕的光缆纤芯、尾纤不受损伤。

（3）调线功能

光纤连接器插头能够迅速方便地调度光缆中的纤芯序号及改变光传输系统的路序。

（4）光缆纤芯和尾纤的保护功能

光缆开剥后纤芯有保护装置，固定后引入光纤终接装置。

（5）标识记录功能

机架及单元内应具有完善的标识和记录装置，便于识别纤芯序号或传输路序，且记录装置应易于修改和更换。

（6）光纤存储功能

机架及单元内应具有足够的空间，用于存储余留光纤。

① 光纤配线架满容量配置时，应有存放多余尾纤及跳纤的单元。

② 每条尾纤及软光纤应有 0.5m 的活动余地。

③ 每条尾纤及软光纤应能单独操作而不影响其他尾纤及软光纤。

2. 光纤连接器的性能

光纤连接器的光学性能指标见表 5.13。

表 5.13　光纤连接器的光学性能指标

编号	项目名称	单模（1310nm 及 1550nm）			
		插入损耗 PC 型 /dB	附加损耗 /dB	回波损耗 PC 型 /dB	回波损耗 变化量 /dB
1	试验前	≤ 0.35		≥ 45	
2	互换性试验	≤ 0.5		≥ 43	
3	机械耐久性	≤ 0.5	≤ 0.2	≥ 43	≤ 5
4	抗拉试验	≤ 0.5	≤ 0.1	≥ 43	≤ 5
5	高温试验	≤ 0.5	≤ 0.2	≥ 43	≤ 5

续表

编号	项目名称	单模（1310nm 及 1550nm）			
		插入损耗 PC 型 /dB	附加损耗 /dB	回波损耗 PC 型 /dB	回波损耗 变化量 /dB
6	低温试验	≤ 0.5	≤ 0.2	≥ 43	≤ 5
7	湿热试验	≤ 0.5	≤ 0.2	≥ 43	≤ 5
8	盐雾试验	≤ 0.5	≤ 0.2	≥ 43	≤ 5
9	运输试验	≤ 0.5	≤ 0.1	≥ 43	≤ 5

光纤连接器端面几何尺寸指标见表 5.14。

表 5.14　光纤连接器端面几何尺寸指标

插针外径 /mm	曲率半径 /mm		顶点偏移 /μm	光纤凹陷（凸出）/nm
ϕ1.25	PC 型	7 ～ 25	≤ 50	−100 ～ + 100
ϕ2.5	PC 型	10 ～ 25	≤ 50	−100 ～ + 50

注：最后一栏数值中，+ 表示光纤凹陷，− 表示光纤凸出。

3. 跳纤及软光纤性能

（1）尾纤及软光纤外径

尾纤的护套外径：标称值为 0.9mm（带状）、2.0mm（单芯），最大值偏差不超过标称值的 10%。

软光纤的护套外径：标称值为 2.0mm，最大值为 2.2mm。

（2）尾纤及软光纤的 2m 截止波长

λ_c ≤ 1250nm（G.652 光纤）、λ_c ≤ 1470nm（G.655 光纤）。

（3）尾纤及软光纤机械性能

带 SC、FC 连接器的尾纤及软光纤的机械性能见表 5.15。

表 5.15　带 SC、FC 连接器的尾纤及软光纤的机械性能

参数	性能指标	环境条件
振动	ΔIL < 0.2dB	3 个平面，6 小时，10 ～ 55Hz
曲绕	ΔIL < 0.2dB	2 磅（约为 0.91kg）压力下 100 次
扭转	ΔIL < 0.2dB	2 磅（约为 0.91kg），0.5 扭转，9 次

参数	性能指标	环境条件
张力（纵向）	$\Delta IL < 0.2dB$	0° 时为 15 磅（约为 6.8kg），90° 时为 7.5 磅（约为 3.4kg）
碰撞力	$\Delta IL < 0.2dB$	从 1m 高处下落 8 次

注：ΔIL 表示附加插入损耗。

5.2.2 光缆接头盒

1. 分类和命名

（1）分类

按光缆使用场合的不同，光缆接头盒可分为架空、管道（隧道）、直埋，以及架空、管道（隧道）、直埋；按光缆连接方式的不同，光缆接头盒可分为直通接续和分歧接续；按密封方式的不同，光缆接头盒可分为机械密封、热收缩密封、机械密封和热收缩密封。光缆接头盒分类和命名见表 5.16。

表 5.16　光缆接头盒分类和命名

分类		代号
光缆使用场合	架空	K
	管道（隧道）	G
	直埋	M
	架空、管道（隧道）、直埋	无
光缆连接方式	直通接续	T
	分歧接续	F_X
密封方式	机械密封	J
	热收缩密封	R
	机械密封和热收缩密封	JR

注：F_X 的下标 X 表示分歧的支数。

（2）型号及标记

型号应反映产品的专业代号、主称代号、分类代号和规格，光缆接头盒的完整标记由产品名称、型号和本部分编号组成。

2. 技术指标

（1）环境指标

使用环境温度：–40℃～ +65℃，大气压力：70 ～ 106kPa。

（2）使用寿命

25 年。

（3）一般要求

① 具有恢复光缆护套的完整性和光缆加强构件的机械连续性的性能。

② 提供光缆中金属构件的电气连通、接地或断开的功能。

③ 具有使光纤接头免受环境影响的性能。

④ 提供光纤接头的安放和余留光纤存储的功能。

⑤ 接头盒（包括盒体及密封材料）应具有防白蚁性能，需要提供防白蚁检测报告。

⑥ 光缆接头盒每一个容量规格的产品中都应具有能同时满足多根光缆进出的功能。

⑦ 具有操作简单的重复开启功能。

⑧ 接头盒的质量应符合相应的行业规范标准。

⑨ 需要时，光缆接头盒应为光缆线路监测尾缆提供进缆口，并提供相关的连接附件和空间。

（4）结构

光缆接头盒应由外壳、内部构件、密封元件和光纤接头保护件 4 个部分组成。

① 外壳：需要时，外壳上可安装接地引出装置，用于将光缆接头盒内及光缆中的金属构件引出接地；外壳上还可安装气门嘴，用于光缆接头盒内进行密封检查时充气及测量气压。

② 内部构件，包括以下部分。

A. 支撑架，是内部构件的主体，可用于支撑内部结构。

B. 光纤安放装置，可用于有顺序地存放各种程式的光纤接头（及其光纤固定接头保护组件）和余留光纤。余留光纤的长度不小于 1.6m，盘放的曲率半径不小于 30mm，并有为重新接续提供容易识别纤号的标记和方便操作的空间。在满容量配置的情况下，装置的结构应有足够的操作空间，方便重复开启与带业务割接操作，可采用横向滑动式、绕活页转动式、提起式或展开式等。熔接保护管固定装置应具有一定韧性。

C.光缆固定装置，可用于光缆护套固定和光缆加强构件固定，每根光缆对应独立的进缆孔，要求采用可方便地从盒体上拆卸的一体化直角形金属固定件固定光缆和光缆加强芯，每根光缆和光缆加强芯需独立固定。

D.电气连接装置，可用于光缆中金属构件的电气连通或断开。

③ 密封元件，可用于光缆接头盒本身及光缆接头盒与光缆护套之间的密封，光缆接头盒的密封要求采用机械密封的方式。

A.机械密封，使用胶黏剂、硫化橡胶、硅橡胶、非硫化自黏橡胶、糊胶封装混合物等通过机械方式密封。

B.大芯数干线接头盒（144芯以上），要求采用双层密封结构，即密封胶的安装要求内圈和外圈相结合。

（5）光纤固定接头保护组件

该组件可以采用热缩式或非热缩式，熔接保护管的尺寸应与固定转配相匹配。

（6）光纤接续托盘

光纤接续托盘要求使用单进缆口，且接续托盘可自由叠加或拆除。

（7）固定螺丝

接头盒外壳中使用到的螺丝、螺帽应统一采用不小于 M8 的内六角或外六角结构。

3.光缆接头盒材料

光缆接头盒所有零件采用的材料，其物理、化学性能应保持稳定，各种材料之间必须相容，并与其可能接触的光缆材料和外线设备的其他材料相容。

光缆接头盒采用的工程塑料（包括 ABS、PC、PP）应符合以下要求。

① 热变形温度 ≥ 85℃（试验方法按 GB/T 1634.1—2019《塑料　负荷变形温度的测定　第 1 部分：通用试验方法》进行）。

② 吸水率小于 0.1%（试验方法按 GB/T 1034—2008《塑料　吸水性的测定》进行）。

③ 透潮率小于 0.1mg/h（试验方法按 GB/T 1037—1988《塑料薄膜和片材透水蒸气性试验方法　杯式法》进行）。

④ 体积电阻率大于 $1 \times 10^{16} \Omega \cdot cm$（试验方法按 GB/T 1410—2006《固体绝缘材料体积电阻率和表面电阻率试验方法》进行）。

光缆接头盒所使用的所有金属构件及紧固件应采用不锈钢材料，其性能应符合

GB/T 4237—2015《不锈钢热轧钢板和钢带》和 GB/T 1220—2007《不锈钢棒》的规定，应不低于 304 牌号不锈钢的性能。

密封元件中所有材料的性能应符合相关产品标准的规定。

热收缩密封材料的性能应符合 YD/T 590.1—2018《通信电缆塑料护套接续套管 第一部分：通用技术条件》和 YD/T 590.2—2005《通信电缆塑料护套接续套管 第二部分：热缩套管》的规定。

光纤固定接头保护组件采用的材料及填充物的热软化温度应不小于 65℃，应能在 –40℃～ 65℃温度下长期使用。

全部材料应无腐蚀，对人体健康和其他外线设备无副作用。

4. 外观

光缆接头盒应形状完整，无毛刺、气泡、龟裂、空洞翘曲和杂质等缺陷，全部底色应均匀连续。

5. 光纤接头保护

光纤接头应加以保护，经保护后的光纤接头应能免遭潮气的侵蚀，不应增加保护前的光纤接头衰减，其机械性能和环境性能应符合 *IEC 61073–1：2009 Fibre optic interconnecting devices and passive components–Mechanical splices and fusion splice protectors for optical fibres and cables–Part1:Generic specification* 和 YD/T 1024—1999《光纤固定接头保护组件》中的规定。

6. 光学性能

光缆接头盒内的余留光纤应盘绕在光纤安放装置内，在光缆接头盒安装使用的操作中，光纤接头应无明显附加衰减（无明显附加衰减的定义按 GB/T 13993.2—2014《通信光缆 第 2 部分：核心网用室外光缆》的规定）。衰减变化用传输功率监测法监测，当其测量值的绝对值不超过 0.03dB 时，无明显附加衰减；当允许衰减有某数值变化时，其允许值包括 0.03dB 在内。

7. 密封性能

光缆接头盒按规定的操作程序封装完毕后，光缆接头盒内的充气压力为（100±5）kPa，浸泡在常温的清水容器中稳定观察 15min 应无气泡溢出，或稳定观察 24h 气压表指示应无变化。

光缆接头盒按规定的操作程序封装完毕后，浸泡在 1.5m 深的常温清水中 24h 后，光缆接头盒内不应进水。

8. 再封装性能

光缆接头盒按规定的操作程序重复 3 次封装后进行试验，光缆接头盒内的充气压力为（100±5）kPa，浸泡在常温的清水容器中稳定观察 15min 应无气泡溢出，或稳定观察 24h 气压表指示应无变化。

9. 机械性能

经以下各项试验后，光缆接头盒盒体及盒内各部分应无变化，必要时做通光检查或打开盒体检查。

以下各试验均应在光缆接头盒内充入（60±5）kPa 气压，试验后气压应无变化；浸入常温的清水容器中稳定观察 15min 应无气泡溢出，或稳定观察 24h 气压表指示应无变化，壳体及其构件应无裂痕、损坏和明显变形。

（1）拉伸

接头盒安装光缆后，盒内充入（60±5）kPa 气压，应能承受 800 N 的轴向拉力，加力时间不少于 1min，接头盒不漏气、无变形、无损伤，接口处连接的光缆无松动、无移位。

（2）压扁

接头盒安装光缆后，盒内充入（60±5）kPa 气压，应能承受 2000N/100mm 的横向均布压力，加力时间不少于 1min，接头盒不漏气、无变形、无损伤。

（3）冲击

光缆接头盒应能承受落高 1m、钢球质量 1.6kg、冲击次数为 3 次的冲击。

（4）弯曲

光缆接头盒与光缆接合处应能承受弯曲张力负荷为 150N、弯曲角度为 ±45° 的 10 个循环的弯曲。

（5）扭转

光缆接头盒应能承受扭矩不小于 50N·m、扭转角度为 ±90° 共 10 次循环的扭转。

（6）轴向压缩

必要时，光缆接头盒与光缆接合处应能承受 100N 的轴向压力。

（7）跌落

光缆接头盒应能承受 1m 高度 1 次的跌落，试验后接头盒不漏气、无变形、无损伤。

10. 环境性能

（1）温度循环

光缆接头盒温度循环试验，A 类为 –25℃～ 60℃、B 类为 –40℃～ 65℃，每一台阶的温度保持时间为 2h，构成 1 个循环，共试验 10 个循环。光缆接头盒内的充气压力为（60±5）kPa，试验后检查气压下降幅值应不超过 5kPa，浸泡在常温的清水容器中稳定观察 15min 应无气泡溢出。

（2）持续高温

必要时，光缆接头盒应能经受持续高温的试验。试验温度为（65±2）℃，保持时间为 100h。光缆接头盒内的充气压力为（60±5）kPa，试验后检查气压下降幅值应不超过 3kPa，浸泡在常温的清水容器中稳定观察 15min 应无气泡溢出。

（3）振动

光缆接头盒应能承受振动频率为 10Hz、振幅为 ±3mm、振动次数为 10^6 的振动。光缆接头盒内的充气压力为（60±5）kPa，试验后气压应无变化，浸泡在常温的清水容器中稳定观察 15min 应无气泡溢出。

（4）水汽渗透

必要时，光缆接头盒应能经受水汽渗透的试验。光缆接头盒在水温为（65±2）℃的水中浸泡 24h 后，测得水汽渗透率应小于 0.1mg/h。

（5）太阳辐射

必要时，光缆接头盒应能经受太阳辐射的试验。经辐射强度为 1.12kW/m²、辐射总量为 8.96kW/m² 的太阳辐射后，对光缆接头盒进行 3 次冲击能量为 16N·m 的冲击。光缆接头盒内的充气压力为（60±5）kPa，试验后气压应无变化，浸泡在常温的清水容器中稳定观察 15min 应无气泡溢出，其构件应无裂痕、损坏和明显变形。

（6）化学腐蚀

光缆接头盒应能经受化学腐蚀的试验。光缆接头盒分别在 5%HCl、5%NaOH、5%NaCl 溶液中浸泡 24h 后，盒内充气压力为（60±5）kPa，试验后气压应无变化，浸泡在常温的清水容器中稳定观察 15min 应无气泡溢出，同时应无失重、溶胀和腐蚀现象。

（7）低温冲击

光缆接头盒应能经受低温冲击的试验。光缆接头盒内的充气压力为（60±5）

kPa，试验温度为 -40℃，保持时间为 4h，应能承受 3 次落高 1m、锤重 1kg 的冲击，试验后检查气压下降值不超过 3kPa，浸泡在常温的清水容器中稳定观察 15min 应无气泡溢出，壳体及构件应无裂痕、损坏和明显变形。

（8）浸水

光缆接头盒按规定的操作程序封装且在光缆接头盒两端安装光缆，光缆接头盒放置在水深 3m 处，7 天后拿出检查，应无进水现象。

（9）密封材料老化

密封材料需在 80℃高温环境下经过 45 天高温老化后，通过规定的操作程序封装在接头盒内，接头盒沉入 2m 深的水中浸泡 24h 后应无进水现象。如果测试周期较长，则建议提供有资质的第三方测试报告作证。

11. 电气性能

（1）绝缘电阻

将光缆接头盒按规定的操作程序封装，光缆接头盒内的任意光缆加强构件固定装置之间的绝缘电阻应不小于 $2 \times 10^4 M\Omega$。

（2）耐电压强度

将光缆接头盒按规定的操作程序封装，沉入 1.5m 深的水中浸泡 24h 后，光缆接头盒两端金属构件之间、金属构件与地之间在 15kV 直流电压的作用下，1min 不击穿，无飞弧现象。

12. 环保性能

光缆接头盒的组成材料应符合 SJ/T 11363—2006《电子信息产品中有毒有害物质的限量要求》中的均匀材料（EIP-A 类）有毒有害物质含量的要求。

5.2.3　光缆交接箱

1. 光缆交接箱的组成

光缆交接箱是一种为主干层光缆、配线层光缆提供光缆成端、跳接的交接设备。光缆引入光缆交接箱，经固定、端接、配纤后，使用跳纤将主干层光缆和配线层光缆连通。

光缆交接箱是光缆接入网中主干层光缆与配线层光缆交接处的接口设备，其工作单元应采用模块化设计，包括箱体、光缆固定装置、接地装置、光分单元、主干光缆熔接单元、配线光缆熔接单元、直熔单元、储纤单元、盘纤单元等。

2. 光缆交接箱的分类

① 按照使用场合的不同，光缆交接箱可分为室内型和室外型两种。

② 按照安装方式的不同，光缆交接箱可分为落地、架空、壁挂 3 种。

③ 按照箱体使用材料的不同，光缆交接箱可分为片状模塑料（Sheet Molding Compound，SMC）箱体、不锈钢箱体两种。

④ 按照箱体结构的不同，光缆交接箱可分为单面、双面两种。

3. 光缆交接箱的容量

光缆交接箱的容量是指光缆交接箱能成端纤芯的最大数目，容量的大小与箱体的体积呈正比，主要分为 72 芯、96 芯、144 芯、288 芯、576 芯、1152 芯光缆交接箱。

4. 光缆交接箱箱体

（1）SMC 箱体

SMC 箱体采用高强度的国际材料 SMC 经高温模压而成，表面不需要任何防护，具有以下特点。

① 抗辐射：SMC 箱体采用玻纤增强复合材料，在高温、高压下固化成型，表面不需要任何防护，具备全天候防护功能。

② 强度高、抗破坏能力强：SMC 箱体表面不易刮伤，具有很好的阻燃性，能够有效抵御外界意外情况或恶意破坏。

③ 有效防止水汽凝结：热黏合的绝缘箱体及其三明治式结构，可防止 SMC 箱体内气温剧变而引起水汽凝结。

④ 密封性能好：SMC 箱体的门板采用槽式结构，辅加高性能密封件，使整个箱体具有较好的密封性能，具有防雨、防尘、防虫害功能。

⑤ 安全、可靠：门锁采用三点式锁定，内部设有活门装置，可有效防止异物进入箱体，门锁采用三面弹珠锁芯，具有极强的防盗功能。

（2）不锈钢箱体

采用不锈钢材料，具有以下特点。

① 使用寿命长：箱体采用进口不锈钢拉丝板制作，彻底解决了箱体老化开裂的问题，使用寿命达 20 年以上。

② 适应最恶劣的环境：箱体能够适应多变的气候、恶劣的工业环境、侵蚀的化

学剂、高强度的紫外线及机械压力变化的全天候使用环境。

③ 防水汽凝结：箱体板壁全部采用双层的三明治式结构，夹层中填充聚氨酯发泡材料，有极好的隔热性能，箱顶采用特殊的对流通道结构，可有效防止因箱体内气温剧变引起的水汽凝结。

④ 防雨、防雪、防尘、防虫害：箱体密封条采用耐老化、耐化学剂、回弹性强的硅橡胶高性能发泡密封条，能够有效防雨、防尘、防虫害。

⑤ 安全、可靠：箱体门锁采用三点式锁定，门锁采用防水型手动锁、弹起式开启手柄，无须外加辅助结构。

5. 功能要求

（1）光缆固定与保护功能

光缆交接箱应具有光缆接入、固定和保护装置，该装置将光缆引入并固定在机架上，保护纤芯不受损伤，光缆金属部分与机器绝缘，固定后的光缆金属护套及加强芯应可靠连接高压防护接地装置。

（2）光缆终接功能

光缆交接箱应具有光缆终接装置，该装置便于光缆纤芯及尾纤接续操作、施工、安装和维护，能固定接头部位使其平直而不位移，避免外力影响，保证盘绕光缆纤芯、尾纤不受损伤。

（3）调线功能

光纤跳线连接器接头能迅速、方便地调度光缆中的纤芯序号及改变光传输系统的路序。

（4）光缆纤芯和尾纤的保护功能

光缆开剥后的纤芯有保护装置，固定后引入光纤终接装置。

6. 箱体性能

箱体由 SMC 材料构成，具有隔热性能；箱体的静负荷能力，壳盖为 980N、侧表面为 980N、门铰链为 200N。

7. 使用环境

环境温度：−40℃～85℃；相对湿度≤95%（40℃时）；大气压力：70～106kPa。

8. 光电性能

光纤连接器（包括插入、互换和重复）≤0.5dB；插入损耗≤0.2dB；回波损耗

（UPC 型）≥ 50dB、回波损耗（PC 型）≥ 45dB；插拔耐久性寿命 > 1000 次。

9. 高压防护接地装置

① 高压防护接地装置与箱体绝缘电阻不小于 20000MΩ/500V（DC）。

② 高压防护接地装置与箱体间耐压承受 3000V（DC）1min 不击穿，无飞弧现象。

③ 箱体高压防护接地装置与地相连的连接端子的截面积应大于 35mm²。

④ 箱体高压防护接地装置与光缆中的金属加强芯及金属护套相连，连接线的截面积应不小于 6mm²。

⑤ 箱体高压防护接地装置应可靠接地，接地处应有明显的接地标志。

10. 光纤连接器技术指标

① 光纤连接器分为 FC 型、SC 型。

② 光纤连接器、尾纤光学性能及外观要求。

光纤连接器由跳纤和适配器组成，或同批次尾纤熔接并与适配器组成光纤连接器。光纤连接器及尾纤光学性能及外观要求见表 5.17。

表 5.17　光纤连接器及尾纤光学性能及外观要求

检验项目		多模（1300nm）		单模（1310nm 及 1550nm）					外观要求
编码	项目名称	插入损耗/dB	附加损耗/dB	插入损耗 PC、UPC 型/dB	附加损耗/dB	回波损耗 PC 型/dB	回波损耗 UPC 型/dB	回波损耗变化量	
1	试验前	≤ 0.35		≤ 0.35		≥ 45	≥ 50		—
2	互换性试验	≤ 0.5		≤ 0.5		≥ 43	≥ 48		
3	机械耐久性	≤ 0.5	≤ 0.2	≤ 0.5	≤ 0.2	≥ 43	≥ 48	≤ 5	
4	抗拉试验	≤ 0.5	≤ 0.1	≤ 0.5	≤ 0.1	≥ 43	≥ 48	≤ 5	
5	扭转试验	≤ 0.5	≤ 0.2	≤ 0.5	≤ 0.2	≥ 43	≥ 48	≤ 5	试验后，不得有机械损伤，插针表面无明显划痕
6	跌落试验	≤ 0.5	≤ 0.2	≤ 0.5	≤ 0.2	≥ 43	≥ 48	≤ 5	
7	重复性	≤ 0.5	≤ 0.2	≤ 0.5	≤ 0.2	≥ 43	≥ 48	≤ 5	
8	运输试验	≤ 0.5	≤ 0.2	≤ 0.5	≤ 0.1	≥ 43	≥ 48	≤ 5	
9	高温试验	≤ 0.5	≤ 0.2	≤ 0.5	≤ 0.2	≥ 43	≥ 48	≤ 5	

续表

检验项目		多模（1300nm）		单模（1310nm 及 1550nm）					外观要求
		插入损耗/dB	附加损耗/dB	插入损耗		附加损耗/dB	回波损耗		回波损耗变化量
编码	项目名称			PC、UPC型/dB			PC型/dB	UPC型/dB	
10	低温试验	≤ 0.5	≤ 0.2	≤ 0.5	≤ 0.2	≥ 43	≥ 48	≤ 5	
11	湿热试验	≤ 0.5	≤ 0.2	≤ 0.5	≤ 0.2	≥ 43	≥ 48	≤ 5	试验后，不得有机械损伤，插针表面无明显划痕
12	盐雾试验	≤ 0.5	≤ 0.2	≤ 0.5	≤ 0.2	≥ 43	≥ 48	≤ 5	

注：1. 附加损耗 = 例行试验后插入损耗 - 常态插入损耗，出现负值时为零。

　　2. 回波损耗变化量 = 常态回波损耗 - 例行试验后回波损耗，出现负值时为零。

③ 光纤连接器及尾纤端面几何尺寸指标。

光纤连接器及尾纤端面几何尺寸指标见表 5.18。

表 5.18　光纤连接器及尾纤端面几何尺寸指标

PC 端面几何尺寸	试验条件：试验前用端面几何尺寸测量仪检测，打印测量结果。	
	判定标准	
	纤芯凹陷 X	≤ 125nm（曲率半径为 7 ~ 10mm）
		≤ $-0.02R^3 + 1.3R^2 - 31R + 325$nm（其他曲率半径）
	纤芯凸出 Y	≤ 50nm
	曲率半径 R	7 ~ 25mm
	顶点偏移	0 ~ 50μm
APC 端面几何尺寸	试验条件：试验前用端面几何尺寸测量仪检测，打印测量结果。	
	判定标准：1. 曲率半径为 5 ~ 12mm；	
	2. 顶点偏移为 0 ~ 50μm；	
	3. 纤芯凹陷为 ±100nm	

④ 光纤连接器及尾纤各试验条件见表 5.19。

表 5.19　光纤连接器及尾纤各试验条件

编码	项目名称	条件要求
1	机械耐久性	插拔 1000 次
2	抗拉试验	拉力 50N，10min（ϕ1.0mm 以下尾纤的连接器不适用）
3	高温试验	交接箱 60℃ ±2℃，2h
4	低温试验	交接箱 -40℃ ±3℃

编码	项目名称	条件要求
5	湿热试验	交接箱 40℃±2℃，相对湿度 93%±3%，48h（GB/T 2423.3）
6	盐雾试验	盐水浓度（5%±0.1%，质量百分比），pH 值 6.5～7.2（35℃±2℃）之间，48h
7	运输试验	频率 10～55Hz，振幅 0.75mm，扫描速率 loct/min，容差 10%；每个方向持续 30min
8	扭转试验	负载量 14.7N，10 次/min，200 次（φ1.0mm 以下尾纤的连接器不适用）
9	跌落试验	高度 1m，跌落 5 次
10	重复性	连续插拔 10 次

⑤ 护套外径。

护套外径的标称值为 φ0.9mm、φ2.0mm、φ3.0mm，最大值偏差不超过标称值的 10%。

⑥ 尾纤及软光纤的 2m 截止波长。

$\lambda_c \leq 1250$nm（G.652D 光纤）、$\lambda_c \leq 1260$nm（G.657 光纤）。

11. 交接箱施工安装

（1）托盘安装

取一个 12 芯光纤接续模块，将适配器卡入适配器座中，然后压紧，安装到位。

（2）尾纤安装

① 打开光纤接续模块面板。

② 按色谱（依次为蓝、橙、绿、棕、灰、白、红、黑、黄、紫、粉红、天蓝）将尾纤按 1～12 的顺序插入适配器。

③ 首先将多余尾纤在盒内盘绕，然后把光分支器放入模块内。

④ 裸带从接续模块中间方孔插入，绕向上面模块，盖上模块面板。

（3）光缆开剥

① 清洁光缆。

② 按式（5-5）计算光缆开剥长度（仅供参考）。

$$L = 1.6 + 光缆开剥处到（跳离最远的）接续模块的距离（m） \qquad 式（5-5）$$

③ 切除光缆外护套，预留金属铠甲层和加强芯。

④ 清洁光纤。

⑤ 将清洁干净的带状光纤每一带用裸纤保护套管，保护套管长度 = 0.9 +光缆

开剥处到（距离最远的）接续模块的距离（m）。

⑥ 将加强芯插入光缆开剥保护装置固定孔，旋紧螺丝固定。

⑦ 将每带光纤（套好保护套管后），卡入保护装置，全部卡入后，盖上外保护盖，用螺丝固定。

⑧ 用喉扣将金属铠甲层固定在保护装置上。

（4）光缆固定

① 在光缆准备使用的入口处用铁錾和锤子敲开，光缆从入口处进入箱体。

② 在箱体底部合适位置安装光缆固定板。

③ 用喉扣将光缆开剥保护装置固定在固定板上。

④ 光缆进箱后，用橡胶泥在进线孔四周密封，再灌入胶（石蜡加松香以 1∶1 的比例混合）密封。

（5）光纤熔接

① 光纤从箱体下部进线孔进入箱体内配线区。

② 将每带（12 芯为例）光纤从接续模块反面入盘。

③ 将接续模块放置在熔接工作台上，光纤与尾纤进行熔接。

④ 将光纤盘储好，接续模块插入单元体。

⑤ 每芯光纤做好标识记录。

⑥ 完成整个箱体的熔接。

（6）光纤直通熔接

需要直通的部分光纤可在金属熔接盘中实现直接熔接。

① 直熔区在熔配模块最底部，直接拉出直熔单元，光纤从进线孔进入箱体直熔区。

② 将需要直熔的光纤，从熔接盘进线口入盘。

③ 将熔接盘放置在熔接工作台上进行熔接。

④ 熔接完成后，将熔接保护套管卡入熔接盘塑胶卡槽中，盘储好裸纤，将熔接盘插入箱体，并做好标识记录。

⑤ 完成全部直熔，将熔接盘放入直熔单元体内，再把直熔区推进箱体内即可。

（7）光缆金属加强芯接地

光缆金属加强芯及金属防护层用喉扣和光缆开剥保护装置固定在光缆固定板

上，然后用接地片把光缆固定板串联，最后用接地线，并通过进缆孔引出。其中，接地线的截面积应大于 $25mm^2$。

5.2.4 光缆分纤箱

光缆分纤箱是光缆的终端设备，可用于光缆分配纤序和连接入户蝶形引入光缆或光跳纤的设备。

1. 分类

① 按使用地点分为室内型、室外型。

② 按安装方式分为壁挂型、挂杆型。

③ 按外壳材料分为 SMC 材料外壳、金属外壳。

2. 环境条件

（1）温度

工作温度：$-40℃ \sim 60℃$。

贮存温度：$-25℃ \sim 55℃$。

运输温度：$-45℃ \sim 70℃$。

（2）相对湿度

室内型：$\leqslant 85\%$（30℃时）。

楼层、单元型和室外型：$\leqslant 93\%$（40℃时）。

（3）大气压力

大气压力 $62 \sim 101kPa$（近似于海拔 $0 \sim 5000m$）。

（4）防太阳辐射性能

光缆分纤箱应能经受太阳辐射，经 $1.12kW/m^2$ 辐射强度，$8.96kW \cdot h/m^2$ 辐射总量的太阳辐射后，对它进行 3 次冲击能量为 $10N \cdot m$ 的冲击，光缆分纤箱箱体应无裂痕、损坏和明显变形。

3. 结构要求

（1）机箱材料

① 机箱材料应根据使用场景和需求，确定机箱箱体的材质。

② 金属箱体采用优质冷轧钢板或更优材料，材料厚度不低于 1.2mm，承重部位材料不低于 1.5mm。箱体及内部结构件钢板应采用喷塑工艺（光缆固定装置等不

能采用喷塑的部件除外）。

③ 非金属材料零部件应为非延燃材料，其燃烧性通过阻燃试验的要求，阻燃等级应达到 V0 级。

（2）连接和紧固，机箱不允许使用无防松装置的螺纹连接作为结构和承载连接。

（3）箱门装置

① 箱门有垂直铰链式门和水平铰链式门两种结构。

② 门全开时，最大开启角度应大于 110°，如果是水平铰链式门，则其下边缘应高于铰链所在的水平面，提供足够的操作空间。

③ 如果机箱宽度大于 600mm，机箱门采用水平方向开启的，则宜采用双扇结构。

（4）箱体功能

① 光缆的固定保护功能。当光缆引入箱体时，光缆应有可靠的固定与保护装置；当箱体提供光缆接入时，应设有光缆的保护接地装置，保护接地处应有明显的接地标志，地线的截面积应不小于 6mm²。

箱体应便于光缆光纤或尾纤的熔接、安装和维护等操作，同时箱体应具备多余光纤光缆的储存空间，无论在何处转弯，光缆的弯曲半径均应大于光缆直径的 20 倍；光纤在箱体内部布放时，其曲率半径应大于 30mm；对于弯曲损耗不敏感的光纤，其曲率半径应按光纤的要求执行。

② 箱体密封性能。对于室外型，箱体密封性能应满足 GB 4208—2008《外壳修护等级（IP 代码）》标准中 IP55 级的要求。对于楼道型和室内型，箱体密封性能应满足 GB 4208—2008《外壳修护等级（IP 代码）》标准中 IP30 级的要求。特殊情况可与用户具体协商。

③ 箱体机械物理性能。当箱体高度 ≤ 500mm 时，箱体顶端表面应能承受不小于 900N 的垂直压力；箱门打开后，在门的最外端应能承受不小于 50N 的垂直压力。卸去载荷后，箱体无破坏痕迹和永久变形。当有光缆引入时，光缆固定后应能承受不小于 200N 的轴向拉力，并能承受 3 次扭转角度 ±90°，循环扭转 ±45°、共 10 个循环弯曲，经拉伸、扭转、弯曲试验后检查光缆固定处，光缆应无任何松动、损坏现象。

当 500mm ＜箱体高度 ≤ 1200mm 时，箱体顶端表面应能承受不小于 500N 的垂直压力；箱门打开后，在门的最外端应能承受不小于 100N 的垂直压力。卸去载荷后，箱体无破坏痕迹和永久变形。当有光缆引入时，光缆固定后应能承受不小于 500N 的轴向拉力，并能承受 3 次扭转角度 ±90°，循环扭转 ±45°、共 10 个循环弯曲，经拉伸、扭转、弯曲试验后检查光缆固定处，光缆应无任何松动、损坏现象。

（5）功能要求

FTTx 分光型分纤箱的功能要求有以下几条。

① 根据用户引入线的数量，箱体应包括：12 芯、24 芯、36 芯、48 芯、72 芯等规格。

② 箱内应留有足够的接续区，并能满足接续时光缆的存储、分配。

③ 光缆光纤在箱内布放时，不论在何处转弯，G.652 光纤的曲率半径应不小于 30mm，G.657 光纤的曲率半径应不小于 15mm。

④ 光缆分纤箱中的光纤熔接装置设计能够兼容熔接和冷接方案，应能同时有效固定单芯熔接保护套管和机械冷接子，所采用的熔接盘片容量应为 12 芯，可以叠加扩容，外形尺寸一般不宜超过 180mm × 110mm × 16mm（长 × 宽 × 高）。

⑤ 不同类的光缆应留有相对独立的进线孔，孔洞容量应满足满配时的需求，应按至少 3 条室外光缆、满配时皮线光缆（或其他室内光缆）保证孔洞容量需求。

⑥ 皮线光缆在箱体内可采用光缆预成端、热熔和快速连接插头等方式成端，不论何种成端方式都要求箱体内有合理的空间以方便成端操作，并在操作完成后满足光缆的固定要求。

⑦ 用户引入光缆未开剥时，接续固定件对光缆的最小拉脱力不小于 100N。

⑧ 光纤在箱体内应有适当的预留，预留长度以方便二次接续操作为宜，箱体内应配备内外理线环，用以分离外缆和尾纤的绕线区域，内外理线环路长度应确保可以三次接续。

⑨ 线缆引入孔处应进行密封，防止水和啮齿类动物进入机箱。

⑩ 应提供一定数量理线环或其他绑扎线配件，满足绑扎线的基本要求。用于室外电杆架设的 FTTx 分光分纤箱，应配有固定支架和螺栓，确保箱体稳固。

（6）接地保护

① 当机箱内安装有源设备或有室外光缆引入时，均需考虑防雷接地设施，光缆接地设施应与机箱绝缘。

② 接地装置与光缆中金属加强芯及金属挡潮层、铠装层相连，接地线的截面积应不小于 6mm²。

③ 机箱内其他设备的保护地应接至接地装置。

④ 接地连接点应有清晰的接地标识。

5.2.5　光分路器

光分路器又称为分光器，是光纤链路中重要的无源器件之一，是具有多个输入端和多个输出端的光纤汇接器件。光分路器可以是均匀分光，也可以是不均匀分光。

1. 类型及基本原理

根据制作工艺，光分路器可分为平面光波导（Planar Lightwave Circuit，PLC）光分路器和熔融拉锥（Fused Biconical Taper，FBT）光分路器两种。按器件性能覆盖的工作窗口可分为单窗口型光分路器、双窗口型光分路器、三窗口型光分路器和全宽带型光分路器。

PLC 光分路器是基于平面光波导技术的一种光功率分配器，采用半导体工艺（光刻、腐蚀、显影等技术）制作的光波导分支器件，光波导阵列位于芯片的上表面，分路功能在芯片上完成，并在芯片两端分别耦合封装输入端和输出端多通道光纤阵列。PLC 光分路器的工作波长为 1260 ～ 1650nm 宽谱波段。PLC 光分路器原理如图 5.12 所示。

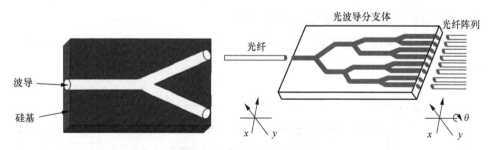

图 5.12　PLC 光分路器原理

FBT 光分路器是将两根光纤扭绞在一起，然后在施力条件下加热并将软化的光纤拉长形成锥形，并稍加扭转，使其熔接在一起。FBT 光分路器一般能同时满足1310nm 和 1490nm 波长的正常分光。FBT 光分路器原理如图 5.13 所示。

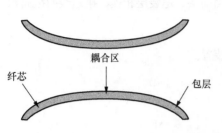

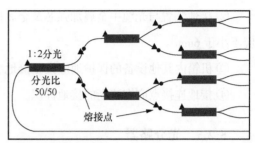

图 5.13　FBT 光分路器原理

光分路器有一个或两个输入端及两个以上输出端，光功率在输出端为永久性分配方式。光分路器按功率分配形成的规格来看，可表示为 $M \times N$，也可表示为 $M : N$。M 表示输入光纤路数，N 表示输出光纤路数。

2. PLC 光分路器

经过一次封装的 PLC 光分路器主要由 PLC 芯片、光纤阵列（Fiber Array，FA）、外壳 3 个部分组成。

① 封装过程：PLC 光分路器的封装是指将平面波导分路器上的各个导光通路（即波导通路）与 FA 中的光纤一一对准，然后用特定的胶（例如，环氧胶）将其黏合在一起的技术。其中，PLC 光分路器与 FA 的对准精确度是该项技术的关键。PLC 光分路器的封装涉及 FA 与光波导的六维紧密对准，难度较大，当采用人工操作时，其缺点是效率低、重复性差、人为因素多且难以实现规模化生产等。

② PLC 芯片：芯片加工主要是通过专用高精密设备的气相沉淀法，在玻璃体上腐刻出相应的通道，即 1 分 2、2 分 4、4 分 8、8 分 16……再经过不同介质的涂附，以控制光的折射和反射，达到控制功率的目的。

传统芯片结构是采用树形（Y 形）结构，传统 PLC 光分路器芯片结构（树形）如图 5.14 所示。

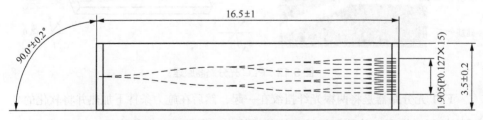

图 5.14　传统 PLC 光分路器芯片结构（树形）

新型 PLC 光分路器芯片结构（集中分光型）如图 5.15 所示。

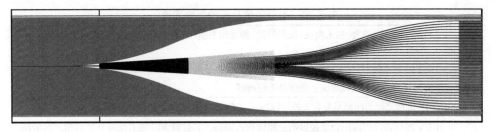

图 5.15　新型 PLC 光分路器芯片结构（集中分光型）

新型设计的特点是将光集中在一点一次性进行功率分配，比传统的逐级分光法的损耗更低。树形与集中分光型设计下的红光损耗效果如图 5.16 所示。

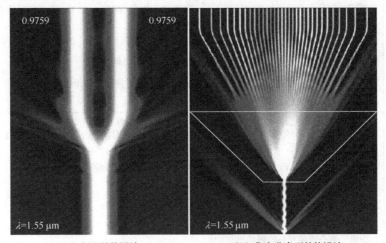

（a）树形结构设计　　　　　　（b）集中分光型结构设计

图 5.16　树形与集中分光型设计下的红光损耗效果

由图 5.16 可知，树形结构设计的光通道周围光损比集中分光型结构设计的光通道周围光损严重得多。

③ FA：主要由 V 形槽和光纤组成，其中，V 形槽是构成 FA 的主要部件，V 形槽的精确度对 FA 的质量至关重要，而 FA 的质量直接影响到 PLC 光分路器调试的效率和性能。

V 形槽主要由石英玻璃、耐热玻璃、硅片等材料制成，典型通道为 1CH、4CH、8CH、16CH、32CH、64CH、128CH（也可按要求制订），V 形槽的纤芯距离主要有 127μm 及 250μm，公差需要控制在 ±0.5μm 以内，V 形槽角度一般为 60°±2°。

④ 影响光分路器品质的影响因素。

光分路器品质的影响因素见表 5.20。

表 5.20　光分路器品质的影响因素

PLC芯片的影响		1. 芯片的各项参数（插入损耗、反射损耗、偏振相关损耗、均匀性、方向性等）是否达到要求（比行业标准低 0.5dB）。
		2. 芯片加盖板时使用胶的操作是否正确，涂胶时是否有气泡或其他杂质。
		3. 芯片输入及输出端端面、角度是否研磨好
FA的影响		1. V形槽之间的间距目前有 2 种：127μm、250μm，一般公差为 ±0.5μm。
		2. V形槽之间的间距会直接影响分路的插入损耗，芯数较多时除了每两个 V 形槽之间的间距，还有累计公差造成与芯片的匹配问题，从而影响插入损耗。
		3. V形槽的表面如果不光滑，则会造成光纤放入后不平整，做成成品后，温度变化时，会造成断纤或衰减大。
		4. 不能使用 U 形槽或不使用 V 形槽，否则温度变化时衰减会发生变化。
		5. 所用的胶是否合适，如果胶使用不当，则器件不能在 −40℃ ~ 85℃、高温的环境中工作，并且在温度变化时产生应力，造成衰减大或断纤。
		6. 盖板的尺寸不合适会影响 FA 的可靠性。
		7. 在生产过程中的压力、清洗、脱泡都会影响 FA 的可靠性。
		8. FA 研磨的端面、角度都会影响成品的插入损耗、反射损耗、偏振相关损耗。
		9. 生产过程中剥光纤时不能划伤光纤
封装及配套的影响	一次封装工艺的影响	1. 封装过程中胶的选择是否正确，胶的折射率、高低温性能、黏接力是决定分路器可靠性的关键因素。不同的胶有不同的特性，点胶的方式、固化时间、要求的紫外线的功率也不同，要使用适合的工艺，否则好的胶也不能达到好的效果。
		2. 芯片、FA 清洁不干净会影响器件的插入损耗、反射损耗等参数。
		3. 调光精度会影响器件的插入损耗、偏振相关损耗等参数。
		4. 一次封装钢管的耐腐蚀性、尺寸也会影响光分路器的可靠性。
		5. 将光分路器封装在钢管中使用的胶、点胶的量、点胶的方式，以及胶中是否有气泡或其他杂质，都会影响光分路器的可靠性。
		6. 在封装结束后要做高低温循环试验（时间不能过长），循环试验前、后都需要测试，以验证胶及工艺的稳定性
	二次封装工艺的影响	1. 二次封装所用的封装盒、空管、胶等材料在 −40℃ ~ 85℃温度范围内的稳定性、阻燃性能。材料的稳定性不好会影响成品的插入损耗。
		2. 胶的黏接力、硬度、强度，不同的位置要使用适合的胶。如果选择不合适的胶，则温度变化时插入损耗会变大。
		3. 撕纤时不能将光纤撕断，否则熔接会造成插入损耗增大；涂覆层不能脱落，否则在使用过程中易断纤。
		4. 封装盒 φ2.0mm 出纤部分的抗拉强度（行业标准 ≥ 90N）。
		5. 封装盒内的光分路器输入端及输出端光纤盘纤的弯曲半径不能太小，否则易造成插入损耗变大
	其他工艺的影响	1. 光纤连接器使用的所有材料的高低温性能、耐腐蚀性能、阻燃性能的优劣
		2. 光纤连接器的抗拉性能
		3. 陶瓷插芯的同心度、材料（氧化锆）
		4. 光纤连接器的插拔寿命
		5. 光纤连接研磨端面的三维参数、端面粗糙度、端面缺陷数
		6. 光纤连接器的插入损耗及反射损耗

3. 功能及性能要求

（1）工作波长要求

考虑到 PON 网络的应用需求，包括 EPON/GPON、10GPON、ODN 在线测试等的波长要求，光分路器的选用应能支持 1260 ～ 1650nm 工作波长。

（2）光学性能要求

均匀分光的光分路器设备的光学性能指标要求见表 5.21。在工作温度范围内，均匀分光的光分路器设备（含插头）安装前应满足表 5.21 的光学性能指标要求。

表 5.21　均匀分光的光分路器设备的光学性能指标要求

规格		1×2	1×4	1×8	1×16	1×32	1×64	1×128
光纤类型		G.657.A						
工作波长		1260 ～ 1650nm						
最大插入损耗 /dB		$\leqslant 3.8$	$\leqslant 7.2$	$\leqslant 10.5$	$\leqslant 13.8$	$\leqslant 17.1$	$\leqslant 20.1$	$\leqslant 23.7$
端口插损均匀性 /dB		$\leqslant 0.8$	$\leqslant 0.8$	$\leqslant 0.8$	$\leqslant 1.0$	$\leqslant 1.5$	$\leqslant 2.0$	$\leqslant 2.0$
回波损耗 /dB	输出端截止	$\geqslant 50$	$\geqslant 50$	$\geqslant 50$	$\geqslant 50$	$\geqslant 50$	$\geqslant 50$	$\geqslant 50$
	输出端开路	$\geqslant 18$	$\geqslant 20$	$\geqslant 22$	$\geqslant 24$	$\geqslant 28$	$\geqslant 28$	$\geqslant 30$
方向性 /dB		$\geqslant 55$	$\geqslant 55$	$\geqslant 55$	$\geqslant 55$	$\geqslant 55$	$\geqslant 55$	$\geqslant 55$

注：1. 不带插头光分路器的插入损耗在上面要求的基础上减少不小于 0.2dB，其他指标要求相同。

　　2. $2 \times N$ 均匀分光的光分路器的插入损耗在上面要求的基础上增加不大于 0.3dB，端口插损均匀性是指同一个输入端口所对应的输出端口间的一致性，其他指标要求相同。

　　3. 插入损耗在 1260 ～ 1300nm，1600 ～ 1650nm 波长区间，最大插入损耗在上面要求基础上增加 0.3dB。

4. 常用分光器类型

（1）盒式光分路器

采用盒式封装方式，端口为带插头尾纤型，一般安装在托盘、光缆分光分纤盒、光缆交接箱内。盒式光分路器如图 5.17 所示。

（2）机架式光分路器

采用机架式封装方式，端口为适配器型，一般安装在 19 英寸（48.26cm）标准机架内。机架式光分路器如图 5.18 所示。

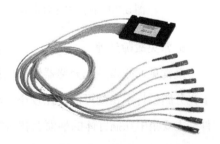

图 5.17　盒式光分路器

图 5.18　机架式光分路器

（3）微型光分路器

采用微型封装方式，端口分为不带插头尾纤型或带插头尾纤型，一般安装在光缆接头盒、插片式光分盒内。微型光分路器如图 5.19 所示。

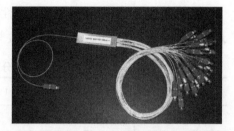

图 5.19　微型光分路器

（4）托盘式光分路器

采用托盘式封装方式，端口为适配器型，一般安装在光纤配线架、光缆交接箱内。托盘式光分路器如图 5.20 所示。

（5）插片式光分路器

采用插片式封装方式，端口为适配器型，一般安装在光缆分光分纤盒内以及使用插箱安装在光纤配线架、光缆交接箱、19 英寸（48.26cm）标准机架内。插片式光分路器如图 5.21 所示。

图 5.20　托盘式光分路器

图 5.21　插片式光分路器

5. 常见故障处理

最常见的故障是光分路器输出端的某个通道或者所有通道指标异常。通常情况下光分路器件不良的可能性比较小，故障主要集中在端口的连接器件上，而连接器件又主要集中在插针体的端面上和适配器端口中，一般处理方法如下。

（1）故障在带插头尾纤型端口

清洁异常通道的光纤连接器，清洁时应使用蘸有酒精的无脂棉纸，擦拭时应沿着陶瓷面的角度向一个方向擦拭，不应来回擦拭，防止损坏端面。

（2）适配器端口

清洁异常通道的适配器，清洁时应使用专用擦拭棒蘸酒精后将适配器及其内部的插针体的端面进行清洁。

5.3 本地网光缆挖潜改造

5.3.1 本地网光缆挖潜利旧

本地网光缆各类业务的随意接入造成光缆使用混乱，主干光纤资源消耗过快，光纤使用效率低下。在实际工作中，要结合光缆网的建设模式及使用情况，对现有业务的纤芯使用情况进行梳理优化，提高现有光纤光缆资源使用率。在方案编制和工程建设时主要围绕资源精细化配置展开，重点是存量挖潜、盘活利旧工作。

1. 核心汇聚层光缆资源存量挖潜分析

核心汇聚层光缆主要承载核心网元之间的大颗粒电路、汇聚节点的 BRAS（Broadband Remote Access Server，宽带远程接入服务器）/SR（Service Router，业务路由器）/汇聚交换机上联电路、WDM（Wavelength Division Multiplexing，波分复用）/OTN（Optical Transport Network，光传送网）/分组/MSTP（Multi Service Transfer Platform，多业务传送平台）核心汇聚层系统组网等业务。

核心汇聚层光缆纤芯利用率高于 80% 时，应首先结合基础架构分区布局，对不合理的纤芯占用进行优化调整，再考虑新建。原则上大客户专线接入、OLT（Optical Line Terminal，光线路终端）上联、移动基站组环及各类业务网网管电路等不允许在核心汇聚光缆网承载。

核心汇聚层光缆在纤芯梳理和优化调整时，不应只考虑当前利用率高的单段落单条光缆的优化挖潜，应该统计汇总同一区间段落的不同路由的光缆资源，对现网纤芯的占用情况和承载业务进行调查梳理，按照上述业务不得占用核心汇聚层光缆的原则，统计不合理占用的纤芯数量，进行割接调整、腾退光纤，以备新的业务承载使用。

案例分析：一枢纽核心机房和二枢纽核心机房的核心汇聚层光缆的容量共有 432 芯，占用 388 芯，利用率为 90%。核心汇聚层光缆优化挖潜前的资源现状见表 5.22。

表 5.22　核心汇聚层光缆优化挖潜前的资源现状

序号	光缆段落	光缆编号	光缆容量/芯	占用情况/芯	纤芯占用率	不合理业务占用芯数/芯	劣化纤芯/芯	不合理业务
1	一枢纽核心机房 – 二枢纽核心机房	1#	144	120	83%	24		设备退网、电子政务、中国银联等大客户业务，2M～FE 小颗粒业务
2	一枢纽核心机房 – 二枢纽核心机房	2#	144	132	92%	12		地税、证券等大客户业务
3	一枢纽核心机房 – 二枢纽核心机房	3#	144	136	94%	12	16	教育专线、平安城市等大客户业务
	合计		432	388	90%	48	16	

　　我们分析表 5.22，首先将劣化严重的纤芯提交到线路维护部门予以修复；其次将不合理承载的接入业务割接至汇聚节点的传输系统上承载，必要时对传输系统进行相应扩容。核心汇聚层光缆优化挖潜后的资源统计见表 5.23。

表 5.23　核心汇聚层光缆优化挖潜后的资源统计

序号	光缆段落	光缆编号	光缆容量/芯	占用情况/芯	优化挖潜前纤芯占用率	优化挖潜后腾退芯数/芯	优化挖潜后占用情况/芯	优化挖潜后纤芯占用率
1	一枢纽核心机房 – 二枢纽核心机房	1#	144	120	83%	24	96	67%
2	一枢纽核心机房 – 二枢纽核心机房	2#	144	132	92%	12	120	83%
3	一枢纽核心机房 – 二枢纽核心机房	3#	144	136	94%	28	108	75%
	合计		432	388	90%	64	324	75%

　　经过上述优化挖潜后，挖潜前的纤芯占用率为 90%，挖潜后的纤芯占用率为 75%，纤芯占用率降低了 15%，当光缆纤芯利用率低于 80% 时，不予考虑新建。

2. 接入主干光缆和县乡主干光缆资源存量挖潜分析

　　接入主干光缆和县乡主干光缆主要包括汇聚节点至城区 / 乡镇综合业务接入点、城区 / 乡镇综合业务接入点之间的独立直达光缆或主要承担类似功能的混用跳接光缆。主干光缆应切实结合业务需求进行项目的方案编制和施工建设，同时应加强对现有纤芯占用不合理的光缆资源进行清理。

不合理利用包括 3G、4G 基站射频拉远单元（Remote Radio Unit，RRU）占用光缆未考虑级联；业务上行方向选择不当，导致光交某方向光缆纤芯占用率严重失衡；业务未及时在第一个上行节点设备终结，继续占用了下一段落的光纤资源。

（1）案例分析：3G、4G 基站 RRU 占用光缆未考虑级联

文水城区电管站综合业务节点—教育局光交接入主干光缆为 24 芯，该段落纤芯利用率高达 100%。优化挖潜前、后资源示意（一）如图 5.22 所示。

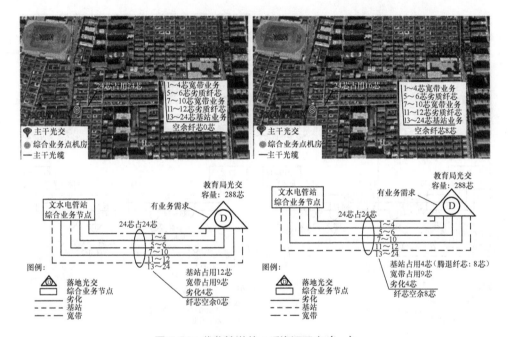

图 5.22　优化挖潜前、后资源示意（一）

① 经过核实，电管站综合业务节点—教育局光交纤芯利用率为 100%，1～4 纤芯被御庭华府小区高层宽带业务占用，5～6 纤芯劣化，7～10 纤芯被御庭华府小区东区宽带业务占用，11～12 纤芯劣化，13～18 纤芯被也牛家具广场 3G 基站占用，19～24 纤芯被教育局 3G 基站业务占用。

② 梳理业务，优先考虑基站业务改造级联腾退纤芯，3G、4G 基站占用 12 芯，级联优化腾退纤芯 8 芯（原每个基站占用 6 芯，优化后每个基站占用 2 芯），纤芯利用率降低了 33%，现纤芯占用率达 67%。

③ 将劣化严重纤芯提交到维护部门修复，如果不能修复，则由维护部门提供书面的修复报告，做出结论，后期以不可用纤芯处理。

④ 经过上述级联优化，腾退出 8 芯光纤，可供后期业务开展。"文水城区电管站综合业务节点—教育局光交"段落不需要新建。

（2）案例分析：业务上行方向选择不当

留义汇聚节点——七中综合业务节点现有城区接入主干光缆 144 芯，其中，"留义汇聚节点——新公安局光交"段落的纤芯利用率高达 95%。优化挖潜前、后资源示意（二）如图 5.23 所示。

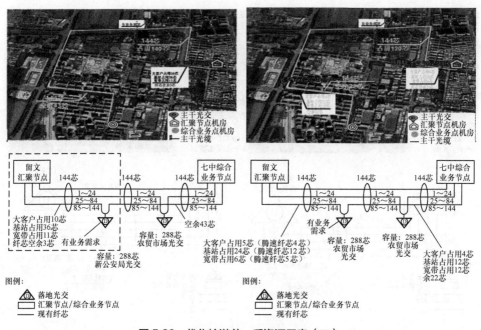

图 5.23 优化挖潜前、后资源示意（二）

① 经过核实，节点段落为留义汇聚节点经新公安局光交、农贸市场光交至七中综合业务节点，其中，留义汇聚节点至新公安局光交的纤芯利用率为 95%，新公安局光交至七中综合业务节点的纤芯利用率为 28%，环路综合纤芯利用率为 62%。

② 梳理业务，优先考虑倒接业务腾退纤芯，将部分原留义汇聚节点接入业务割接至七中综合业务点的接入纤芯上承载，留义汇聚节点至新公安局光交，优化梳理出纤芯 21 芯，纤芯利用率降低了 35%。同时，新公安局光交至七中综合业务节点直连光纤共有 60 芯，已占用 38 芯，利用率提高了 35%，达 63%。

③ 通过调整业务的上联节点，新公安局光交至留义汇聚节点的部分业务分流至七中综合业务节点承载，整条光缆纤芯利用相对均衡。"留义汇聚节点—新公安局

光交"段落不需新建。

（3）案例分析：业务未及时在第一个上行节点设备终结，继续占用了下一段落的光纤资源

南耽车基站——阳高机房县乡接入主干光缆有 48 芯，纤芯利用率高达 96%。优化挖潜前、后资源示意（三）如图 5.24 所示。

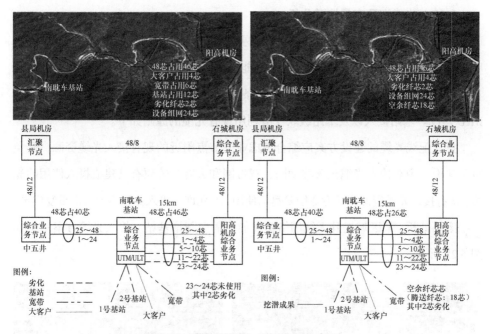

图 5.24　优化挖潜前、后资源示意（三）

① 经现网资源核实，光缆环路由为 "县局机房—中五井—南耽车基站—阳高机房—石城机房—县局机房"。其中，"南耽车基站—阳高机房" 段落共有纤芯 48 芯，已用 46 芯，纤芯占用率为 96%。对该段落纤芯承载业务进行梳理，发现在南耽车基站综合业务节点安装有 UTN 和 OLT 设备的情况下，部分上行到该节点的业务未按照规范要求接入设备系统中，而是继续占用 "南耽车基站—阳高机房" 的直达纤芯 18 芯（基站 12 芯、宽带 6 芯），连接至阳高机房综合业务节点终结，属于接入业务不合理占用。

② 应首先将南耽车基站下挂的基站和宽带业务进行割接，在该节点的 UTN 和 OLT 设备上直接进行承载，割接调整后，腾退出 "南耽车基站—阳高机房" 的直达纤芯 18 芯，可使该段光缆纤芯占用率降低 38%，达 58%。

③ 将劣化严重的纤芯提交维护部门修复，如果不能修复，则由维护部门提供书面的修复报告，做出结论，后期以不可用纤芯处理和统计。

④ "南耽车基站—阳高机房"段落通过优化调整业务的上联节点，使原通过业务节点跳接的业务全部收敛至该业务节点，同时减轻阳高机房的承载压力。"南耽车基站—阳高机房"段落不需要新建。

3. 接入光缆资源存量挖潜分析

新增业务节点的接入，应按基础架构要求接入主干光交或综合业务点，进一步明确 RRU 的建设原则：采用 RRU 级联功能可以有效节省光纤资源，降低建设成本，在室内基带处理单元集中设置、主设备条件具备的情况下，应采用级联方式进行 RRU 建设。基站接入以及基站级联挖潜利用现有光缆的原则如下。

接入配线光缆的建设方案应综合考虑业务节点附近的现有接入光缆资源，避免重复建设。现有接入光缆包含移动网、宽带网和大客户等原有已建成投入使用的光缆，所有接入光缆资源应跨专业统筹盘活使用，不允许以接入业务不同为由重复建设。

案例分析：某区域提升无线网络覆盖能力需要新增基站。接入光缆方案示意如图 5.25 所示。

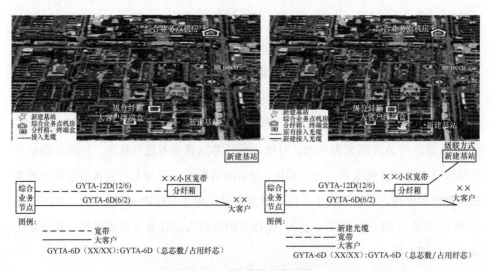

图 5.25　接入光缆方案示意

① 经过核实，新建基站站址附近有宽带和大客户 2 条接入光缆。其中，综合业务节点至××××小区宽带接入光缆 12 芯，空余 6 芯，大客户接入光缆 6 芯，纤

芯空余 4 芯，纤芯占用率为 78%。

② 这种情况下，不应新建设基站至综合业务节点的长距离接入光缆，只需要建设该基站至附近小区宽带接入光缆一级分纤箱之间光缆，该宽带接入光缆的 12 芯剩余纤芯被充分利用，同时基站采用级联方式，即可快速提供该基站传输能力。

5.3.2　光纤到户网络改造设计

FTTH（Fiber To The Home，光纤到户）是指将光网络单元安装在住家用户或企业用户处，是光接入系列中除光纤到桌面外最靠近用户的光接入网应用类型。FTTH 不但提供更大的带宽，而且增强了网络对数据格式、速率、波长和协议的透明性，降低了对环境条件和供电等要求，简化了维护和安装。FTTH 是典型的光纤接入，在实际工作中，我们要重点考虑主干光缆和分光比的配置以及不同场景的改造设计方案。

1. 主干光缆配置

① 若现有光缆资源可满足当前需求，应利旧现有光缆资源，不得进行接入主干光缆的建设。

② 若无光缆资源，新建光缆芯数、路由和节点位置确定需要综合考虑覆盖范围内邻近小区及村庄，并兼顾其他专业对光缆纤芯的需求和乡镇二级主干光缆建设规划。

③ 若现有光缆资源不足，我们可根据新建光缆的原则按需建设。

主干光缆芯数＝一级分光器数量 +2 芯维护备用光纤 – 现有可用光纤数量；光缆程式按照就近取高原则配置（如果就此计算出的光缆芯数小于 12 芯，按照 12 芯建设）。

2. 分光方式及分光器配置

综合考虑投资、建设、维护等多方面的因素，各类场景原则上宜采用二级分光方式。如遇特殊情况也可采用一级分光方式，但需在设计方案中与二级分光进行投资效益分析比较。

（1）分光比的确定

二级分光的总分光比一般为 1∶32，在满足全程光链路指标的前提下总分光比不大于 1∶64。

（2）分光器端口的确定

分光器宜采用插卡式，接头统一采用 SC（方头）；分光比在 1∶16 ～ 1∶4。

根据该分光器覆盖范围内现有的宽带用户数，按照就近取高的原则合理配置，以不超过最大分光比为限。

（3）二级分光器端口配置数量的要求

新建 FTTH 端口数量＝宽带用户数＋用光猫解决的纯语音用户数，根据分光器端口型号向上取整。

二级分光器端口应根据预计割接转化用户数和新发展用户数确定，实占率应达 80%。

3. 分光器的安装位置

一级分光点设置在配线光节点，二级分光点设置在引入光节点。一级分光器可集中放置，二级分光器按需分布配置。

一级分光点集中放置在光交、接入网机房、室外机柜、室外分线箱内，尽量设置在覆盖区域的中心位置；二级分光点分散放置在墙壁、电杆上，以减少放装时引入皮线光缆的布放长度。

（1）城市区域分光器的安装位置

一级分光点设置在小区相邻几座楼（约 300 户）中间位置，相关人员需充分考虑现有资源情况，便于线路割接改造；二级分光器设置在靠近用户的位置。

（2）农村区域分光器的安装位置

农村用户多以自然村（或组）的形式分布，用户间距相对较远，因此，一级分光点宜分布设置；以相邻 100 户左右的中间位置为一级分光点，一般覆盖区域半径不大于 500m。农村布局呈 T 形、十字形、工字形、田字形等，相关人员可将一级分光点安排在交叉点上。

4. 光分纤箱

光分纤箱采用适合安装插片式封装的分光器，具备可扩展的安装槽位，一级分光点 4 槽位（可安装 4 个分光器），二级分光点 2 槽位（可安装 2 个分光器）；采用无跳纤结构，要求尺寸小、结构紧凑，防潮、防腐蚀及密封性较好，可安装在电杆和墙壁；具有方便光缆掏接的 U 形进出线口和便于预成端入户光缆穿放的进出线口。

5. 配线光缆和入户光缆

一级分光点至二级分光点间的配线光缆一般采用 GYTA 型光缆敷设，敷设路由尽可能沿现有通信设施敷设。

二级分光点至用户的入户光缆均采用皮线光缆敷设，为便于维护，皮线光缆长度不应超过 200m，皮线光缆一般采用绑扎方式布放。

6. 不同场景的用户改造方案

（1）平房区用户改造方案

与维护包片线务员充分沟通，了解现有用户以及待装用户的分布情况，合理设置分纤箱位置。为了便于维护，我们以街巷为单位划分配线区域，光缆敷设路由按照原缆线敷设路由进行敷设，对原皮线距离较远的用户，在设计中新建路由将光缆进行延伸，缩短割接时的皮线光缆长度。一般采用 48 芯壁挂式光缆交接箱（安装一个 1∶32 分光器）下挂分纤箱模式进行建设，分纤箱容量一般为 24 芯。用户比较集中且用户数大于 90 户的集中平房区域应采用集中点放置 144 芯壁挂式光缆交接箱下挂分纤箱模式进行建设，多个 1∶32 分光器集中放置在光缆交接箱内，光交内端子板对应分纤箱进行编号；对于用户很稀疏分散且用户量不大于 25 户的区域应采用总分光比不大于 1∶32 的二级分光模式进行建设。

案例分析如下。

① 尧都区五一东路南 1 ～ 5 巷 FTTH 用户改造。这片平房区域用户相对集中，紧邻装饰城市场，租住户较多，用户流动性大。结合实际情况，我们采用集中放置光交，分光器放置在光交内，采用 12 芯光缆，下挂 12 芯分纤箱，当下挂的分纤箱容量装满时，将分光器下移至分纤箱内并对这个区域进行快速扩容。

② 尧庙伊村 FTTH 用户改造项目。农村区域用户分散，但要满足接入用户皮线光缆距离较短的条件，因此，采用"一级 1∶8 ＋二级 1∶4"的二级分光模式进行设计。

（2）普通楼房用户改造方案

普通楼房指的是 3 ～ 6 层无电梯的老旧楼房。此部分用户已经装修入住，改造难度相对较大，相关人员在设计时要充分考虑用户目前的使用位置情况，不能单一地在单元门上放置分纤箱。设计时要走访用户，对用户现在的使用情况、习惯以及户内布局情况进行了解，酌情放置分纤箱。采用光交下挂分纤箱模式进行设计，分纤箱容量按照 1∶1 进行配置，分光比根据实际用户进行配置。这种设计方案既能满足对原有用户的割接需求且建设投资不大，又能满足建设终期的扩容需求。

案例分析如下。

五一西路百汇小区 FTTH 用户改造项目。此小区共 3 幢 6 层住宅建筑，共 9 个单元 108 户，现有在网用户 69 户。为了在割接时能保留现有用户，同时满足异网用户转网需求，设计方案采用在中间楼侧面安装 144 芯壁挂光缆交接箱，在光交内安装 3 个 1∶32 一级分光器。每幢楼的 1、3 单元门上原分线盒位置安装 1 个 12 芯分纤箱，在 2 单元的背面位置安装 1 个 24 芯分纤箱。这样分纤箱的布局设计可以在割接过程中方便光纤入户。

（3）PON+AD、LAN 小区的改造方案

此部分用户群体相对集中。有的之前已经改造过一次，加之历年来多家运营商的接入，再次进行改造的难度相对较大。利用现有的光缆资源，在原网络的基础上摸清用户分布及数量叠加建设一张 FTTH 网络，为了这个网络的灵活，一般采用一级 1∶4+二级 1∶8 的二级分光模式进行建设，待原有用户割接完成后根据用户分布情况酌情调整分光比。

案例分析如下。

贡院街面粉厂小区改造项目。此小区现为 PON+LAN 覆盖小区，小区内有 4 幢楼，11 个单元 160 户，PON+LAN 设备 7 套，纤芯容量 120 芯，实占 78 芯。原光缆网络为 1∶8 一级分光，上联局端为 6 芯光缆，占用 1 芯。从分光器引出分别由独立的 6 芯光缆敷设至 PON+LAN 设备处，且光缆两端均熔接 4 芯，原设备均在单元门上方安装。设计方案采用现有的光缆资源进行组网建设，在每幢楼中间单元处安装一个 24 芯分光壁挂箱，内置一个 1∶4 一级分光器和一个 1∶8 二级分光器，每幢楼的另外单元和楼背后中间位置分别安装一个 12 芯分纤箱，内置 1 个 1∶8 二级分光器。

（4）针对集团客户 LAN 的改造方案

集团客户是通信运营商服务范围内重要的用户，为通信运营商带来的经济和社会效应不容忽视，因此，此部分用户应被高度重视。

现有的集团客户均以语音业务为主，其网上办公都有内部的网络，为了更好更快捷地服务这部分用户，相关人员在设计时应将 OLT 设备下沉至用户办公楼内，对每间办公室进行 FTTH 覆盖，通过组建虚拟网实现更高速快捷的办公、上网。对于原有已经布放好内部局域网的用户群体，设计时采用 ONT 集中放置，割接原交换机的方式对原有网络进行升级提速。

案例分析如下。

① 尧都区政府 FTTH 改造项目。尧都区政府院内现有办公楼 9 幢，办公室

1200 间，改造前为传统的电缆覆盖，皮线混乱严重影响办公区域美观，安全性能较差。经现场勘察摸底后，确定新的设计方案：在机关院内原机房里安装 1 台 OLT 设备和 1 个 ODF 架，每幢楼侧面安装壁挂式光缆交接箱，在办公室，皮线光缆直接从光缆交接箱内引入，在光缆交接箱内集中放置分光器。

② 临汾宾馆 FTTH 改造项目。临汾宾馆现有综合楼 2 幢，均为 6 层建筑，每层有 18 ～ 24 间办公室及客房，在楼中间的楼梯间有独立的弱电配线间，并且每个房间内均已布放网线至弱电配线间。经实地勘察后确定设计方案，光缆沿竖井内钉固敷设引入楼内弱电间，采用"一级 1∶4 ＋二级 1∶8"的二级分光模式进行组网，多口 ONT 集中放置在弱电间与网线对接。

5.4　高速铁路槽道光缆敷设安装

5.4.1　安装总体要求

槽道内光缆应按照 A、B 端敷设，符合光缆弯曲半径要求；敷设后顺直自然、互不交叉、接续可靠、标识明确、余留满足维护需要。

槽道内光缆敷设如图 5.26 所示。

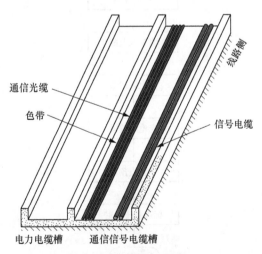

图 5.26　槽道内光缆敷设

槽道内光缆接头盒固定如图 5.27 所示。

光（电）缆标牌如图 5.28 所示。

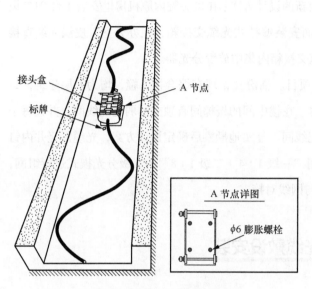

图 5.27　槽道内光缆接头盒固定

注：文字采用宋体五号加黑。

图 5.28　光（电）缆标牌

槽道光缆敷设工艺流程如图 5.29 所示。

图 5.29　槽道光缆敷设工艺流程

（1）槽道光缆敷设工艺方法

① 槽道内光缆接头盒采用减震支架，使用不锈钢膨胀螺栓固定，增强光缆接头盒稳定性。

② 光缆敷设匀速牵引时，张力不大于光缆允许张力的 80%，瞬间最大牵引力不大于光缆允许张力，保证光缆结构安全。

（2）槽道光缆敷设工艺质量控制要点

① 槽道内光缆采用色带标识的光缆，色带颜色应在物资设备技术规格书审定时明确。

② 与信号电缆同槽敷设时，光缆与信号电缆应分置槽道两侧。

③ 光缆通过隧道进出口、桥梁两端时宜余留 5m。

④ 在光缆接头盒、电缆井、隧道进出口、桥梁处等特殊地段，光缆应悬挂固定热塑封标牌。

5.4.2　光缆防护

桥梁槽道内光缆敷设保护管防护如图 5.30 所示。

桥梁引下光缆敷设钢槽防护如图 5.31 所示。

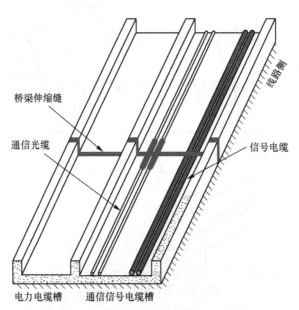

图 5.30　桥梁槽道内光缆敷设保护管防护

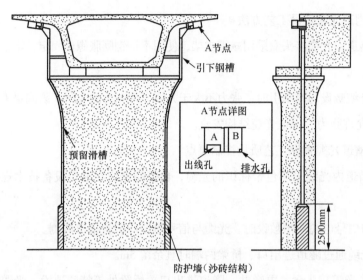

图 5.31　桥梁引下光缆敷设钢槽防护

路基引下光缆防护如图 5.32 所示。

光缆防护采用的主要材料见表 5.24。

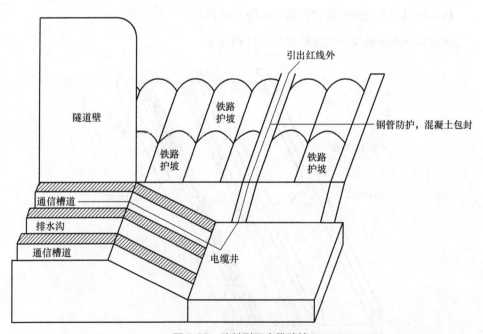

图 5.32　路基引下光缆防护

表 5.24　光缆防护采用的主要材料

序号	名称	单位	数量	规格 /mm	技术要求
1	高压夹布橡胶管	m	—	$\phi25/\phi32/\phi38/\phi45$	GB/T 1186
2	防护钢槽	m	—	$150 \times 100 \times 2/$ $200 \times 100 \times 2/$ $350 \times 150 \times 2/$ $400 \times 150 \times 2$	GB/T 13912
3	排水转弯半径收容箱	套	2	$150 \times 100 \times 2/$ $200 \times 100 \times 2/$ $350 \times 150 \times 2/$ $400 \times 150 \times 2$	GB/T 13912
4	防护围桩	处	2	—	—

光缆防护施工工艺质量控制要求如下。

① 槽道内在桥梁伸缩缝、拐弯处、穿越防护管两端等位置时，应套与光缆线径相适应的高压夹布橡胶管保护，长度应从保护点向两端各伸出 100 ～ 300mm。

② 桥梁地段光缆引下应安装不小于 2mm 的厚热镀锌钢槽防护，钢槽应固定在桥墩上，桥梁引下处设置排水转弯半径收容箱，钢槽内应在间隔不大于 2000mm 处设置光缆固定绑扎横撑，桥墩底部砌筑 2500mm 高的砂砖防护围桩。

5.4.3　光缆接续

光缆接续损耗符合中继段光纤传输特性要求，接头盒密封良好，余留满足维护要求，对周围环境不产生固体废弃物污染。

光缆接头盒连接如图 5.33 所示。

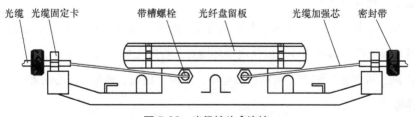

图 5.33　光缆接头盒连接

光缆接续如图 5.34 所示。

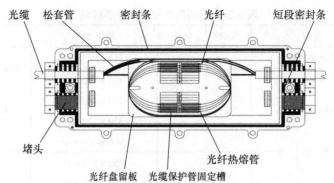

图 5.34　光缆接续

光缆接续施工工艺质量控制要点如下。

① 熔接时采用光时域反射仪双向实时监测接续指标。

② 光纤盘留时盒内光纤的弯曲半径不小于 40mm，接续后的光纤收容余长单端引入引出距离应不小于 800mm，两端引入引出距离应不小于 1200mm。

③ 光缆的金属外护套和加强芯应紧固在接头盒内，同一侧的金属外护套与金属加强芯应电气连通，两侧的金属外护套、金属加强芯应电气绝缘断开，处于悬浮状态。

④ 光纤接续后，纤芯热缩加强管应按顺序标识，盒内放入接续记录卡片。

⑤ 接续完毕后接头盒应密闭。

5.4.4　施工要求

1. 施工调查

施工单位应依据获取施工设计文件及相关资料，进行施工调查，并编制施工调查报告。

施工调查应包括下列内容。

① 施工环境调查，包括施工当地的地形、地质、气象、水文等，施工过程中可能对当地环境产生影响的环节以及现场环境对工程施工质量的影响。

② 施工外部条件调查，包括道路运输、水源、供电、通信、工程分布场地、仓储条件等。

③ 土建、接触网、电力供电等专业施工完成情况的调查。

④ 对土建单位预留的沟、槽、管、线、人孔（井）、手孔等进行调查，对施工范围内既有的地下管、线、缆等设备径路进行调查。

⑤ 站前单位电缆槽、综合过轨（含电缆井）光缆桥梁和路基段引下槽道都已完成并交付使用。

⑥ 引入出槽道、电缆井都贯通并交付使用。

⑦ 调查过轨位置、路基、桥梁段电缆槽及引下槽完成情况并形成调查台账。

⑧ 施工定测和复测完毕应做书面记录并在现场明显处做相应标记。

2. 施工图核对

施工前，施工单位应对批准的施工图进行现场核对，核对无误后方可使用。

施工设计文件应核对以下内容。

① 设计文件的组成内容是否符合规定。

② 说明书、工程数量、设备和主要器材的规格、型号、数量是否与施工图相符。

③ 施工图纸是否齐全，有无遗漏、错误。

④ 施工图中光缆、管道路径、铁路里程等信息与现场实际是否一致。

⑤ 对施工图核对中发现的问题及时与建设、设计、监理单位联系解决。

⑥ 施工图核对完毕应留存完整记录。

3. 技术准备

① 完成光缆单盘检验，电缆井及引出和光缆位置的确定。

② 根据施工图复核路由、光缆长度、配盘。

③ 项目管理人员及通信作业人员、光缆、OTDR、放缆架已进场并向监理报验。

④ 建立敷设光缆台账。

高铁光缆走线 GPS 点位记录见表 5.25。

表 5.25　高铁光缆走线 GPS 点位记录

点位（铁路里程）	经度	纬度

4. 现场准备

① 槽道内没有异物、干净、平整。

② 光缆已运至指定位置。

③ 敷设人员、安全人员已到位并设置临时保护。

④ 施工前应对光缆进行详细检查，判断其规格、型号是否符合设计要求。

⑤ 光缆严禁有绞拧和压扁，外观无扭曲、坏损等情况。

5. 物资材料准备

根据光缆敷设台账准备光缆保护材料（水泥槽、管、光缆标志牌）等。

6. 机械准备

施工用车辆、穿线器、滑轮、放缆架、对讲机等工器具，工器具配置见表 5.26。

表 5.26 工器具配置

序号	机械材料	规格型号	数量	备注（与安全相关需测试）
1	车辆	货车	2 辆	驾驶人员的证件及车辆的证件是否齐全、有效；驾驶人员是否进行安全教育
2	车辆	载客汽车	2 辆	驾驶人员的证件及车辆的证件是否齐全、有效；驾驶人员是否进行安全教育
3	滑轮		20 个	外观是否完好牢固
4	对讲机		10 台	呼叫是否畅通并检测通话距离是否能达 3km
5	穿线器		2 个	
6	放缆架		2 架	

7. 人员配置

施工现场的人员配置见表 5.27。

表 5.27 施工现场的人员配置

序号	施工人员	单位	人数	备注
1	施工负责人	人	1	现场施工总负责
2	安全员	人	2	现场安全负责
3	质量员	人	1	现场质量负责
4	劳务人员	人	若干	劳务协作人员

5.4.5 施工方案

1. 正常条件下的施工方案

槽道内光缆敷设，由 3 名施工人员采用流水作业法，带领劳务 15 人每天计划敷设 6km，现场负责人和安检、质检人员陪同监理人员现场旁站。先将滑轮固定在可靠的位置上，清理槽道内异物，利用放缆架平稳升起光缆盘，转动光缆盘将光缆缓慢拉出，敷设人员以 10～15m 的距离依次抬放入槽。光缆敷设时质量人员时刻观察放缆牵引速度，确保牵引匀速，避免光缆敷设时出现打背扣现象。支撑光缆盘时选择地面平整坚硬处，桥梁上光缆入槽时施工人员采用"一带一绳"安全措施防止发生高空坠落事故。

2. 特殊条件下的施工方案

（1）引下槽道未贯通

路基引下槽道未贯通时，如果引下点处有电缆井，则将光缆呈圆盘状盘留在电缆井中，无电缆井时将光缆呈"8"字形盘好，放置在路基边坡下并设置彩旗做好防护。

桥梁段引下槽道未贯通时，将光缆呈圆盘状盘好，固定在引下点附近接触网杆处，并用彩旗做好防护。

（2）桥转路基未贯通

桥转路基处均设置电缆井，当桥梁槽道未与电缆井贯通时，将光缆在电缆井内盘留 3m。

5.4.6 光缆施工

1. 放缆准备

① 根据光缆盘实际盘长和现场交通情况尽量将光缆盘运至两条光缆接头中间位置，从中间向两边敷设缆线。

② 光缆运抵现场后，核实光缆盘号、芯数、色带是否正确，外观是否完好。

③ 核实敷设人员、安全防护员是否已到位；放缆架、滑轮、对讲机配置是否齐全。

④ 将光缆配盘表下发给施工负责人及现场技术员。

2. 缆盘固定

① 选择地面相对平整、坚硬的地方支起放缆架。

② 用千斤顶将光缆盘平稳升离地面 10 ～ 20cm，并将其固定在专用放缆架上。放缆架如图 5.35 所示。

图 5.35 放缆架

③ 确定光缆盘是否放置平稳，避免转动光缆盘时光缆盘倾斜从放缆架上脱落。

3. 光缆敷设

① 转动光缆盘，将光缆头缓缓拉出，用标签纸在光缆头标记光缆型号、上下行、敷设方向等信息。光缆标记实物如图 5.36 所示。

图 5.36　光缆标记实物

② 依次掀开槽道盖板，并确保槽道内无碎石等杂物。铁路槽道如图 5.37 所示。

图 5.37　铁路槽道

③ 桥梁段敷设时，应在接触网支柱上固定滑轮，每间隔一个支柱安排一名敷设光缆人员，避免光缆直接挂在接触网立柱上。

④ 路基段敷设时，敷设人员以 10～15m 的距离间隔依次抬放，光缆不得在地面上拖拉。光缆敷设现场如图 5.38 所示。

图 5.38　光缆敷设现场

4. 光缆预留

① 光缆在通过桥梁时，在桥梁两头电缆井内预留 5m。光缆预留施工（一）如

图 5.39 所示。

图 5.39　光缆预留施工（一）

② 光缆接头位置应在电缆槽道内预留 5m。

③ 光缆在路基段引下处预留 100m，在桥梁段引下点预留 150m。光缆预留施工（二）如图 5.40 所示。

图 5.40　光缆预留施工（二）

5. 光缆标记

相关人员用红油漆在步行板和接触网支柱上做标记，后续在光缆接续时按铁路部门相关要求喷涂正式标记。

6. 光缆入槽

① 光缆位置不同，可将光缆放入槽道内，在路基段放入宽槽内，在桥梁段放入窄槽内。光缆与信号电缆分别放置在槽道内两侧。

② 将槽道内光缆捋直，用扎带与其他缆线绑扎整齐。

③ 利用定滑轮敷设光缆，在接触网杆和电缆槽道上使用定滑轮可以有效提高缆线敷设效率，敷设较长盘的光缆时使用定滑轮，一方面使施工人员更加省力，另一方面可防止后方缆线拖地，损坏光缆。定滑轮施工如图 5.41 所示。

7. 盖板恢复

对损坏的盖板进行更换，依次恢复。

图 5.41 定滑轮施工

5.4.7 安全质量要求

光缆敷设时不得打扣、扭绞、弯折。光缆与信号电缆同时敷设，信号电缆先入槽，光缆后入槽，光缆和信号电缆在槽道内摆放整齐避免交叉，同型号同槽敷设时应加标识区分，标识间距不大于 50m。

1. 环境保护

① 光缆的堆放等临时设施应充分考虑其对道路的影响，以免妨碍道路的通行和危害人员安全。

② 对敷设完的光缆盘进行回收处理，不得将其随意丢弃在现场。

2. 文明施工

加强对相关人员的岗前培训工作，作业人员要熟悉掌握文明施工标准，通过各种形式，加强施工人员的文明施工意识，提高文明施工标准。

3. 安全要求

① 凡进入施工现场的人员，必须戴好安全帽，登高作业人员必须系好安全带。

② 禁止穿拖鞋及酒后作业，不准在施工现场嬉戏打闹。

③ 施工人员在电厂及变电所严禁吸烟，施工垃圾要及时清理干净。

④ 随身携带和使用的作业工具应搁置在顺手稳妥的地方，防止坠落伤人。使用工具时严禁抛扔，要手把手传递。

⑤ 敷设光缆时设置专人监护。

⑥ 现场临时施工用电应有漏电保护设施。

5.4.8　成品保护措施

① 对已敷设完成区段，对电缆槽道及时恢复盖板。

② 对盘留在电缆槽道外的光缆用彩旗做好隔离，防止缆线被破坏。

5.4.9　资料收集

制作台账，即电缆井的 GPS 定位、接头位置资料（GPS 定位）的结果记录表。台账记录见表 5.28。

表 5.28　台账记录

序号	里程	电缆井	经度	纬度	光缆接头	经度	纬度	备注

5.5　ADSS 光缆线路设计要求

ADSS 光缆是一种由介质材料组成、自身包含必要的支撑系统、可直接悬挂于电力杆塔上的非金属光缆，主要应用于架空高压输电系统的通信线路，也可用于雷电多发地带、大跨度等架空敷设环境下的通信线路。凭借 ADSS 光缆的支持，电力部门不但可以满足自身的通信需求，而且能够开通新的通信业务供外界使用，ADSS 光缆线路工程勘察设计涉及机械、电气、气象条件等诸多方面，因此必须要有严谨的设计态度、科学的施工方案，并且充分考虑工程的特殊性，才能建成高质量的信息化通道。

5.5.1　光缆选型

1. 按结构选型

中心束管式结构的 ADSS 光缆常见的是小直径，因此，冰风负载较小，同时重量也相对较轻，但光纤余长有限制。层绞结构易获得安全的光纤余长，虽然直径较大、重量较重，但在中大跨距应用时较有优势。因此在中大跨距时选用层绞式结构光缆。

2. 按机械强度选型

ADSS 光缆的最大使用张力要根据原电力线路杆塔的设计负荷来确定，在杆塔负荷允许的条件下，提高张力有利于交叉跨域的实现，但可能使光缆的有效使用跨距减少。我们应根据不同耐张段内各档距的跨越情况，确定各耐张段内的最大使用张力。ADSS 光缆根据塔杆结构或跨越情况来确定各耐张段内的最大使用张力。ADSS 光缆根据塔杆结构或跨越等因素要求必须挂在某个位置时，例如，110kV 线路选在空间感应电场为 20kV 的地方时，ADSS 光缆就不能按惯例选择 PE 型护套，需要根据线路中各耐张段内跨越杆塔情况确定护套。

5.5.2 光缆挂点确定

1. ADSS 光缆挂点的确定原则

① 光缆应悬挂在电场强度较小的位置，即 AT 型护套电场强度 ≤ 12kV/m，PE 型护套电场强度 ≤ 20kV/m。

② 光缆在水平和垂直方向上的投影不应与导线和地线出现交叉，以免在风偏和摆动时产生鞭击。

③ 光缆不应与杆塔产生摩擦和碰撞。

④ 光缆必须保持与居民区、铁路、公路、通信线路和其他电力线路的安全距离。

⑤ 悬挂光缆的金具必须装在杆塔可承受侧向拉力的塔材上，使杆塔受力最小。

其中，高压感应电场的大小一般是 ADSS 光缆生产厂家根据设计部门的初步设计进行核算的，并给出不同杆塔型号的电场强度大小及分布图，再结合施工的难易程度，最终确定光缆的挂点位置。在专门的应用软件中，只要按既定的坐标系提供杆塔的相线坐标、相线线径、地线类型、线路的电压等级等，就可得到一幅感应电场分布图，因此，在准备阶段时，线路资料的详尽可靠是整个工程质量的保障。

2. ADSS 光缆典型挂点选择

根据对各种杆塔电场强度的计算结果可知，满足电场强度要求的挂点可分为高、中、低挂点 3 种。高挂点一般施工难度大，运行管理不方便；低挂点在对地安全距离方面存在一些问题，且易发生盗窃事件；一般采用中挂点方式，在该点上电磁强度应最小或相对较小，并满足光缆外护套抗电痕等级的要求。

110kV 线路耐张杆、门型杆、双回路铁塔、钢管单杆、水泥单杆等的 ADSS 光缆可挂在第一层横担下 300 ～ 500mm 的位置，35kV 及以下线路 ADSS 光缆感应电势小于 12kV，一般只考虑交叉跨越安全距离和带电作业安全距离。

5.5.3　光缆线路金具

ADSS 光缆敷设安装所需的金具包括预绞式耐张线夹、预绞式悬垂线夹、预绞式双悬垂线夹、螺旋减振器、防晕环、光缆接头盒、余缆架、引下线夹、终端盒等。

1. 预绞式耐张线夹

（1）组成

预绞式耐张线夹装置如图 5.42 所示。

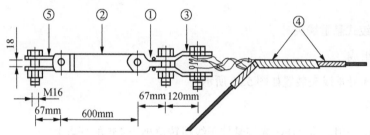

①⑤ U 形环；②连接板；③心形环；④内层和外层预绞丝。

图 5.42　预绞式耐张线夹装置

（2）用途

承受全张力，将 ADSS 光缆连接至终端杆塔、耐张杆塔和光缆接续杆塔上。

（3）特点

① 外绞丝通过嵌环等金具直接与杆塔连接，承受线路载荷。

② 内绞丝对 ADSS 光缆起一定的保护作用，作为力的传递单元，主要作用如下。

A. 有效地将纵向压紧力传递给光缆的张力承受单元——芳纶，避免光缆外护套过度受力而被拉伤。

B. 传递轴向张力。

C. 增大了与光缆的接触面积，使应力分布均匀，无应力集中点。

③ 在不超过 ADSS 光缆侧压强度的前提下，对光缆有较大的握力，能承受较大的张力。

④ 对 ADSS 光缆的握力不低于光缆极限抗拉强度的 95%，完全适合光缆架设的需要。

⑤ 为满足城域网 10kV 配电线路上架设 ADSS 光缆的需要，可选用握力为 15kN 的耐张线夹，该耐张线夹结构简单，安装方便，又可降低工程造价。

（4）配置要求

① 根据 ADSS 光缆的极限抗拉强度、运行档距和外径来选择合适的耐张线夹（握力为 15kN 的耐张线夹、握力为 15kN 以上的耐张线夹）。

② 应同时提供 ADSS 光缆的相关参数，该参数包括光缆的最大允许张力、每日运行张力和抗侧压强度，如果芳纶为单绞，则应提供绞向。

③ 数量配置为终端杆塔 1 套、耐张杆塔和光缆接续杆塔或转角大于 25° 杆塔 2 套。

2. 预绞式悬垂线夹

（1）组成

预绞式悬垂线夹装置如图 5.43 所示。

（2）用途

起支撑作用，将 ADSS 光缆悬挂于线路转角小于 25° 的杆塔上。

（3）特点

① 悬垂线夹与 ADSS 光缆有较大的接触面积，应力分布均匀，无应力集中点，同时增强了挂点位置光缆的刚度，起到更好的保护作用。

② 有较好的动态应力承受能力，可提供足够的握紧力来保护 ADSS 光缆在不平衡负载的条件下安全运行。

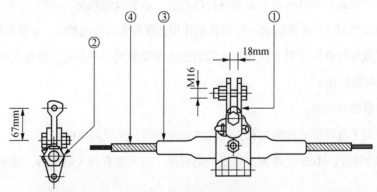

①U 形环；②橡胶衬圈、悬垂线夹；③④内层预绞丝外层预绞丝。

图 5.43　预绞式悬垂线夹装置

③ 该结构配以柔性橡胶夹块，增强了自阻尼，使磨损减小。

④ 端部磨圆处理，提高了电晕起晕电压。

⑤ 优质的铝合金材质，提高了线夹的机械性能及防腐性能，大大延长了使用寿命。

（4）配置要求

① 根据 ADSS 光缆的运行档距、外径、极限抗拉强度等参数选择合适的悬垂线夹。

② 数量配置为：线路转角小于 25° 的杆塔 1 套。

3. 预绞式双悬垂线夹

（1）组成

内绞丝、外绞丝、三角联板、悬垂组件及连接金具。

（2）用途

起支撑作用，将光纤复合地线悬挂于直线杆塔上。

（3）特点

① 具有单悬垂线夹的所有性能。

② 采用两套悬垂组件，提高了线夹的机械强度，增大了曲率半径，保证了大转角、高落差、大跨距的条件下光缆的安全可靠运行，适用大跨距的江河、高落差的山谷等特殊环境，其允许线路转角扩大到 60°，出口悬垂角（单侧）可达 30° ～ 36°。

（4）配置要求

① 同单悬垂线夹。

② 双悬垂线夹适用于大跨距的江河、高落差的山谷、重冰区等特殊环境。

4. 螺旋减振器

（1）用途

螺旋减振器通过与线缆的撞击来消散振动能量，进而达到消除或降低线缆运行时在层流风的作用下产生的振动，保护线缆及金具。

（2）特点

螺旋减振器是一种冲击型减振器，对小直径的配电线路和光纤线路的高频振动减振效果明显。

（3）配置要求

根据线路使用档距的大小及线缆年平均运行应力占其极限抗拉强度的百分数确定。

5. 防晕环

在 110kV 以上电压等级的输电线路上同杆架设 ADSS 光缆时，光缆往往处于较高的空间电位，这对光缆的安全运行产生威胁，是预绞丝金具末端电晕引起的。为此，相关人员特别设计了一种防晕环，极大地改善了预绞丝金具末端电场状况，可提高起晕电压一倍以上。

6. 光缆接头盒

（1）用途

用于光缆线路的中间连接和分支保护，可起到密封、保护安放光纤接头和储存预留光纤等的作用，使其免受外部环境因素的影响。

（2）特点

① 适用范围广：适用于骨架式、层绞式、束管式铠装和非铠装光缆，使用灵活。

② 密封性能好：产品采用优质硅橡胶密封圈密封。在缆孔口处再用密封热缩管或自黏胶带密封。

③ 耐候性强：采用进口高强度优质铝合金材料，并添加抗老化剂，耐高低温，抗老化性能好，使用寿命长。

④ 机械强度高：具有良好的抗震、抗拉、抗压、抗冲击性、抗弯曲、抗扭转性能，坚固耐用。

⑤ 结构合理：光纤盘绕托盘，采用活页转动式，可根据需要任意翻动，施工维护方便，光纤盘绕无附加衰耗，曲率半径 $\geqslant$ 40mm。

⑥ 有接地装置。

（3）ADSS 接头盒的规格型号及参数

① 温度性能：-40℃～ +60℃。

② 抗电强度：15kV 直流，2min 不击穿。

③ 抗震性能：10^6 次。

④ 密封性能：100kPa，72h，压力不变。

⑤ 长度为 500mm，外径为 200mm，内径为 180mm。

⑥ 最大光缆外径为 22mm，最大接头芯数为 144 芯。

ADSS 光缆接头盒如图 5.44 所示。

图 5.44　ADSS 光缆接头盒

（4）配置要求

① ADSS 光缆芯数。

② 几进几出及对应缆径。

③ 分杆用和塔用两种，如果为杆用，则需要提供杆径。

7. 余缆架

（1）用途

用于安放光缆接续时的富余光缆，一般每设一个接头盒，都配一个余缆架。

（2）配置要求

分杆用和塔用两种，如果为杆用，则需要提供使用杆径。

8. 引下线夹

在光缆线路的终端及接续杆塔处，光缆被引下线夹固定在杆塔上，不让其晃动，避免光缆磨损，一般每隔 1.5m 装一只。引下线夹装置如图 5.45 所示。

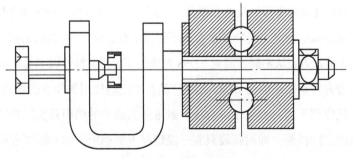

图 5.45　引下线夹装置

9. 光缆终端盒

（1）用途

适用于光缆终端，实现光缆与尾纤的连接，并起到保护接头的作用。

（2）特点

① 盒体采用优质冷轧钢板，表面静电喷塑，美观耐用，机械性能好。

② 盒体有独立的接地装置和叠加式结构的熔纤盘，使光缆的接地、光纤的配置更灵活、方便和安全。

③ 光缆终端盒有 1～4 个进口，最大可容纳的光缆芯数为 2～120 芯。

（3）规格型号参数

① 环境温度：–40℃～+60℃。

② 抗侧压力：500N。

③ 抗冲击力：750N。

④ 附加衰耗：光纤在收容盘内无附加衰耗。

⑤ 使用期限：20 年以上。

（4）配置要求

确定光缆芯数及进口数。

10. 紧固夹具

紧固夹具主要有塔用耐张紧固夹具、塔用直线紧固夹具、杆用紧固夹具，主要用于金具的杆塔固定。

5.5.4 弧垂张力表

弧垂张力表是反映 ADSS 光缆空气动力性能的重要数据资料，完整地了解并正确地运用这些资料是提高工程质量的必要条件。厂家通常可提供 3 种恒定条件下的弧垂张力表，即安装弧垂恒定（安装弧垂为档距的固定百分比）、安装张力恒定及负荷张力恒定。此 3 类张力表从不同方面对 ADSS 光缆的弧垂张力性能做了具体的描述。

弧垂张力表只是用来说明 ADSS 光缆产品在给定的使用条件下的弧垂张力特性，与实际的工程应用不同，必须予以重视。弧垂张力表中的档距是实际档距，准确地说是孤立档的实际档距，即耐张段只有一段情况下的档距。在实际工程中，我们应先求出该耐张段的代表档距，再从弧垂张力表中查出与该代表档距数值相同或相近的那一档所对应的弧垂和张力数据。此时的弧垂一般为复合弧垂，通过风偏角，求出水平弧垂和垂直弧垂，然后从弧垂、张力、档距的理论值基础上，计算出实际的数据。在控制条件中，风荷控制与 ADSS 光缆的机械性能有关，通常出现在 600m 以上的大档距、30m/s 以上大风的情况下，ADSS 光缆的重量轻于导线，它的风偏角大于导线的风偏角，较易伸长。这就有可能造成在大风中 ADSS 光缆与导线相碰。

虽然设计计算较为复杂，但在小档距的情况下，若代表档距小于 100m 时，取架线弧垂为 0.5m，代表档距在 100～120m，架线弧垂为 0.7m，ADSS 光缆的弧垂最低点不应低于导线弧垂最低点。实际施工中，常选择耐张杆的连续档中的中间档或接近中间档的较大档距、悬点高差较小者作为观测档。档数在 7～15 时，则应在两端分别选 2 个观测档，可用等长法和异长法观测弧垂，也可用张力测量法观测弧垂。

5.5.5　光缆线路施工

1. 施工基本要求

① ADSS 光缆的施工通常是在带电的线路杆塔上进行的，施工中必须使用绝缘无极绳索、绝缘安全带、绝缘工具，风力应不大于 5 级，必须保持与不同电压等级线路的安全距离，即 35kV 大于 1.0m、110kV 大于 1.5m、220kV 大于 3.0m 的安全距离。

② 由于光纤纤芯极易脆断，施工中张力和侧压力不能过大。

③ 施工中光缆不能与地面、房屋、杆塔、缆盘边沿等其他物体发生摩擦和碰撞。

④ 光缆的弯曲是有限的，一般运行的弯曲半径 $\geq D$，D 为光缆的直径，施工时弯曲半径 $\geq 30D$。

⑤ 光缆受到扭曲将损坏，严禁纵向扭曲。

⑥ 光缆纤芯受潮和进水易断裂，施工时光缆端部必须用防水胶带密封。

⑦ 光缆的外径是与代表档距相配套的，施工中不得随意调盘，同时金具又与光缆外径相对应，也严禁乱用。

⑧ 每盘光缆施工完成后，会预留有足够长的余缆，以便在杆塔处悬挂和熔接，在机房内成端。

⑨ 施工前对安装所需要的金具型号、数量进行清点，若与设计要求的不符，应立即与设计单位和厂家联系，及时解决。

⑩ 对光缆的外观检查，其中，包括配盘长度是否与设计要求一致，并且每盘光

缆要进行单盘检验。

2. 施工注意事项

① 收到缆盘，检查外观有无损伤，然后要清除卷筒边的钉子和毛刺，以免在放缆时刮伤光缆。

② 牵引光缆滑轮轮槽应可以通过防扭器，槽口宽约为 40mm。

③ 在上拔的杆塔上要装上升滑车或控制滑车。

④ 放牵引绳时要巡查线路牵放情况，引绳升空时取下挂上的杂物，处理牵绳跳槽、滑车不转等故障。

⑤ 光缆在牵放时，禁止在地上拖拉光缆，禁止拧绞光缆，在过路口时光缆要设跨越装置，避免被车辆碾压或行人践踏。

⑥ 正常地形牵引光缆时，对地距离不低于 5m；过跨越架顶的净空距离不宜小于 1m；牵引端头过滑轮时其驰度跳动幅度不超过 2m。对地距离不够必须采取较大张力放线时，我们要采取牵引过载保安定值装置来控制牵引光缆，达到过载保安定值时要停止牵引，防止过度拉伸光缆。

⑦ 光缆牵引速度不能过快，控制在 2km/h 之内。缆盘上光缆还剩 6 圈时停止牵引，防止跑线事故发生。

⑧ 光缆上安装的固定螺栓一定要牢固，在螺杆尾端打毛或涂白铅油，防止因风振而松脱。

⑨ 牵引场地一般设在上扬塔位、大转度塔和耐张段中均为直线塔的地方，牵引场地一般为长 × 宽 =35m×25m，牵引坡度最好大于 15°，以 1:4 坡度为宜，换位塔，呼称高 36m 以上加高塔不宜作牵引场地。

⑩ 大转角、急转弯或者缆盘太破旧时，展放光缆必须采用"∞"字倒缆法。"∞"字倒缆法的特点是倒出的光缆没有扭曲力。此方法分为"∞"字平铺法和"∞"字叠放法，"∞"字平铺法用在施工场地较为开阔的地带，用机械牵引也不易发生缠线事故。"∞"字叠放法用在场地较小的场景，一般每千米分 6 ~ 7 堆叠放，捆扎好易搬动。

⑪ 禁止使用没有经过专业工程师批准的施工方法。

⑫ ADSS 光缆在跨越 110kV 线路及公路、铁道施工时，紧线观察驰度以及安装跨越段耐张金具等工作必须当天完成，不得让光缆过夜。

⑬ 上拔杆安装压线滑车处应留专人看管，上拔现象消失，要迅速拆除压线滑车，

以免滑车倒下挂伤光缆。

3. 施工安全管理

① 凡在坠落高度基准 2m 及以上的地点进行工作都应视为高处作业。高处作业应遵照电业安全工作规程的有关规定执行。

② 参加高处作业的人员应进行身体检查。患有不宜从事高处作业病症的人员不得参加高处作业。

③ 在没有脚手架或者在没有遮拦的脚手架上工作，高度超过 1.5m 时，必须使用合格的安全带（绳）且必须拴在牢固的构件上，并不得低挂高用。

④ 高处作业所用的工具和材料应放在工具袋内或用绳索绑牢，上下传递物件应用绳索吊送，严禁抛掷。

⑤ 高处作业人员在转移作业位置时不得失去保护，手持的构件必须牢固。

⑥ 在 6 级及以上的大风及暴雨、打雷、大雾等恶劣天气下，相关人员应停止露天高处作业。

⑦ 在带电体附近进行高处作业时，不同情况下有不同的安全隔距。

人员、工具及材料与设备带电部分的安全距离见表 5.29。

表 5.29　人员、工具及材料与设备带电部分的安全距离

电压等级 /kV	非作业安全距离 /m	作业安全距离 /m
10 及以下	0.7	0.7（0.35）
20、35	1.0	1.0（0.6）
66、110	1.5	1.5
220	3.0	3.0
500	5.0	5.0
±50 及以下	1.5	1.5
±500	6.0	6.8
±800	9.3	10.1

注：1. 表中未列电压等级按高一挡电压等级安全距离。

　　2. 13.8kV 执行 10kV 的安全距离。

　　3. 750kV 数据按海拔 2000m 校正，其他等级数据按海拔 1000m 校正。

邻近或交叉其他电力线作业的安全距离见表 5.30。

表 5.30　邻近或交叉其他电力线作业的安全距离

电压等级 /kV	安全距离 /m	电压等级 /kV	安全距离 /m
交流			
10 及以下	1.0	330	5.0
20、35	2.5	500	6.0
66、110	3.0	750	9.0
220	4.0	1000	10.5
直流			
±400	8.2	±660	10.0
±500	7.0	±800	11.1

注：±400kV 数据按海拔 3000m 校正；750kV 数据按海拔 2000m 校正；其他电压等级数据按海拔 1000m 校正。

邻近或交叉其他电力线路工作的安全距离见表 5.31。

表 5.31　邻近或交叉其他电力线路工作的安全距离

电压等级 /kV	10 及以下	20、35	66、110	220	500	±50	±500	±660	±800
安全距离 /m	1	2.5	3	4	6	3	7.8	10	11.1

注：1. 表中未列电压等级按高一挡电压等级安全距离。
　　2. 表中数据按海拔 1000m 校正。

在带电线路杆塔上作业与带电导线最小安全距离见表 5.32。

表 5.32　在带电线路杆塔上作业与带电导线最小安全距离

电压等级 /kV	安全距离 /m	电压等级 /kV	安全距离 /m
交流			
10 及以下	0.7	330	4
20、35	1	500	5
66、110	1.5	750	8
220	3	1000	9.5
直流			
±400	7.2	±660	9
±500	6.8	±800	10.1

注：±400kV 数据按海拔 3000m 校正；750kV 数据按海拔 2000m 校正；其他电压等级数据按海拔 1000m 校正。

5.6　高速公路管道光缆敷设安装

5.6.1　前期准备工作

1. 高速公路管道光缆业务流程

① 管道租赁意向：需求方发函至当地交通主管部门。

② 商务洽谈：双方洽谈内容包括具体业务类型、施工起止时间、费用标准、付款方式、双方权利业务等。

③ 租用线路现场踏勘：商务洽谈达成合作共识后，双方组织相关人员进行现场勘察，租赁起止点。

④ 合同审批签订：根据商务洽谈内容及谈判结果拟定商业合同，经双方确认无异议后，按照相关规定执行合同审批签订。

⑤ 协调部门：根据具体施工段落，对所管辖高速各路段路产公司、路政、交警等部门提出施工申请并提交施工方案。

2. 高速公路管道光缆涉路施工审批

在高速公路管道光缆施工时，相关部门需要向高速路产公司、路政及交警大队审批、报备的材料如下。

① 高速公路施工申请报审表。

② 高速公路交通实业出具的介绍信。

③ 高速公路路产公司出具的授权委托书。

④ 施工交通组织管理征求意见函。意见函中的内容有施工道路的地点、时间、施工内容、采取的交通引导管控情况、绕行情况、所需交通组织需求等。

⑤ 路政大队出具的《路政管理许可证》。

⑥ 施工单位的组织机构代码证书。

⑦ 施工单位与路产公司（业主）签订的租赁管道合同。

⑧ 施工方案，包括施工安全保障方案和施工现场防护图。

⑨ 施工进度表（时间、施工位置、简要工作介绍）。

⑩ 施工现场指挥员、安全员、负责人、带队人员信息（电话、身份证号码、职责）。

⑪ 安全员资格证明复印件。

⑫ 施工进场车辆明细及驾驶证、行驶证、车辆保险复印件（有效期内）。

⑬ 施工现场按《道路交通标志和标线》设置并制订彩色示意，提供防护装置及标志、标牌的目录及实物照片。

⑭ 由管辖的高速公路路政大队负责人、交警大队负责人以及相关专业人员实地勘察后，共同签注意见或盖章的交通影响评价报告——《涉路施工交通安全评价表》。

⑮ 辖区高速公安交警大队所制定的施工期间交通组织方案（包括施工路段应急处置方案、绕行线路图）。

3. 路由复测

① 核定光缆路由走向、敷设方式、环境条件以及中继站站址。

② 丈量、核定中继段间的地面距离，管道路由并测出各人（手）孔间的距离。

③ 核定穿越铁道、公路、河流、水渠以及其他障碍物的技术措施及地段。

④ 核定"三防"（防机械损伤、防雷、防强电）地段的长度、措施及实施可能性。

⑤ 注意观察地形地貌，初步确定接头位置的环境条件，为光缆配盘、光缆分屯及敷设提供必要的数据资料。

4. 单盘检验

（1）检查资料

到达测试现场后，应首先检查光缆出厂质量合格证，并检查厂方提供的单盘测试资料是否齐全，其内容包括光缆的型号、芯数、长度、端别、结构剖面图及光纤的纤序、衰减系数、折射率等，看它们是否符合订货合同的规定要求。

（2）外观检查

主要检查光缆盘包装在运输过程中是否损坏，然后开盘检查光缆的外皮有无损伤，缆皮上打印的字迹是否清晰、耐磨，光缆端头封装是否完好，对存在的问题，应做好详细记录，在光缆指标测试时，应做重点检验。

（3）核对端别

从外端头开剥光缆约 30cm，根据光纤束（或光纤带）的色谱判断光缆的外端端别，并与厂方提供的资料相对照，检查是否有误，然后在光缆盘的侧面标明光缆的 A、B 端，以方便光缆布放。

（4）光纤检查

开剥光纤松套管约 20cm，清洁光纤，核对光纤芯数和色谱是否有误，并确定光纤的纤序。

（5）技术指标测试

用活动连接器把被测光纤与测试尾纤相连，然后用 OTDR 测试光纤的长度、平均损耗，并与光纤的出厂测试指标相对照，检查是否有误，同时应查看光纤的后向散射曲线上是否有衰减台阶和反射峰。整条光缆里只要有一根光纤出现断纤、衰减严重超标、明显的衰减台阶或反射峰（不包括光纤尾端的反射峰），就应被视为不合格产品。

（6）电特性检查

如果光缆内有用于远供或监测的金属线对，应测试金属线对的电特性指标是否符合国家规定的标准。

（7）防水性能检查

测试光缆的金属护套、金属加强件等对地绝缘电阻是否符合出厂标准。

（8）恢复包装

测试完成后，把光端端头剪齐，用热可缩管对端头进行密封处理，然后把拉出的光缆缠绕在缆盘上并固定在光缆盘内，同时恢复光缆盘包装。

5.6.2　施工安全要求

① 在高速公路进行施工作业前，相关人员应将施工作业方案报备高速公路管理部门，经批准后方可上路作业。

② 根据高速公路 GB 5768—2017《道路交通标志和标线标准》的要求，在高速公路车道作业时，制订如图 5.46 所示的标志设置方法。施工路段交通控制区由警告区（S）、上游过渡区（Ls）、缓冲区（H）、作业区（G）、下游过渡区（Lx）及终止区（Z）组成。

A. 警告区长度为 1000m，在高速公路来车方向设置"前方 1km"反光标志警示牌。自来车方向至车辆行进方向依次设置"前方 1km 施工""车道数变少""限速 80""限速 60"的标志警示牌。

B. 上游过渡区：长度为 240m，设置摇旗机器人、线形诱导标。

C. 缓冲区：长度为 80m，设置"施工长度 1000m""限速 60"的标志警示牌。

D. 作业区：长度为 1000m，在离实际工作区 1m 处设置路栏标志警示牌。

E. 下游过渡区：长度为 30m，末端设置"施工结束"的标志警示牌。

F. 终止区：长度为 30m，设置"限速 100"标志警示牌。

G. 在顺车流方向沿行车道分割标线摆放锥形标（不低于90cm、4.5kg），间距4m，所有施工安全防护设施包括标志、标牌、锥形标、金属横障、警示灯具、防撞桶、爆闪灯等已准备充分，以备受损失后能及时恢复。

③ 施工安全警示标志应按规定摆放，并根据施工作业点"滚动前移"，收工时，安全警示标志的回收顺序应与摆放顺序相反，安全警示标志的摆放、回收及看守应由专人负责。

④ 施工人员不得随意进入非作业区，进入施工现场时，应穿戴专用的交通警示服装。

⑤ 施工人员应在规定的时间内作业，不得拖延收工时间。

⑥ 夜间、雨、雪、大雾、交通管制、重大节假日期间，一律不上路施工。

⑦ 所有的施工机具、材料应放置在施工作业区内。

⑧ 施工作业完成后撤离时，车辆在作业区里等待，施工人员需把下游过渡区跟终止区的标志牌装到车上，然后车辆开始倒车（车后有人指挥）按顺序依次收好标志牌跟锥桶放到车上，车辆进入上游过渡区后，在后方没有来车的情况下驶入应急车道，然后施工人员把剩余锥桶及标牌按顺序装到车上，再进行下一段施工。

⑨ 施工人员每日需根据路政和交警大队要求，按时进行道路警示标志的设置和清除工作。

施工安全措施示意如图5.46所示。

5.6.3　试通管道

1. 管孔摸底

① 按设计确定管道路由的占用管孔，检验其是否空闲及进口、出口的状态。

② 按光缆配盘图核对接头安装位置及所处地貌，并观察是否合理。

2. 管孔试通方法

制作穿管孔用竹片，一般竹片数量为连接后的总长度不少于200m，目前，多数用低压聚乙烯塑料穿管（孔）器代替竹片。

3. 制作管孔清洗工具

对于新管路以及淤泥较多的陈旧管道，采用传统的管孔清洗工具比较有效，管孔也可用直径合适的圆木试通，目前，管孔内绝大多数用塑料子管布放光缆，因此，圆木的直径按布放的塑料子管直径考虑，注意在工具制作时，各相关物件应牢固，以避免中途脱落或折断给洗管工作带来麻烦。

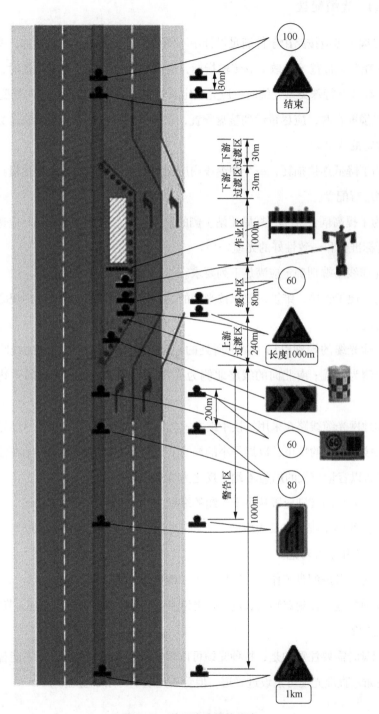

图 5.46　施工安全措施示意

5.6.4 光缆配盘

① 光缆配盘应按路由条件满足设计中不同程式、规格的光缆，例如，配盘总长度、总损耗及总带宽（色散）等传输指标，应满足规定要求。光缆配盘时，中继段内若有水线或有特殊类型光缆时，应先确定其位置，然后从特殊光缆两端配光缆。

② 光缆配盘时，应尽量做到整盘配置，以减少接头数量，一般接头总数不应突破设计规定的数量。

③ 为了降低连接损耗，一个中继段内应配置同一厂家的光缆，并尽量按出厂盘号的顺序进行配盘。

④ 为了提高耦合效率，靠局（站）侧的单盘长度一般不少于 1km，应选择光纤参数接近标准值和一致性好的光缆。

⑤ 光缆线路端别确定应满足下列要求。

A.为了便于连接、维护，要求按光缆的端别、顺序配置，除特殊情况之外，一般不得倒盘。

B.长途光缆的端别以局（站）所处的地理位置来确定，东西向的线路东侧为 A 端，西侧为 B 端；南北向的线路北侧为 A 端，南侧为 B 端；中间局（站）顺应上述规定。

C.本地网光缆线路在采用汇接中继方式的城市，以汇接局为 A 端，分局为 B 端；在两个汇接局之间的城市，以局号小的局为 A 端，局号大的局为 B 端；在没有汇接局的城市，以容量较大的局为 A 端，反之为 B 端。

D.分支光缆的端别应服从主干光缆的端别。

⑥ 长途线路工程，以及大中城市的局间中继、专用网工程的光缆配盘，光纤应对应相接，不作配纤考虑。

⑦ 应统一考虑配盘工作，一般以一个中继段为配置单元。

⑧ 光缆配盘应按规定预留长度，以避免浪费，单盘长度选配应合理，节约光缆，降低工程造价。

⑨ 配盘时需要注意的是，特种光缆可以替代普通光缆，普通光缆不能替代特种光缆，例如，直埋光缆可敷设进管道，但管道光缆不得用于直埋。

5.6.5　敷设子管

① 在管道的一个管孔内应布放多根塑料子管，每根子管中穿放一条光缆。在孔径为 90mm 的管孔内，应一次性敷设 3 根或 3 根以上的子管。

② 子管不得跨人（手）孔敷设，子管在管道内不得有接头，子管内应穿放光缆牵引绳。

③ 子管在人（手）孔内伸出的长度应符合设计或验收规范的要求，GB 51171—2016《通信线路工程验收规范》规定：子管在人（手）孔内伸出的长度一般为 200 ～ 400mm。

④ 子管在人（手）孔内应用子管堵头固定，本期工程已使用的子管应封堵子管口，空余子管应用子管塞子封堵。

5.6.6　敷设管道光缆

敷设管道光缆时，应在管道进口、出口处采取保护措施，避免损伤光缆外护层。

管道光缆在人（手）孔内应紧靠人（手）孔的孔壁，并按要求予以固定（用尼龙扎带绑在托架上，或用卡固法固定在孔壁上），光缆在人（手）孔内子管外的部分，应使用波纹塑料软管保护，并予以固定，人（手）孔内的光缆应排列整齐。

光缆接头盒在人（手）孔内，宜安装在常年积水的水位线以上的位置，并采用托架保护或按设计要求固定。

光缆接头处两侧光缆预留的重叠长度应符合设计要求，接续完成后的光缆余长应按设计要求，盘放并固定在人（手）孔内。

光缆和接头在人（手）孔内的排列规则如下。

① 光缆应在托板或孔壁上排列整齐，上下不得重叠相压，不得互相交叉或从人（手）孔中间直穿。

② 光缆接头应平直安放在托架中间。

③ 在人（手）孔内，光缆接头距离两侧管道出口处的长度不应小于 400mm。

④ 在人（手）孔内，接头不应放在管道进口处的上方或下方，接头和光缆都不应阻挡空闲管孔，避免影响敷设新的光缆。

⑤ 人（手）孔内的光缆应有醒目的识别标识或标志牌。

5.6.7 气吹法敷设光缆要求

① 吹缆时，非设备操作人员应远离吹缆设备和人孔，作业人员不得站在光缆张力方向的区域，在出缆的末端，作业人员应站在气流方向的侧面，防止被硅芯管内的高压气流和砂石溅伤。

② 在加压前应拧紧吹缆液压设备所有接头，设备启动后，值机人员不得远离设备并随时检查空压机的压力表、温度表、减压阀，空气压力不得超过硅芯管所允许承受的压力范围。

③ 不得将吹缆设备放在高低不平的地面上，操作人员应配有防护镜、耳套（耳塞）等劳动防护用品，手臂应远离吹缆机的驱动部位。

④ 在液压动力机附近不得使用可燃性的液体、气体。

⑤ 当汽油等异味较浓时，应检查燃料是否溢出和泄漏，必要时应停机。检查机械部分的泄漏时，应使用卡纸板，不得用手直接触摸检查。

⑥ 如果遇到硅芯管道障碍需要修复时，应停止吹缆作业，待修复完毕后方可恢复吹缆作业，不得在没有指令的情况下擅自"试吹"。

⑦ 输气软管应连接牢固，当出现软管老化、破损等现象时应及时更换。

⑧ 不得在非气流敷设专用管内吹缆。

5.6.8 光缆接续要求

① 接续前重新核对 A 向、B 向光缆是否有误，准确记录接头盒处 A 向、B 向光缆的余留长度及尺码值等。

② 光纤接续严禁用刀片去除一次涂层或用火焰法制作端面。

③ 填充型光缆，接续时应采用专用清洁剂去除填充物，严禁用汽油清洁。

④ 光纤接续采用熔接法，并按相同松套管，相同纤序对接。

⑤ 在接头盒内，每侧光缆的余留光纤和松套管应不小于 0.8m，余留光纤应有醒目编号，按 #1 ～ #12，#13 ～ #24 顺序盘放在自下而上编号的相应容纤盘内，光纤接头应嵌入容纤盘的槽内，并固定牢靠，盘留光纤的曲率半径应大于 37.5mm，对光纤不产生附加衰减，接头盒内须放入接头卡片，应填写接头编号、日期、接续、监测、质检、封装人等信息。

⑥ 监测内容：接头损耗 1550nm 及 1310nm 双向值，单盘光纤的长度，记录测试方向，例如，时间、地点、人员等。

⑦ 监测方法：采用 OTDR 双向平均法监测，当测试距离增长，一方向的测试精度变差时，应及时调整测试参数，重新环回，分段测试。

⑧ 指标控制：接头损耗指标为中继段任一光纤的所有接头的平均值不大于 0.08dB。

5.6.9　中继段测试

① 中继段光纤线路衰减系数（dB/km）及传输长度的测试：在完成光缆成端和外部光缆接续后，应采用 OTDR 测试仪在 ODF 架上测量，光纤衰减系数应取双向测量的平均值。

② 光纤通道总衰减：光纤通道总衰减包括光纤线路自身损耗、光纤接头损耗和两端连接器的插入损耗 3 个部分，测试时应使用稳定的光源和光功率计经过连接器测量，可取光纤通道任一方向的总衰减。

③ 光纤后向散射曲线（光纤轴向衰减系数的均匀性）：在光纤成端接续和室外光缆接续全部完成、路面所有动土项目均已完工的前提下，用 OTDR 测试仪进行测试，光纤后向散射曲线应有良好线形且无明显台阶，接头部位应无异常。

④ 单模光纤中偏振模色散（Polarization Mode Dispersion，PMD）测试：按设计要求测量中继段的 PMD 值。

⑤ 光缆对地绝缘测试：光缆对地绝缘测试应在直埋段光缆接头监测标石引出线测量金属护层的对地绝缘，其指标为 10MΩ·km，其中，允许 10% 的单盘不小于 2MΩ·km，测量时一般使用高阻计，若测试值较低时应采用 500 伏兆欧表测量。

5.7　路面微槽光缆敷设安装

路面微槽光缆是针对城市通信线路资源匮乏以及工程建设困难时而特殊设计的一种创新的光缆线路施工技术。路面微槽光缆采用嵌入的方式直接将光缆敷设于人行道、车行道或停车场内，即采用开槽的方式在路面开一条微槽道，先在槽道内填充保护条，将光缆放入，光缆上方用一种塑料夹具保护起来，根据需要加入塑料隔离物，然后将热沥青填入，修复路面。该技术可作为其他敷设方式无法满足线路安装需求时的补充手段。

5.7.1 路由选择

路面微槽光缆线路路由，应选在社区、厂区、民用或商用建筑群内部道路，应符合相关部门对内部道路管理要求及规定，并应满足以下要求。

① 光缆路由短捷安全，施工维护方便。

② 应选择绿化带、人行道。

③ 应选择地下、地上障碍物少的道路。

④ 应避开有可能开挖的道路。

⑤ 应选择施工时对小区内部车辆及人的通行、停车等影响较小的道路。

路面微槽光缆不适用在国家公路、城市快速干道、市政主干道路和地下管线比较复杂的道路，以及基本烈度大于 8° 的地震区。

应尽量避开环境条件复杂与道路条件不稳定的地区，避开在今后可能建造房屋以及经常要开挖的地方，还应避开快车道有载重车通行的道路，尽量将路由建设在非机动车道或慢车道路面上。

路面微槽光缆与水管、燃气管、热力管、高压电力电缆平行敷设时，不得敷设在这些管线的顶部，应保持一定的水平距离，以防其他管线维修时损坏光缆。

一条光缆路由上具有多种路面结构时，应采取以下敷设方式。

① 在沥青路面或混凝土路面，光缆应敷设在路面层内，槽道总深度不大于路面层厚度的 2/3，以不破坏道路的路面结构为原则，可通过钻孔试验或其他合适的勘测方法分析路面厚度。

② 路面微槽光缆敷设在人行道上时，由于人行道的"有停车人行道"和"无停车人行道"路面层设计不同，混凝土路面砖厚度通常在 6（无停车）～ 10cm（有停车），无停车人行道下有 M10 水泥砂浆 3cm 厚水泥层，再下一层是路基层，材料分水泥稳定类（路基厚度 15cm）、工业废渣类（路基厚度 18cm）和石灰稳定类（路基厚度 20cm）3 种，密实度为 93%；有停车人行道路面砖下基础为 10cm 左右的混凝土基础，因此，在设计敷设路面微槽光缆时，根据实地路面的情况，确定开槽的深度和宽度，沟槽应开在混凝土路面砖下的路基上，非混凝土基础的人行道应用 ϕ18mm 的 PE 管保护。

③ 路面微槽光缆敷设在彩砖人行道上时，应在彩砖下的基础层开槽敷设，彩

砖人行道通常有 3 层基础：第一层水泥砂浆厚度为 3cm，第二层水泥稳定类厚度为 28cm，第三层石灰稳定类厚度为 15cm，光缆敷设在第一层，用 ϕ18mm 的 PE 管保护，当第一层采用厚度为 10cm 左右的混凝土时，可采用开槽方式，光缆不需要保护管。

④ 路面微槽光缆敷设在空芯砖绿化停车坪内时，需要用 ϕ25mm 壁厚 2.0mm 的钢管保护，在绿化带内敷设时，可采用 ϕ25mm 的 PE 保护管。

⑤ 路面微槽光缆遇到立缘石、平缘石时，由于立缘石的高度为 30 ～ 40cm，厚度为 12cm，平缘石的厚度为 10 ～ 12cm，因此，采用 ϕ18mm 的 PE 保护管在其下方穿越，也可以采用切割开槽的方式，根据现场实际情况由设计人员确定。

5.7.2　路面沟槽深度和宽度设计

（1）水泥或沥青道路路面

① 沟槽宽度应根据光缆的直径确定，取光缆直径的 1.5 倍。

② 沟槽的深度，必须确保光缆顶部距路面不小于 80mm，沟槽深度与光缆的直径有关，但槽道的总深度不得小于 110mm，沟槽总深度 $= 5D + 80$mm（其中，D 为光缆的外径）。

（2）光缆敷设

光缆敷设需改变方向，或在弯曲道路上敷设时，光缆沟槽一般采用路面开槽机进行一次性切割，沟槽的转角角度应保证满足光缆在敷设后的最小曲率半径。弧形拐角切割方式如图 5.47 所示。

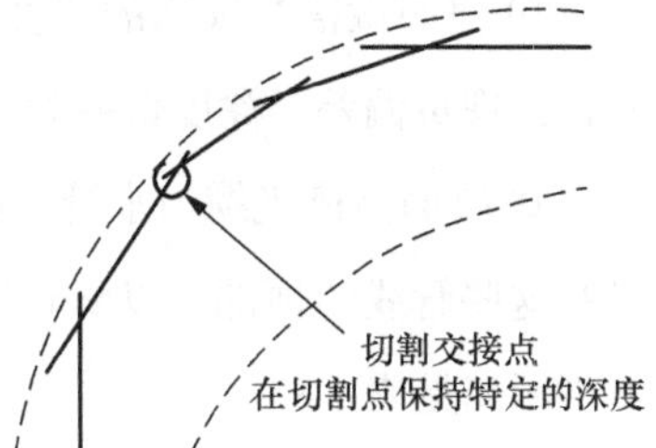

（3）槽道设置

人行道上开槽道，应在人行道的路面砖下面的基础层进行，槽道的宽度为 30mm，深度不小于 150mm（含路面砖厚度）。

切割交接点
在切割点保持特定的深度

图 5.47　弧形拐角切割方式

（4）沟槽设置

有停车人行道或彩砖人行道的基础是混凝土时，沟槽宽度按照路面沟槽要求开槽，沟槽总深度 $= 5D + 30$mm（其中，D 为光缆的外径），光缆顶部可以不设缓冲条。

（5）绿化带设置

绿化带内开沟槽，沟槽的宽度为 50 ～ 100mm，深度不小于 300mm。

5.7.3 路面微槽施工

1. 划线定位

① 路面开槽前，应根据设计文件及相关部门同意的位置进行施工，施工前对地面障碍物进行现场清理。

② 按照设计文件确定光缆路由，根据沟槽的设计深度，对路面的厚度进行实地取样，可以通过钻孔（ϕ10mm 钻头）或其他方式取样，取样点数量根据路面情况，由施工人员确定，槽道总深度应不大于沥青或混凝土路面层厚度的 2/3，若不能满足，应更改设计路由。

③ 人行道取样可在两块路面砖的缝隙之间，路面砖下的混凝土厚度能满足要求时，可采用槽道方式敷设光缆，如不能满足要求，应采取开挖沟槽的方式，此时光缆应套保护管。

④ 施工前，必须根据设计图纸和现场交底的控制点，对光缆路由上的沟槽位置、人（手）孔位置、光缆的转弯点、光缆引上点等位置进行复测，并进行精确划线定位，平面复测沟槽中心线允许偏差不得超过 ±10mm，手孔中心位置允许偏差不得超过 100mm，同时利用地面永久参照物在图上标明具体位置。

⑤ 路面微槽光缆沟的宽度和深度应符合设计规定，沟槽宽度偏差为 0 ～ 5mm，不得出现负偏差，深度偏差为 ±5mm。

⑥ 路面微槽光缆与水管、燃气管、热力管、高压电力电缆平行敷设时，不得敷设在这些管线的顶部，以防其他管线维修时损坏光缆，微槽光缆与其他地下管线的水平距离见表 5.33。

表 5.33　微槽光缆与其他地下管线的水平距离

其他地下管线		水平距离 /m
给水管	$d \leqslant 300mm$	0.5
	$300mm < d \leqslant 500mm$	1.0
	$d < 500mm$	1.5
燃气管	压力 $\leqslant 300Pa$	1.0
	$300kPa <$ 压力 $\leqslant 800kPa$	2.0
电力电缆	$\geqslant 35kV$	0.5

其他地下管线		水平距离 /m
电力电缆	＞ 35kV	2.0
热力管		1.0
污水、排水管		1.0

2. 开槽施工要求

① 光缆沟槽应切割平直，切割宽度应满足设计要求，一般不得将路面切割透，当在不同的路面层采用不同沟深标准时，应保证在两沟交接处的沟底平滑过渡，但距离较短时，光缆沟槽的深度宜保持一致。

② 光缆沟槽的开挖有 3 种方式：第一种为直接利用专用的路面开槽机开挖，沟槽可以一次成型，沟底平整；第二种是利用单片路面切割机开挖，由于刀片厚度仅为 3 ～ 5mm，需两次切割才能使沟槽成型，中间部分需人工开凿；第三种利用多片组合刀片开挖，沟槽的宽度由组合刀片确定。

③ 在沥青或混凝土路面上开直线沟槽，先划线定位，施工时应按照设计要求开槽，沟槽宽度取光缆外径的 1.5 倍，深度取光缆直径的 5 倍与 80mm 之和，切割深度不超过路面层的 2/3，不得将路面层完全割断。

采用组合刀片路面切割机时，组合刀片厚度应满足沟槽宽度要求，切割时注意刀片的冷却，按照设计要求控制好沟槽宽度和深度。

采用单刀片路面切割机时，必须保持两条切割线的平行，按照设计要求的深度用人工或其他方式凿去沟槽的中间部分，必须使沟底达到平整。

④ 为了延长刀具的使用寿命，避免粉尘飞扬，通常采用水冷却方式，在满足刀具冷却要求的前提下，施工时应适度控制冷却水用量，以减少对行人通行的影响。

⑤ 在沥青或混凝土路面上开弯曲沟槽，应采用分段切割形成的折线逐步转弯的方法。交汇点切割方式如图 5.48 所示，折线处的夹角必须大于等于 120°，转折点应为圆弧过渡，使沟槽转角角度保证光缆敷设后的曲率半径符合要求。

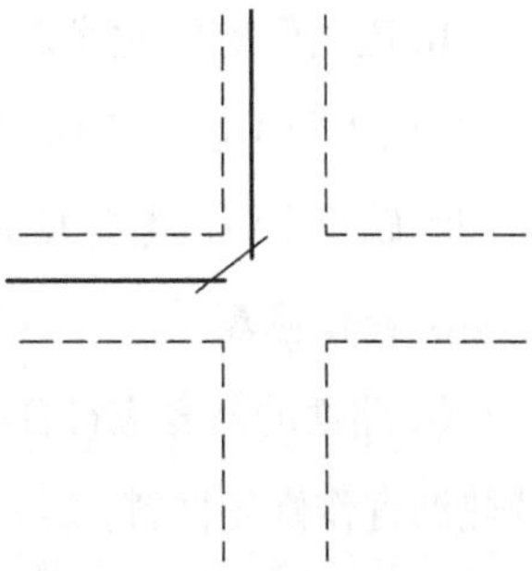

图 5.48　交汇点切割方式

⑥ 当停车人行道或彩色砖人行道的基础为混凝土，而且其混凝土厚度能满足要求时，先去掉路面砖，划线定位，采用③的方式开槽。

⑦ 无停车人行道采用开沟的方式是先去掉路面砖，划线定位，用两次平行切割的方法，用切割机在 30mm 厚的水泥砂浆层开沟槽宽度为 30 ～ 50mm，并除去中间的水泥砂浆层露出基础层，无停车人行道基础层的密实度仅为 93%，因此，使用人工开挖方式，使沟槽深度达 50 ～ 70mm，修正沟底使其平整。

⑧ 绿化带采用人工方式开挖，宽度根据土质的密实度确定，一般不小于 70 ～ 100mm，以沟槽两边的泥土不坍塌为原则，深度在 300mm 左右，沟底用人工夯实，确保平整。

⑨ 空芯砖绿化停车带采用人工开挖，根据土质松软情况确定沟槽的宽度，一般控制在 70 ～ 100mm，沟槽深为 300mm。

⑩ 沟槽在穿越沥青道路或水泥道路与人行道或绿化带交界处可用以下方式进行处理。

A. 切割开槽方法：采用在立缘石和平缘石上开与路面相同的沟槽，适用于沥青或水泥路面与人行道连接处。

道路侧无混凝土基础的人行道时：道路路面和人行道基础开槽方法不同，应在立缘石的外侧（人行道）对准沟槽凿中一个能插入 ϕ25mm 保护管的孔，深度在 30mm 左右，沟槽与保护管的连接处下部土层应填实，可用细砂或水泥砂浆作填充料。

道路侧有混凝土基础的人行道时：道路路面和人行道基础开槽方法相同，但沟槽深度不同，应注意连接处的沟槽平滑过渡。

B. 道路侧有绿化带时，在立缘石和平缘石下挖一个能穿一根 ϕ25mm 保护管的洞，弯曲半径不能小于保护管直径的 10 倍，沟槽与保护管的连接处下部土层应填实，可用细砂或水泥砂浆作填充料。

3. 路面修复

① 路面的恢复应符合社区道路或城市道路主管部门的要求，可采用冷修复材料或热沥青作修复材料。

② 当采用热沥青修复时一般应先涂刷乳化沥青黏结剂，以使沥青能良好地同沟槽黏合，然后再铺设密封沥青将沟槽填平。

③ 修复后的路面结构应满足相应路段服务功能要求，在道路使用期间，缓冲层与光缆布放空间的变形，都不会导致光缆承受超出标准规定的机械性能指标。

5.7.4　路面微槽与人（手）孔及交接箱的连接

① 用 $\phi25$mm、壁厚为 2.0mm 的钢管将路面微槽光缆引入人（手）孔，安装在上覆盖板下 400mm 处，路面沟槽到人（手）孔之间的钢管长度不宜小于 1000mm，高差的调整应平滑过渡。

② 路面微槽光缆进入落地光缆交接箱，交接箱与路面微槽之间敷设 $\phi28/32$mmPE 管，之间的距离不小于 1000mm，两端的处理方法如下。

　A. 光缆交接箱端：将 PE 管从交接箱底座预埋管穿入交接箱内。

　B. 路面微槽端：PE 管应嵌入路面微槽，连接处用水泥加固，包括管与路面的交接处底部加固。

③ 根据设计要求在做光缆分支接头手孔时，应按照设计确定的手孔位置，先征得相关部门的确认和许可，在不影响光缆敷设的情况下，手孔位置可做适当的调整，并做好安全防护措施，按照 GB/T 50374—2018《通信管道工程施工及验收标准》建造砖砌配线手孔。

5.7.5　光缆敷设

① 敷设光缆时牵引力应符合设计要求，在一般情况下不宜超 1500N，敷设后的光缆应保持自然松弛状态。

② 光缆敷设的最小弯曲半径应符合以下要求。

　A. 施工过程中光缆弯曲半径应不小于光缆外径的 20 倍。

　B. 固定后光缆弯曲半径应不小于光缆外径的 10 倍。

③ 在较大住宅区采用路面微槽光缆进行 FTTx 组网光缆需要做分支接头时，可在商务区、社区内新建手孔，宜选在对人流和车辆通行、停车等影响小的位置，宜选用砖砌配线手孔。

④ 在进入光缆交接箱的 PE 管中，单根 PE 管允许穿放多条路面微槽光缆。

⑤ 在路面微槽敷设光缆前，应先对光缆沟槽及路面进行清洁处理使沟槽满足光缆布放和修复工艺要求，沟槽内不应有碎石等物，沟底平滑，然后在沟底预置一根充

当保护层的 PE 泡沫填充条或其他合适材料。微槽光缆敷设及保护断面如图 5.49 所示。

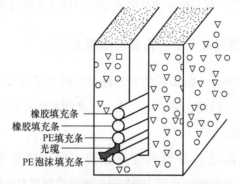

橡胶填充条
橡胶填充条
PE填充条
光缆
PE泡沫填充条

图 5.49　微槽光缆敷设及保护断面

⑥ 光缆可以采用人工或机械法敷设，在敷设过程中应逐步将光缆从缆盘上放出敷设进路面微槽中，当路由方向发生改变时，应保证满足光缆的最小弯曲半径要求。

⑦ 路面微槽敷设光缆宜整盘敷设，不应断开光缆增加接头。

⑧ 根据沟槽的深度和路面恢复材料特性的不同，需在光缆的上方放置缓冲保护材料，采用热沥青（无压）修复时，相关人员需要在光缆的上方依次放入一层 PE 泡沫填充条和一或二层用做承压层和绝热的橡胶填充条，具体如图 5.49 所示。当采用冷修复材料压实修复时，在光缆的上方需要依次放入一层或多层承压 PE 泡沫填充条和承压的橡胶填充条，在铺设过程中 PE 条和橡胶条应逐条逐次用滚轮进行压实，当路面微槽底部足够平整时，光缆可以直接放置于路面微槽底部。路面微槽光缆敷设示意如图 5.50 所示。

图 5.50　路面微槽光缆敷设示意

5.7.6　光缆引上

路面微槽光缆引上分沿墙引上和电杆引上，均应采用 $\phi 25mm$，厚 2mm 的钢管保护，墙（杆）上直管部分离地面 2.0 ～ 2.5m。

由于建筑物预埋管与槽道的高差较大，路面开挖量大，而且防水封堵困难，因此，路面微槽光缆不宜采用建筑物预埋管引入。

5.7.7　光缆防护措施

① 施工完毕后，应在路面微槽光缆路由上根据现场环境在条件许可的地方做相应的警示标记，可利用固定的标志表示光缆的位置，以防止路面开挖损坏光缆。

② 为了防止路面开挖损坏光缆，施工完毕后，将光缆路由位置以书面形式通知相关管理部门。

③ 光缆维护部门应加强线路巡查工作，确保光缆线路的安全。

5.8　硅芯塑料管道的建设要求

5.8.1　硅芯塑料管道路由和位置的确定

硅芯塑料管道路由的选择要符合以下要求。

① 应以现有的地形地物、建筑设施和建设规划为主要依据，并应充分考虑铁路、公路、水利、城建等有关部门的发展规划，铺设在路由较稳定的位置，避开地上（下）管线及障碍物较多、经常挖掘、动土的地段。

② 选择路由顺直、地势平坦、地质稳定、高差较小、土质较好、石方量较小、不易塌陷和冲刷的地段，避开地形起伏很大的山区。

③ 沿靠现有（或规划）公路等交通线敷设，并顺路取直；也可考虑在高等级公路中央分隔带下、路肩及边坡和路侧隔离栅以内建设。

④ 尽量利用已有市区通信管道，需新建管道时，应与市政规划部门相协调。

⑤ 在公路上或市区内建设塑料管道时，应征得公路或城建、规划等相关主管部门的同意。

⑥ 塑料管道路由不宜选择在地下水位高和常年积水的地区。

⑦ 应便于塑料管道、光缆的施工和维护及机械设备的运输。

硅芯塑料管道铺设的位置选择见表 5.34。

表 5.34　硅芯塑料管道铺设的位置选择

序号	铺设地段	塑料管道铺设位置
1	高等级公路	a. 中央分隔带
		b. 路肩
		c. 边坡和路侧隔离栅以内
2	一般公路	a. 定型公路：边沟、路肩、边沟与公路用地边缘之间，也可离开公路铺设，但隔距不宜超过 200m
		b. 非定型公路：离开公路，但隔距不宜超过 200m，避开公路升级、改道、取直、扩宽和路边规划的影响
3	市区街道	a. 人行道
		b. 慢车道
		c. 快车道
4	其他地段	a. 地势较平坦、地质稳固、石方量较小
		b. 便于机械设备运达

⑧ 硅芯塑料管道与其他地下管线或建筑物间的隔距应符合表 5.7 的规定。

5.8.2　硅芯塑料管

长途硅芯塑料管管道一般选用 $\phi33/40mm$ 的高密度聚乙烯硅芯管，高密度聚乙烯硅芯管的主要性能见表 5.35。

表 5.35　高密度聚乙烯硅芯管的主要性能

序号	项目	主要性能
1	原材料硬度邵氏	D61
2	耐压性	应能承受 0.5h，0.6MPa 压力
3	拉伸强度	$\geqslant 15MPa$
4	断裂延伸率	$\geqslant 350\%$
5	抗侧压强度	在 1500N/100mm 压力下，扁径不小于硅芯管外径的 70%，卸荷后检测能恢复到硅芯管外径的 90% 以上，硅芯管无裂纹
6	内壁摩擦系数	$\leqslant 0.15$
7	弯曲半径	$\phi33/40mm$ 硅芯管为 500mm

敷设的硅芯管可采用不同颜色作为分辨标记，铺设的硅芯管的具体色管编号及颜色配置可根据工程的实际情况进行配置。

5.8.3　硅芯塑料管道的建设要求

1. 管道埋深要求

硅芯塑料管道的埋深应根据铺设地段的土质和环境条件等因素确定，硅芯管道的埋深要求见表 5.36。

表 5.36　硅芯管道的埋深要求

序号	铺设地段及土质	管道顶至路面埋深 /m
1	普通土、硬土	≥ 1.0
2	半石质（砂砾土、风化石）	≥ 0.8
3	全石质、流砂	≥ 0.6
4	市郊村镇	≥ 1.0
5	市区街道	≥ 0.7（人行道）≥ 0.8（车行道）
6	穿越铁路（距路基面）、公路（距路面基底）	≥ 1.0
7	高等级公路中间隔离带及路肩	≥ 0.8
8	沟、坎、水塘	≥ 1.0
9	河流	同水底光缆埋深要求

2. 开挖管道沟要求

① 管道线路尽量取直。

② 拐弯点要成弧形，最小曲率半径应不小于 40m。

③ 按当地土质达到设计的深度。

④ 沟底要平坦，不能出现局部梗阻或余土塌方减少沟深。

3. 管道敷设要求

① 管道段长：直线段长度不大于 1000m，拐弯地段或坡度变化地段，段长可适当缩短。

② 硅芯管道采用人工铺设方式。

③ 在布放硅芯管之前，应先将两端管口严密封堵，防止水、土及其他杂物等进入管内。

④ 硅芯管在沟内应平整、顺直，在沟坎及转角处应将光缆沟操平，使之平缓过渡。

⑤ 人工抬放硅芯管时，施工人员要注意掌握硅芯管的弯曲半径，尽量不要小于 1m。

⑥ 硅芯管在沟底应松紧适度，在爬坡和转弯处更应注意，在此地段内，硅芯管应每隔 50cm 用扎带捆扎一次。

⑦ 在布放完硅芯管且经检查确认其符合质量标准后，方可回填土，回填土前应将石块等硬物捡出，先回填 100mm 厚的细砂或碎土，回填土应高出地面 100mm。

⑧ 硅芯管进人（手）孔前后 2m 处不需要捆扎。

⑨ 硅芯管在人（手）孔内开断，为保证气流敷设光缆时辅助管的连接，应将硅芯管分别固定在人（手）孔左右两内壁上，并使两硅芯管在孔内前后重叠 30cm。硅芯管应绑扎牢固，整齐美观，固定方法全程统一。

4. 硅芯管的配盘

施工单位在管道铺设前，应根据全段中各段段长综合考虑，科学配盘，不随意开断管道，减少管材浪费和管道接续。配盘时应注意每个人（手）孔段长内每一根硅芯管只能有一个接头，该段总的接头数量不得超过 3 个，而且接头间距应大于 10m，接头处应做水泥包封。

5. 硅芯管的接续

① 应采用配套的密封接头件接续，即使用工程塑料螺纹管加密封圈的装卸式机械密封连接件接续，管道的接口断面应平直、无毛刺。

② 接续过程中应防止泥沙等杂物进入硅芯管。

③ 硅芯管道和管道连接件组装后应作气闭检查，应充气 0.1MPa，并在 24h 内气压允许下降不大于 0.01MPa。

④ 同一段内 [两个人（手）孔之间] 每根硅芯管各接头应相互错开 10m。

⑤ 硅芯管道的接头位置应标在施工图上，并应增设普通标石。

6. 硅芯塑料管在人（手）孔内的安装位置

硅芯塑料管距人（手）孔上覆不应小于 300mm；距人（手）孔底不应小于 300mm；距人（手）孔侧壁不应小于 200mm；硅芯塑料管的间隔不应小于 30mm。

7. 人（手）孔建设标准

人（手）孔建设应符合设计要求或通信行业标准 YD/T 5178—2017《通信管道人孔和手孔图集》的规定。

5.8.4 长途硅芯管道的防护设计

① 硅芯塑料管道穿越铁路或主要公路时，塑料管道应采用钢管保护，或定向钻孔地下敷管，但应同时保证其他地下管线的安全，塑料管道穿越允许开挖路面的一般公路时，塑料管道可直埋敷设通过。

② 硅芯塑料管道在桥侧吊挂或新建专用桥墩支护时，硅芯塑料管道可加玻璃钢管箱带 U 形箍防护，也可采用桥侧 U 形支架承托钢管保护。

③ 硅芯塑料管道与其他地下通信光缆同沟敷设时，隔距应不小于 100mm，并且不应重叠和交叉，原有光缆的挖出部分可采用竖铺红砖保护。

④ 硅芯塑料管道与煤气、输油管道等交越时，宜采用钢管保护，垂直交越时，保护钢管长度为 10m（每侧 5m），斜交越时应适当加长。

⑤ 硅芯塑料管道穿越有疏浚、拓宽的沟、渠、水塘时，宜在塑料管道上方覆盖水泥砂浆袋或水泥盖板保护。

⑥ 硅芯塑料管道埋深不足 0.5m 时，宜采用钢管保护，也可采用上覆水泥盖板、水泥槽或铺砖保护。

⑦ 硅芯塑料管道采用钢管保护时，钢管管口应封堵。

⑧ 硅芯塑料管道的护坎保护、漫水坡保护及斜坡堵塞保护等应按照直埋光缆部分的要求执行。

⑨ 硅芯管道与其他地下通信光缆同沟敷设时，隔距应不小于 10cm，并且不应重叠和交叉。

⑩ 在石质沟底铺设硅芯管时，应在其上方和下方各铺 10cm 厚底碎石或砂土。

⑪ 硅芯管在人（手）孔内全部采用密封件密封。

⑫ 当管道穿越可以开挖的区间公路，埋深能满足要求时，可直接埋设塑料管道穿越公路；当管道穿越需疏浚或取土的沟渠、水塘时，采用在管道上 20～30cm 处铺水泥砂浆袋保护；当管道通过市郊、村镇等可能动土且危险性较大的地段时，视情况采用铺钢管或混凝土包封保护。

⑬ 当地形高差小于 0.8m 时，宜采用三七土护坎；当地形高差大于 0.8m 时，采用石砌护坎保护。

⑭ 当硅芯管埋深不足 0.5m 时，采用 $\phi 114/110mm$ 对缝钢管保护。

⑮ 防雷排流线与硅芯塑料管的垂直间隔应为 300mm，单条排流线宜位于硅芯塑料管的正上方，双条排流线之间的间隔应为 300 ～ 600mm。

5.8.5 标石

标石的设置要求详见本章 5.1.5 节的第 8 条。

5.9 光缆线路防护

5.9.1 光缆线路防强电

1. 强电对光缆线路的影响

强电线路靠近金属光缆时，会在光缆内铜线、金属加强芯、金属防潮层、金属护套等金属构件上产生感应电动势和电流，当其达到一定强度时就会损坏光缆，危及人身安全。光缆受强电影响的方面如下。

（1）短期影响

强电线路发生接地短路故障时，在光缆的金属构件上产生感应电动势，击穿绝缘介质，瞬间高温可能损伤光缆，甚至中断通信。

（2）长期影响

不对称运行的强电线路在正常工作状态下，在光缆的金属构件上产生电动势，在超过安全电压的规定值时会危及人身安全。

（3）干扰影响

不对称运行的强电线在正常工作状态下，在光缆的铜线上会产生电动势，对铜线回路（例如，区间联络，远供回路等）产生杂音、噪声等干扰，通信线路一般情况下只考虑危险影响。

2. 光电缆线路受强电线路危险影响允许标准应符合下列规定

对于无铜线的光缆线路来说，强电影响的允许值可由光缆外护层（PE 层）对绝缘强度确立。光缆 PE 层的厚度一般等于或大于 2mm，其工频绝缘强度要求等于或大于 20000V。按国际电报电话咨询委员会（Consultative Committee of International Telegraph and Telephone，CCITT）规定光缆金属护套上短期危险影响的纵电动势不超过其直流试验电压的 60%，即为 20000×60% = 12000V。光缆金属构件上长期影响的纵电动势允许值，按 CCITT《关于通信线路防止电力线路有害原则》和国家标准 GB 6830—1986《电信线路遭受强电线路危险影响的允许值》中关于人身安全的规定应为 60V。

① 强电线路故障状态时，光缆金属构件上的感应纵向电动势或地电位不应大于光缆绝缘外护层介质强度的 60%。

② 强电线路正常运行状态时，光缆金属构件上的感应纵向电动势不应大于 60V。

3. 光缆线路防强电措施

① 架空通信线路与电力输电线（除用户引入被复线外）交越时，通信线应在电力输电线下方通过并保持规定的安全隔距，且宜垂直通过，在困难情况下，其交越角度应不小于 45°。

② 架空吊线与输电线（除用户引入被复线外）交越时，通信线应在输电线下方通过并保持规定的安全隔距；交越档两侧的架空光（电）缆杆上吊线应做接地，杆上地线在离地高 2m 处断开 50mm 的放电间隙，两侧电杆上的拉线应在离地高 2m 处加装绝缘子，进行电气断开。与输电线交越部分的架空吊线应加套绝缘保护管，绝缘保护管的材质、规格、长度应符合设计要求。

③ 光缆的金属护套、金属加强芯在光缆接头盒处进行电气断开。

④ 新设吊线每隔 1km 左右进行电气断开（加装绝缘子）。

⑤ 与 380V 和 220V 裸线交越时，如果隔距不够，相应电力线需要换皮线。

⑥ 架空光缆线路（含墙壁式光缆）与电力线交越处，缆线套三线交叉保护套保护，每端最少伸出电力线外 2m（垂直距离）。

⑦ 通信管道光缆与电力电缆并行时，光缆可采用非金属加强芯或无金属构件的结构形式。

5.9.2　光缆线路防雷

1. 雷电对光缆线路的影响

金属光缆在雷电的作用下，会在其金属构件上产生感应电流、纵电动势，使金属构件熔化、外护层击穿甚至中断通信。光缆受雷电影响主要有以下方面。

（1）金属构件熔化

雷电流进入金属护套，缆芯导体与金属护套将出现冲击电压，击穿金属构件间介质而发生电弧，使金属构件熔化外护层被击穿。

（2）针孔击穿

雷电大地产生地电位升高，使光缆塑料外护套发生针孔击穿，土壤潮气和水通过针孔侵蚀光缆金属护套，从而降低光缆使用寿命。

（3）形成孔洞

雷电流通过雷击针孔击穿金属护套形成孔洞，进而损伤光纤。

（4）结构变形

雷击大地造成对光缆的放电而引起的压缩力会压扁光缆，引起结构变形，增大传输损耗乃至中断通信。

2. 光缆线路的防雷措施

工程沿线地区的年平均雷暴日数见表 5.37。

表 5.37　工程沿线地区的年平均雷暴日数

地点	雷暴日数
×××	
×××	

防雷措施如下。

① 年平均雷暴日数大于 20 天的地区及有雷击历史的地段的光缆线路应采取防雷保护措施。

② 无金属线对，有金属构件的直埋光缆线路的防雷保护可选用以下措施。

A. 直埋光缆线路防雷线的设置应符合以下原则。

a. 10m 深处的土壤电阻率 $\rho_{10} < 100\Omega \cdot m$ 的地段，可不设防雷线。

b. ρ_{10} 为 $100 \sim 500\Omega \cdot m$ 的地段，设一条防雷线。

c. $\rho_{10} > 500\Omega \cdot m$ 的地段，设两条防雷线。

d. 防雷线的连续布放长度不应小于 2km。

e. 防雷线埋设在距离直埋光缆上方 30cm 处。

B. 当光缆在野外塑料管道中敷设时，按下列原则设置防雷线。

a. $\rho_{10} < 100\Omega \cdot m$ 的地段，可不设防雷线。

b. $\rho_{10} \geqslant 100\Omega \cdot m$ 的地段，设一条防雷线。

c. 防雷线的连续布放长度不应小于 2km。

d. 防雷线埋设在距离直埋光缆上方 30cm 处。

C. 光缆接头处两侧金属构件不进行电气连通。

D. 在雷害严重地段，光缆可采用非金属加强芯或无金属构件的结构形式。

E. 光缆内的金属构件，在局（站）内或交接箱处线路终端时必须做防雷接地。

③ 光缆线路应尽量绕避雷暴危害严重地段的孤立大树、杆塔、高耸建筑、行道树、树林等易引雷目标，无法避开时，应采用消弧线、避雷针等措施对光缆线路进行保护。

④ 架空光缆线路可选用下列防雷保护措施。

A. 光缆接头处两侧金属构件不做电气连通。

B. 在雷害严重地段，光缆可采用非金属加强芯或无金属构件的结构形式。

C. 光缆吊线间隔接地。

D. 光缆内的金属构件，在局（站）内或交接箱处线路终端时必须做防雷接地。

E. 雷暴日数大于 20 天的空旷区域或郊区，架空光缆应做系统的防雷保护接地。

a. 间隔 250m 左右的电杆、角深大于 1m 的角杆、飞线跨越杆、杆长超过 12m 的电杆、山坡顶上的电杆等应做避雷线，架空吊线应与地线连接。

b. 市郊或郊区装有交接设备的电杆应做避雷线。

c. 重复遭受雷击地段的杆档应架设架空地线，架空地线每隔 50 ~ 100m 接地一次。

d. 在与 10kV 以上高压输电线交越时，电杆应安装放电间隙式避雷线，两侧电杆上的避雷线安装应断开 50mm 间隙。

避雷线的地下延伸部分应埋在地面 700mm 以下，4.0mm 钢线延伸线的接地电阻及延伸长度应符合表 5.38 的规定。

表 5.38　4.0mm 钢线延伸线的接地电阻及延伸长度

土质	一般电杆避雷线要求		与 10kV 电力线交越杆避雷线要求	
	电阻 /Ω	延伸 /m	电阻 /Ω	延伸 /m
沼泽地	80	1.0	25	2
黑土地	80	1.0	25	3
黏土地	100	1.5	25	4
砂砾土	150	2	25	5
砂土	200	5	25	9

5.9.3　光缆线路的其他防护

1. 防机械损伤

以下为一般原则，由于光缆敷设方法的不同，所以保护措施也不尽相同。

① 杆上预留弯，在光缆上套纵剖塑料子管保护。

② 管道及引上光缆套塑料子管保护。

③ 垂直引上光缆采用钢管或塑料管保护。

④ 人（手）孔内光缆套用蛇形软管保护。

⑤ 直埋部分铺钢管或塑料管保护。

⑥ 在接近房屋或从房顶过的光缆套阻燃塑料管保护。

2. 防潮

光缆外护套具有良好的防潮性能，在线路上一般不另考虑外加防潮措施。为了保证光缆及接续处的完好及密封性，要求光缆的金属护层及接头盒具有一定的对地绝缘性能，具体指标按有关规定执行。

3. 防鼠

直埋光缆埋深一般大于 1.2m 并具有铠装层保护，鼠类对光缆危害性不大，管道光缆均敷设在塑料子管内，故不再考虑管道内的防鼠措施。

4. 防腐蚀

光缆应避开途经化粪池、化工区等区域，若不可避开时用 ϕ38mm/46mm 塑料管保护。

5. 防白蚁

直埋光缆在有白蚁危害的地段敷设时，可采用防蚁护层的光缆、喷洒防白蚁药品，也可采用其他防蚁处理措施，但应保证环境安全。

6. 防人为损坏

做好宣传工作，在醒目的地方悬挂宣传牌，加强巡检。

5.10　光缆线路工程设计图纸要求

① 选取适宜图纸，表达专业性质、目的和内容。在保证图面布局紧凑和使用方便的前提下，应选择合适的图纸幅面，使图纸大小适中。

② 图纸布局合理、排列均匀、轮廓清晰、便于识别。

③ 选用合适的图线宽度，避免图中线条过粗和过细。

④ 正确使用图标和行标规定的图形符号，派生出新的符号时，应符合图标图形符号的派生规律，并在合适的地方加以说明。

⑤ 应准确地按规定标注各种必要的技术依据和注释，并按规定进行书写或打印，A3 以上的施工图纸应为蓝图。

⑥ 工程设计图纸应按规定设置图衔，并按规定的负责范围签字，各种图纸应按规定顺序编号。

⑦ 工程设计图纸幅面和图框大小应符合国家标准，一般应采用 A0、A1、A2、A3、A4 及其加长尺寸的图纸幅面。

工程图纸尺寸见表 5.39。

表 5.39　工程图纸尺寸

图纸型号	A0	A1	A2	A3	A4
图纸尺寸为长 × 宽 /m	1189 × 841	841 × 594	594 × 420	420 × 297	297 × 210
图框尺寸为长 × 宽 /m	1154 × 821	806 × 574	559 × 400	390 × 287	287 × 180

⑧ 图线形式及其应用如下。

A. 图线的宽度一般选用 0.25mm、0.35mm、0.5mm、0.7mm、1.0mm、1.4mm。

B. 通常选用两种宽度图线。粗线的宽度为细线宽度的两倍，新设施采用粗线，原有设施采用细线。

⑨ 比例一般应有要求，对于系统框图、路由图、方案示意等类图纸则无比例要求。对于不同性质的图纸推荐比例为：1 : 10、1 : 20、1 : 50、1 : 100、1 : 200、1 : 500、1 : 1000、1 : 2000、1 : 5000、1 : 10000、1 : 50000 等。

第6章 通信管道勘察设计

6.1 资料收集

① 城市总体设计图、远期及近期城市规划图。

② 分期道路扩建图、近期道路扩建整修计划及路面程式。

③ 地下建筑断面分配、道路断面设计标准图纸。

④ 桥梁及涵洞修建计划。

⑤ 水准点。

⑥ 土质情况、地下水位、冻土层、气温等。

⑦ 工厂排水所经地区及渗水区域。

⑧ 下水道分布图。

⑨ 本期管道所经路由平面图（1∶500或1∶1000）。

⑩ 照明电力电缆的位置。

⑪ 暖气管、燃气管、输油管和自来水管分布图及直径。

⑫ 地下电力电缆分布及近期扩建计划。

⑬ 电车路线图（包括变电所）及近期扩建计划。

⑭ 铁路、工厂、热电站、加油站等单位的地下埋设物资料。

⑮ 交管部门对管道施工时交通安全问题的要求。

⑯ 城市规划要求。

⑰ 现有管道及埋式缆线图。

6.2 路由及位置确定

6.2.1 通信管道与通道规划原则

通信管道与通道规划应以城市发展规划和通信建设总体规划为依据，必须纳入城市建设规划。在终期管孔容量较大的宽阔道路上，当规划道路红线之间的距离等于或大于 40m 时，应在道路两侧修建通信管道或通道；当小于 40m 时，通信管道应建在用户较多的一侧，并预留过街管道，或根据具体情况建设。

在局所规划明确了线路网中心和交换区域界线以后，为了确保线路网规划更好地落到实处，必须调查某些道路管道的建设方案。如果在某些道路中不适于建设管道，就应重新修订线路网的规划方案。

在管道路由选择的过程中，一方面要充分了解用户预测及通信网发展的动向和全面规划；另一方面要处理城市道路建设和环境保护与管网安全的关系。

6.2.2 通信管道及路由的位置选定原则

通信管道及路由的位置选定原则可归纳如下。

① 管道路由应满足整个通信网络的发展需求，尽量做到路由短捷、地势平坦、转弯少、高差小、地质稳固、地下水位低、地下各种管线及障碍物少。

② 沿靠城市、郊区的主要公路。

③ 管道路由应符合城市建设发展的规划，沿规定的道路和分配的断面铺设，如果规划无特定地点，则管道应建在定型（或规划）街道的人行道上，不能在人行道下。如果有可能，考虑选择将管道建在绿化地带或慢车道上，不应任意穿越广场或有建设规划的空地。

④ 高等级公路上的通信管道建设位置选择的优先次序是：在隔离带下、路肩和防护网以内。

⑤ 所选择的管道位置中心线原则上应平行于道路中心线或建筑红线。

⑥ 应考虑管道与其他管线和建筑物间的最小间隔。

⑦ 为便于光缆引上，管道位置宜与杆路同侧。

⑧ 管道路由应远离电蚀及化学腐蚀地带。

⑨ 避免在已有规划而尚未成型，或虽已成型但土壤未沉实的道路上，以及流砂、翻浆地带修建管道。

⑩ 通信管道应尽量避免与燃气管道、高压电力电缆在道路同侧建设，不可避免时，通信管道、通道与其他地下管线及建筑物间的最小净距应符合规范要求。

⑪ 通信管道与铁道及有轨电车的交越角不宜小于 60°。交越时，与道岔及回归线的距离不应小于 3m。

6.3　平面设计

6.3.1　比例

平面图常用比例为 1∶500 或 1∶1000，对于地形复杂的，绘制平面图时可适当放大比例。

6.3.2　参照物标注

必须在图纸上详细标注通信管道沿线的主要地面、地下参照物，特别是与管线的相对位置。

1. 地面

参照物主要包括道路、铁路、建筑物、绿化带、林区、桥梁及涵洞、河流、变电站、发电厂、路灯设施、电力引上、沟渠及影响管道施工的堆积物等。

2. 地下

热力管、燃气管、给排水管道、电力电缆、通信光（电）缆等，必须标注准确的位置、走向及直径。

6.3.3　管道容量确定

1. 规模容量选定原则

① 考虑容量时应结合市政规划的要求确定。

② 建设单位目前及将来所要开展的业务种类。

③ 建设单位在本地区发展规划及对远期管道容量的需求。

④ 市中心、市郊、居民区、商业区等不同的地理位置影响。

⑤ 应考虑中心局、分局、支局、基站等局站的位置，现有及将来承担业务种类及业务汇接情况。

2. 管道容量建设要求

① 管道容量应按远期需要和合理的管群组合形式取定，并应留有适当的备用孔。水泥管道管群宜组合成矩形，高度宜大于其宽度，但不宜超过一倍。塑料管、钢管等宜组成形状整齐的群体。

根据国家标准 GB/T 50853—2013《城市通信工程规划规范》的相关规定，对管道容量有影响的参数有土地利用规划、计算年限、传输介质、管材及管径等。

管道容量的计算年限：早期邮电一体时，管道容量按中远期确定，规划年限一般为 15～20 年，国际上规划年限也一般为 15～25 年。我国《城市道路管理条例》规定新建道路 5 年内不允许开挖道路，鉴于新建道路与周边土地使用（即开始使用管道）存在 3～5 年时间差，且我国正处于快速城市化的过程，不确定因素也比早期大很多。因此，管道容量的计算年限以 10 年比较合适（加上新建管道的建设和使用之间的 3～5 年时间差，10 年计算年限可满足 15 年左右的使用需求）。

② 在同一路由上应避免多次挖掘，管道应按远期容量一次建成。

③ 进局管道应根据终局需要一次建设，在管孔大于 48 孔时可做通道，由地下进线室接出。

6.3.4 人（手）孔设置

1. 经纬度标识

每个人（手）孔需要标注准确的经纬度，现场确定标桩。

2. 人（手）孔位置选定原则

选择人（手）孔位置时主要考虑以下因素。

① 为了便于光缆接续方便和减少引上、引入光缆长度，一般在有多条引上光缆汇集点、适于接续引上光缆地点、屋内用户引入点、现在和将来光缆可能分支点设置人（手）孔。

② 人（手）孔可设置在道路交叉路口或拟建地下引入线路的建筑物旁，并注意保持与其他相邻管线的距离。

③ 在弯曲的道路上，为了减少弯管道建筑数量，或者使弯管道有较大的曲率半径，宜在转弯处设置人（手）孔。

④ 管道路由有坡度变化时，宜在坡度转换点设置人（手）孔。

⑤ 由段长设置决定人（手）孔的位置。

⑥ 在光缆需要改为其他方式敷设的地点，例如，水线、飞线两端等，设置人（手）孔。

⑦ 管道穿越电气化铁路、有轨电车路轨或街道时，宜在路轨、街道两侧设置人（手）孔。

⑧ 管道的管孔程式、管材和管群组发生变化时，应在变化处设置人（手）孔。

⑨ 在绿化带铺设管道时，一般将人（手）孔设在绿化花圃的边缘处。

⑩ 与其他管线平行时，应尽可能错开人（手）孔与其他管线检查井的位置。

⑪ 人（手）孔一般不设在重要的或交通繁忙的建筑物门口。

⑫ 管道建筑在人行道上时，须考虑对附近房屋的影响，例如，人（手）孔沟边距房屋墙基较近又不能选择其他位置时，一般在挖坑时，应对房基及人（手）孔沟采取支撑措施。

3. 人（手）孔规格、形式及适用场合

（1）规格

以标准人孔、手孔为主，根据管孔数量具体确定大、中、小号的规格。

（2）形式及适用场合

① 直通型人孔：适用于直线通信管道中间设置的人（手）孔。

② 三通型人孔：适用于直线通信管道上有另一方向分歧通信管道，而在其分歧点上设置的人孔或局前人孔。

③ 四通型人孔：适用于纵、横两条通信管道的交叉点或局前人孔。

④ 斜通型人孔：适用于非直线（或称弧形、弯管道）折点上设置的人孔。分为 15°、30°、45°、60° 和 75° 共 5 种。每种斜通人孔的角度误差可在 ±7.5°。

⑤ 90cm×120cm 手孔、70cm×90cm 手孔：适用于直线通信管道中间的设置。

⑥ 120cm×170cm 手孔：适用于直线通信管道上有另一方向分歧通信管道管理，设置在其分歧点。

⑦ 55cm×55cm 手孔：适宜设置在接入建筑物前。

6.3.5　管道段长及弯曲

1. 管道段长

① 管道段长由人（手）孔位置确定，在直线路由上，管道段长宜在 100～120m，塑料管道段长最大不得超过 200m。

② 高等级公路上的通信管道段长不应超过 1000m，拐弯地段或坡度变化地段的段长可适当缩短。

2. 管道弯曲

原则上每段管道应按直线敷设，如果遇道路弯曲或需要绕越地上、地下障碍物，且在弯曲点设置人（手）孔而管道段又太短时，可建弯管道。

① 弯曲管道的段长应小于直线管道最大允许的段长。

② 塑料管道的曲率半径应不小于 10m。弯管道中心夹角宜尽量大，以减小光缆敷设时的侧压力。

③ 塑料弯管的道管材只能在外力的作用下形成自然弧度，严禁加热弯曲。弯曲管道塑料管接口处应做 360° 混凝土包封，包封长 2m，厚度为 100mm。

④ 同一段管道不应有反向弯曲（即"S"形弯）或弯曲部分的中心夹角小于 90° 的弯管道（即"U"形弯）。

6.3.6　管材

1. 通信管材

通信管道的管材要符合以下技术要求。

① 足够的机械强度。

② 有光滑的内管壁。

③ 对穿放的缆线没有腐蚀。

④ 有良好的密封性。

⑤ 使用期限长。

2. 塑料管

常用塑料管材规格及适用范围见表 6.1。

表 6.1　常用塑料管材规格及适用范围

序号	类型	材质	规格 /mm	适用范围
1	实壁管	PVC-U	ϕ110/100	主干管道、支线管道、驻地网管道
			ϕ100/90	
		PE	ϕ110/100	
			ϕ100/90	
2	双壁波纹管	PVC-U	ϕ100/90	
		PE	ϕ110/90	
3	硅芯管	HDPE	ϕ40/33	
			ϕ46/38	
4	梅花管	PE	7 孔（内径 32）	主干管道、支线管道
5	栅格管	PVC-U	4 孔	
			6 孔	
			9 孔	
6	蜂窝管	PVC-U	7 孔（内径 32）	

3. 钢管

在过路、过桥及其他特殊地段可采用钢管管道，在桥上架设或穿越河沟、涵洞及过街道时采用 ϕ100mm 的钢管管道。

4. 水泥管块

水泥管块的规格见表 6.2。

表 6.2　水泥管块的规格

孔数 / 个 × 孔径 /mm	标称	长 /mm× 宽 /mm× 高 /mm	适用范围
3 × 90	三孔管块	600 × 360 × 140	城区主干、配线管道
4 × 90	四孔管块	600 × 250 × 250	城区主干、配线管道
6 × 90	六孔管块	600 × 360 × 250	城区主干、配线管道

6.4　剖面设计

6.4.1　比例

剖面图比例为 1 : 50。1m 如果按 4 格分配，每格代表 25cm；1m 如果按 5 格分配，每格代表 20cm。

6.4.2　土质

对于通信管道沿线的路面、土质情况，应做详细的勘察记录，并标注在图纸上。

1. 路面

路面包括混凝土路面（厚度在 150mm 以下、250mm 以下、350mm 以下、450mm 以下）、柏油路面（厚度在 150mm 以下、250mm 以下、350mm 以下、450mm 以下）、砂石路面（厚度在 150mm 以下、250mm 以下）、混凝土砌块路面、水泥花砖路面及条石路面，确定交越长度。

2. 土质

土质包括普通土、硬土、砂砾土、冻土、软石及坚石。

普通土：主要用铁锹挖掘，并能自行脱锹的一般土壤。

硬土：部分用铁锹挖掘，部分用镐挖掘，例如，坚土、黏土、市区的瓦砾土及淤泥深度小于 0.5m 的水稻田和土壤（包括可用锹挖但不能自行脱锹的土壤）等。

砂砾土：以镐、铁锹挖掘为主，有时也需用撬棍挖掘，例如，风化石、僵石、卵石及淤泥深度为 0.5m 以上的水稻田等。

冻土：是指温度在 0℃ 以下并含有冰的各种岩石和土壤。冻土具有流变性，其长期强度远低于瞬时强度。

软石：部分用镐挖掘，部分需要爆破挖掘的石质，例如，松砂石、胶结特别密实的卵石、软片石、碎裂的石灰岩、硬黏土质的片岩、页岩和硬石膏等。

坚石：用爆破或用大锤打的方法挖掘的石质，例如，硬岩、玄武岩、花岗岩和石灰质砾岩等。

6.4.3　人（手）孔坑挖深

1. 人（手）孔剖面

人（手）孔剖面示意如图 6.1 所示。

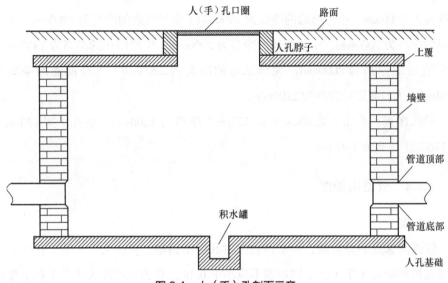

图 6.1　人（手）孔剖面示意

2. 计算公式

人（手）孔的埋深除了与人（手）孔结构大小有关，还与管道进入人（手）孔的位置和缆线在人（手）孔内的安排有关，管道和人（手）孔上覆与底基应有间距。另外，为了满足和适应道路扩建和改建后路面高程的变动，一般在人孔口圈下部垫有数层砖，如果已知道路规划变动的范围，则垫砖层数应随道路规划变动的范围而变化；对于那些无规划或规划未定的街道，一般垫有 3 层砖，以适应道路路面高程变化。

从人（手）孔剖面示意可以看出，确定人（手）孔坑深的因素有很多，具体按照公式（6-1）计算。

人（手）孔坑深＝口圈厚度＋脖子高度＋上覆厚度＋基础厚度＋净高（可通过标准图集查找）　　　　　　　　　　　　　　　　　　　　式（6-1）

口圈厚度：120mm。

脖子高度：300mm，可以视具体情况调整。

上覆厚度：人孔上覆为200mm；手孔（宽90cm×长120cm）上覆为120mm；手孔（宽120cm×长170cm）上覆为150mm。

基础厚度：手孔及小号人孔基础厚度为120mm，大中号人孔基础厚度为150mm。

人孔净高：小号直通的净高为1800mm，小号三通的净高为2000mm，小号四通的净高为2000mm，小号斜通的净高为1800mm；中号直通的净高为1800mm，中号三通的净高为2000mm，中号四通的净高为2000mm，中号斜通的净高为1800mm；大号直通的净高为2000mm，大号三通的净高为2200mm，大号四通的净高为2200mm，大号斜通的净高为2200mm。

手孔净高：手孔（宽90cm×长120cm）净高为1200mm；手孔（宽120cm×长170cm）净高为1400mm。

6.4.4 管道沟挖深

1. 原则

管道沟深度不是常数，要根据坡度对其做出调整，但进入人（手）孔处的管道基础顶部距人（手）孔基础顶部不应小于0.4m，管道顶部距人（手）孔上覆底部不应小于0.3m。

2. 影响管道埋深的因素

因为管道埋深会直接影响土方工作量的大小，也是管道施工中工作量最大的部分，所以设计时应在保证质量的前提下，尽可能降低管道的埋深。但是管道的埋深受制于许多因素，例如，荷重大小、地下水位的高低、冻土层的厚度、管道的坡度、管道的位置、穿越障碍物的埋深等，同时，又与城市中其他地下管线有联系。在不同城市中，其他管线的埋深往往不尽相同，这对通信管道的埋深也会带来一定的影响，在具体应用中，设计师应与城市建设单位和其他有关单位协商决定。一般情况下，应考虑以下因素。

① 应考虑管道所在位置，不同位置所受的荷载是不同的，因而允许的最小埋设深度亦不同。在设计时，应区别对待，例如，人行道、车行道、绿化地带等。

② 应考虑通信管道施工对邻近管线及建筑物的影响。例如，距离房屋近时，管道沟宜挖得浅些，以免挖沟时影响房屋的地基。

③ 应根据管道所使用管材的强度和建筑方式来确定埋深。例如，水泥管、钢管、

塑料管、石棉水泥管的强度是不同的，因而允许的最小埋深也是不同的。

④ 应保证进入人孔时最小允许的与上覆和底基之间的间距。

⑤ 应考虑远期可能扩建的管孔数，并保证必要的最小埋深。

⑥ 应考虑道路改扩建计划可能引起的路面高程的变化，不影响管道的最小埋深。

⑦ 应考虑地下水位及水质的情况。例如，地下水位高的地方，应尽可能埋得浅一些，减少防水措施的费用和对缆线质量的影响。

⑧ 应考虑冻土层的厚度及发生翻浆的情况。在气候寒冷的地区，地面下一定深度的空隙水因温度降低而形成扁形的冰片，形成一定深度的冰冻层，但土壤的冻结作用会使土壤发生膨胀，出现管道错口或基础断裂的情况，因此，管道要尽量铺设在冻土层下面。

⑨ 应考虑与其他地下管线交越的情况。如果其他地下管线的埋深与管道埋深有冲突，且迁移有困难时，则应考虑改变管道的埋深（必要时可低于最低埋深要求，采用一些保护措施，例如，混凝土包封、混凝土盖板等），或管道所占断面高度（例如，将迭铺管道群改为平铺群、将立铺改为卧铺等），以及与有关单位协商后，根据其他管线的性质，可对其他管线在通信管道群中采取穿越等措施。

3. 管道埋深表

管道埋深见表 6.3。管道沟深度保证管顶至路面不得低于表 6.3 中的要求。

表 6.3　管道埋深

类别	人行道下 /mm	车行道下 /mm	与电车轨道交越 （从轨道底部算起）/ mm	与铁路交越 （从轨道底部算起）/ mm
水泥管、 塑料管	0.7	0.8	1.0	1.5
钢管	0.5	0.6	0.8	1.2

注：1. 采用微控定向钻时，管道穿越公路部分的埋深不小于 1.5m。
　　2. 在纵剖面上，由于管道躲避障碍物不能直线穿越建筑，可使管道折向两段人孔向下平滑地弯曲，以便渗水流向人孔。

4. 坡度要求

为避免渗漏进管道中的污水产生淤积，造成缆线腐蚀或管孔淤塞，两人孔间的管道应设有一定坡度，以便管道中的水能自然地流入人孔后被及时清除。管道坡度宜为 3‰ ～ 4‰，需要特别注意的是，管道坡度不得小于 2.5‰，例如，街道本身有坡度，可以利用地势获得坡度，全段管道不能有波浪弯曲或蛇形弯曲。

为使管道具有合理的埋深，管道坡度设置方法有"一"字坡和"人"字坡两种。

"一"字坡：相邻两人孔间管道按一定坡度直线铺设。这种方法施工简单，但一端埋深较深，土方量较大。

"人"字坡：以管道中间的适当地点作为顶点，以一定的坡度分两端铺设，平均埋深较浅，但管道的弯点处不易过度。

6.4.5　高程

1. 相对高程

相对高程＝后视－前视，相对高程的值为正数时表示上坡，为负数时表示下坡，一般情况下，保留 3 位小数。通信管道相对高程测量记录见表 6.4。

表 6.4　通信管道相对高程测量记录

测点	后视 /m	距离 /m	前视 /m	相对高程 /m
1# 人孔	0.735	100	1.250	–0.515
2# 人孔	1.375	90	0.850	0.525
3# 人孔	0.525	120	0.930	–0.405

2. 绝对高程

起止点的绝对高程可以由标准高程点引测确定，也可以由定位系统直接确定。

绝对高程＝起止点的绝对高程＋下一点的相对高程，一般情况下，绝对高程保留 3 位小数。

例如，1# 人孔的绝对高程为 700.000m，从相对高程记录表得到的 2# 人孔的相对高程为 –0.515m，那么 2# 人孔的绝对高程为 $700.000 + (-0.515) = 699.485(m)$，以此类推。

3. 人（手）孔坑各相对位置高程计算

以 2# 小号直通人孔为例计算的各点绝对高程（单位为 m）如下。

由于 1# 人孔的路面绝对高程为 700.000m，所以可得出如下结论。

① 2# 人孔的路面绝对高程＝1# 人孔的路面绝对高程＋2# 人孔的相对高程＝$700.000 + (-0.515) = 699.485(m)$

② 2# 人孔盖顶绝对高程＝2# 人孔的路面绝对高程＝699.485(m)

③ 2# 人孔上覆顶绝对高程＝ 2# 人孔的路面绝对高程－口圈厚度－脖子高度＝ 699.485 － 0.12 － 0.3 ＝ 699.065（ m ）

④ 2# 人孔坑底绝对高程＝ 2# 人孔的路面绝对高程－口圈厚度－脖子高度－上覆厚度－净高－基础厚度＝ 699.485 － 0.12 － 0.3 － 0.2 － 1.8 － 0.12 ＝ 696.945（ m ）

⑤ 人孔坑挖深＝口圈厚度＋脖子高度＋上覆厚度＋净高＋基础厚度＝ 0.12 ＋ 0.3 ＋ 0.2 ＋ 1.8 ＋ 0.12 ＝ 2.54（ m ）

6.4.6　隔距要求

1. 通信管道与地上和地下建筑物的水平允许间距

管线之间应该有一定的间隔，以便在敷设或维修任何地下管线时不致损伤邻近管道，同时可保护相邻管线的基础不受破坏。由于土质和各种管线埋深不同，所以相邻管线和管线与建筑物之间不宜采用完全一致的允许间距。应根据不同地区的土质情况、相邻管线的性质、管径及埋深等具体情况，在保证施工维护安全和便利的条件下确定适当的间隔。

（1）通信管道与给水管道平行的允许间距

允许平行间距很大程度上取决于各种管径的给水管在发生事故时水压力对通信管道产生的损坏程度。这种损坏会使管道附近的土壤受到巨大的冲刷，产生深坑，影响附近其他管线的基础。

（2）通信管道与排水管道平行的允许间距

排水管在运用过程中由于种种原因经常损坏，尤其是一些使用时间长的排水管道和沟渠式管道往往有漏缝和破损，所以污水流出的情况时有发生。排水管中流出的污水如果流入通信管道，则会对缆线和管道带来损坏，因此，在可能的条件下，通信管道应尽量远离排水管道。在考虑平行允许间距时，还应注意排水管的管材、埋深及污水渗出量的情况。如果排水管的埋深大于通信管道，那么污水渗出量的影响较小。如果排水管道的埋深浅于通信管道，污水漏泄时就非常容易流入通信管道，对缆线及管道造成损坏。

（3）通信管道与煤气管平行时的允许间距

虽然煤气管道接续质量较好，但是由于种种原因仍然会产生个别地点的漏气现象。当通信管道和煤气管道平行时，管道本身及人孔是渗入煤气积聚和散布的场所，漏气聚积严重时有发生火灾和爆炸的危险，因此，应保证管线间的最小允许距离，同时决不允许煤气设备在通信管道中穿越的情况。

（4）通信管道与热力管道平行时的允许间距

通信管道与热力管道平行时的允许间距主要考虑热力管道温度对通信缆线的影响。当热力管传给缆线的温度超过缆线绝缘层的允许温度，或通信缆线长时间处于比较高的温度时，有可能使通信管道的绝缘层性能降低。

（5）通信管道与电力电缆和其他通信缆线平行时的允许间距

为了防止在施工维修时挖断电力电缆，施工维护人员的人身安全受到威胁，供电中断，通信管道应尽可能远离铠装式直埋电力电缆。通信管道和其他通信缆线与路灯、电车等供电电缆的平行间距一般可以按照低压电力电缆来考虑。

（6）通信管道与绿化带平行时的允许间距

通信管道与绿化带平行时的允许间距主要考虑绿化树木根系对通信管道的影响，另外，也应考虑在施工维护时不能损伤太多的树木及根系。当距离树木很近，地下水位很高，或管道因防水性能不良而比较潮湿时，由于树根会趋向水分多的方向生长，所以树根能穿过管道接口，进入管孔中繁茂生长，管孔断面就会缩小，甚至完全堵塞。在根系特别发达或靠近树木较近处，根系有时会把管道围住，使管道受力变形，甚至损坏，所以通信管道与绿化带平行时应有必要的间距。

（7）通信管道与其他管线检查井的平行允许间距

由于各种管线检查井所占道路断面比较宽，且不同的管线检查井差距很大，所以为了保证必要的施工维修条件，在一般条件下，其他管线不宜在通信人孔内穿越。

（8）通信管道与房屋基础的允许间距

通信管道通常是挖沟敷设的，沟渠如果邻近房屋、建筑物与其他管线时，会对它们的基础产生一定的影响。在选择通信管道的位置时，沟渠应与房屋建筑红线和其他管线有一定的间距，以防止在施工维护过程中造成损坏。

2. 通信管道与地下管线交越时的允许间距

在设计通信管道时与其他管线交越在所难免，交越时应考虑结构和施工维护方面的要求：在结构方面，要求在交叉处的管线不会因为负荷重或土壤下沉时互相牵连，导致上面或下面的管道可能受到损坏；在维修维护方面，管线交越处应留有适当空隙，以便进行维修维护。

3. 通信管道、通道和其他地下管线及建筑物间的最小净距离

通信管道、通道和其他地下管线及建筑物间的最小净距离见表 6.5。

表 6.5　通信管道、通道和其他地下管线及建筑物间的最小净距离

其他地下管线及建筑物名称		平行净距离 /m	交叉净距离 /m
已有建筑物		2.0	—
规划建筑物红线		1.5	—
给水管	$d \leqslant 300\mathrm{mm}$	0.5	0.15
	$300\mathrm{mm} < d \leqslant 500\mathrm{mm}$	1.0	
	$d > 500\mathrm{mm}$	1.5	
污水、排水管		1.0	0.15
热力管		1.0	0.25
输油管道		10	0.5
燃气管	压力 $\leqslant 0.4\mathrm{MPa}$	1.0	0.3
	$0.4\mathrm{MPa} <$ 压力 $\leqslant 1.6\mathrm{MPa}$	2.0	
电力电缆	35kV 以下	0.5	0.5
	35kV 及以上	2.0	
高压铁塔基础边	35kV 以上	2.5	—
通信电缆（或通信管道）		0.5	0.25
通信电杆、照明杆		0.5	—
绿化	乔木	1.5	—
	灌木	1.0	—
道路边石边缘		1.0	—
铁路钢轨（或坡脚）		2.0	—
沟渠（基础底）		—	0.5
涵洞（基础底）		—	0.25
电车轨底		—	1.0
铁路轨底		—	1.5

6.5 地基和基础

6.5.1 地基

1. 概念

承受所有上层结构荷重（包括基础）的地层，被称为地基。

2. 分类

管道地基分为天然地基与人工地基两种。

天然地基是在稳定性土壤上不需要人工加固的地基。

人工地基是在不稳定的土壤上必须经过人工加固的地基。人工地基的加固方法有碎石加固法、表层夯实法、换土法、木桩加固法、砂桩加固法等。

（1）碎石加固法

在基坑上放入10cm（人孔20cm）碎石并用机械夯实。这种方法除了能增加土壤的紧密度，还可以防止混凝土构件制作时砂浆流失。

（2）表层夯实法

开挖基坑时，在设计主标高之上预留一层土壤，然后夯打至原有的设计标高。这种方法适用于黏土类土壤、沙土类土壤、大孔性土壤和填土地基。

（3）换土法

换土法主要为砂垫层法。砂垫层法应首先夯实基坑，然后加入砂土，分层夯实至设计要求的基坑深度，每层回土的厚度为20cm，最后加碎石并夯实做成碎石地基。

（4）木桩加固法

木桩加固法适用于软土地区和土质均匀性差的地方。木桩的平面布置形式一般分为两行，木桩的大小、数量依据土质而定。打入木桩后须在其上铺一层碎石并用砂铺平作为桩台，铺设厚度一般为10cm。

（5）砂桩加固法

砂桩加固法是指用一根引桩（引桩用木头或空心钢管做成）打入所要加固的土壤中。引桩打到应有深度后拔出，土壤中形成垂直管洞，最后用砂分层夯实将洞填满。这种方法适用于松软土壤。砂子可用中砂、粗砂或砂砾混合料，不得采用细砂。砂桩可用1～2根支承，直径为15～20cm。

3. 地基设计时荷重考虑的因素

① 活荷重：包括各种车辆、人群等的荷重。

② 管顶垂直土压力。

③ 管道、缆线及基础荷重。

总之，根据工程的土质及管道荷重，地基处理应采用不同的施工方法，达到沟底应平整无硬坎、无突出的尖石和砖块的目的。

6.5.2　基础

1. 概念

基础是人（手）孔和管道与地基的中间媒介，可以把荷重均匀地分布到地基中，并能扩散管道的荷重，从而减小地基的压力负载。

2. 作用

① 把荷重均匀地传到地基中，能够扩散管道的荷重，从而减小地基上土壤的压力负载。

② 混凝土接触对于地基土壤的局部小跨度不均匀沉陷能够起到一定的支撑管道的作用，防止管道错口。

③ 便于管道施工操作。

④ 在管道接续处的基础可连成一体，起到一定的防水作用。

⑤ 其他管线在管道下面穿越时，不会因无基础而使管道接续断裂。

3. 分类

基础分为混凝土基础、钢筋混凝土基础两种。

根据地基土壤的承载能力，如果稳定性地基的土壤足以承载管道建筑荷重，则可以把管道直接铺设在不经加固的天然地基上，但市政其他管线的铺设可能在管道下穿越，导致地基松动，造成日后地基不均匀沉陷，因此，混凝土基础具有一定的防御作用，有利于管道安全。

钢筋混凝土基础比混凝土基础的抗压及抗拉能力更强，是在混凝土中加入钢筋制成的，这种方法主要用在以下地方。

① 基础在地下水位以下，冰冻层以内的地方。

② 土质很松软的回填土。

③ 淤泥流砂地方。

④ 大跨度管道建筑。

⑤ 桩基基础。

4. 人（手）孔基础

开挖人（手）孔坑后需要夯实，施工前应建混凝土基础，手孔及小号人孔基础的厚度为 120mm，中、大号人孔基础的厚度为 150mm，混凝土标号均为 C15。遇到土壤松软或地下水位较高时，还应增设碴石地基并采用钢筋混凝土基础。

5. 管道基础

混凝土基础厚度一般为 80 ～ 100mm，标号为 C15 的混凝土的宽度应按管群组合计算，一般每侧宽度加宽 50mm。混凝土包封厚度一般为 80 ～ 100mm。钢筋混凝土基础的包封厚度宜为 100mm。

6.6 开挖管道沟

6.6.1 开挖管道沟的方法

开挖管道沟可采取直槽挖沟、放坡挖沟、挡土板等方式。

1. 直槽挖沟

这种方式必须在正常湿度的土壤中进行，深度为 1.5 ～ 2.0m，且管道沟存放的时间不能太长，一般应立即对管道进行施工。

2. 放坡挖沟

当施工现场条件允许，土层坚实及地下水位低于沟（坑）底，且挖深不超过 3m 时，可采用放坡挖沟法施工。放坡挖沟（坑）的坡与深度的关系见表 6.6。

表 6.6 放坡挖沟（坑）的坡与深度的关系

土壤类别	$H:D$	
	$H \leqslant 2m$	$2m < H < 3m$
黏土	1：0.10	1：0.15
砂黏土	1：0.15	1：0.25
砂质土	1：0.25	1：0.50

续表

土壤类别	H : D	
	$H \leq 2m$	$2m < H < 3m$
瓦砾、卵石	1 : 0.50	1 : 0.75
炉渣、回填土	1 : 0.75	1 : 1.00

注：H 为深度；D 为放坡（一侧的）宽度。

3. 挡土板

人（手）孔坑的长边与人（手）孔壁长边的外侧间距不应小于 0.3m，宽不应小于 0.4m。

在以下情况时，需要考虑使用挡土板的方法。

① 沟深大于 1.5m 且沟边距建筑物小于 1.5m 时。

② 沟深低于地下水位且土质比较松软时。

③ 沟深不低于地下水位但土质为松软的回填土、瓦砾、砂土、砂石层等，不能用放坡法挖沟时。

④ 横穿马路，有车辆通过的管道沟。

⑤ 平行其他管线且相距不足 0.3m 时。

6.6.2　管道沟下底宽度确定原则

① 管道基础宽为 630mm 以下时，其沟底宽度应为基础宽度加 300mm，两边各增加 150mm。

② 管道基础宽为 630mm 以上时，其沟底宽度应为基础宽度加 600mm，两边各增加 300mm。

③ 无管道基础的沟底宽度应为管群宽度加 400mm，两边各增加 200mm。

6.7　铺设管道

6.7.1　铺设塑料管道的要求

塑料管的接续宜采用承插法或双承插法，使套管与连接管紧密黏合，不得出现漏水现象。

采用承插法接续时，塑料管承插接续套管的尺寸规格见表 6.7。

表 6.7　塑料管承插接续套管的尺寸规格

外径 /mm	25	32	40	50	65	80	100	125	150	200
长度 /mm	56	72	94	124	146	172	220	272	330	436
壁厚 /mm	3	3	3	4	4	5	5	6	6	7

多孔塑料管的接续应采用厂家提供的专用接续件，严禁将不同规格型号的管材对接。

采用承插法接续管道时，其承插部分应均匀涂刷黏合剂，涂黏合剂时，应在距直管管口 10mm 处的管身涂抹，涂抹长度为承插长度的三分之二。各塑料管的接口宜错开排列，相邻两管的接头之间的错开距离不小于 300mm；间隔 3m 用扎带绑扎一次，并保证管群的整体形状统一，进入人（手）孔窗口部分的形状与整体形状也应一致。

在铺设塑料管道时，管沟底先铺 50mm（石质沟为 100mm）厚的细砂或细土，铺完塑料管后再铺 10cm 厚的细砂或细土，然后再填土。在铺设多层单孔管时，各子管之间及最上层和最下层均须铺垫砂层等。当沟底为岩石、半风化的石质土壤或砾石时，管沟底须铺 10cm 厚的砂土或细土夯实。

在某些特殊情况下，例如，在埋深较浅的地区、土壤冻融严重的地区、容易被刨开的地区，以及与某些管道交越的地点或穿越下水道沟渠内部时，塑料管道应用 50mm 的 C15 混凝土包封。

6.7.2　铺设水泥管道的要求

水泥管道安装在管道基础上，水泥管道与基础间用厚度不低于 15mm 的砂浆固定，砂浆宽度每侧超出管道宽度 20mm 并以八字抹平。安装多列水泥管块的管道时，行间管块应用不低于 15mm 厚的砂浆连接。每列管块应布放严密，管块顺向连接间隙不大于 5mm。

当管道有基础时，接口间一般采用抹浆法。采用抹浆法的管块，其所衬垫纱布不应露在砂浆外。水泥砂浆与管身黏接牢固，质地坚实、表面光滑，不鼓包、无飞刺、不断裂。

铺设水泥管道应符合以下规定。

① 用宽 80mm，长为管块周长加 80～120mm 的纱布，均匀地包在管块接缝上。

② 用纱布包好接缝后，应先在纱布上刷清水至管块饱和，再刷纯水泥浆。

③ 在接缝砂布上刷完水泥浆后，立即抹 1∶2.5 的水泥砂浆，水泥砂浆的厚度为 12～15mm，下宽为 100mm，上宽为 80mm。

在某些特殊情况下，例如，在埋深较浅的地区、土壤冻融严重的地区、容易被刨开的地区，以及与某些管道交越的地点或穿越下水道沟渠内部时，水泥管道应以 80mm 的 C15 混凝土包封。

6.7.3　铺设钢管管道的要求

钢管管道的接续宜采用管箍法，并应符合以下规定。

① 两根钢管应分别旋入管箍长度的 1/3 以上，两端管口应锉成坡边。

② 使用缝管时，应将管缝置于上方。

③ 严禁将不等径的钢管接续使用。

6.7.4　其他

① 通信管道的防水、防蚀、防强电等防护措施必须按要求施工。

② 同一人（手）孔内多个方向的管道高程尽量一致。

6.8　人（手）孔建筑

6.8.1　人（手）孔的建筑程式

根据地下水位情况，人（手）孔的建筑程式见表 6.8。

表 6.8　人（手）孔的建筑程式

地下水位情况	建筑方式
地下水位以上	砖砌
地下水位以下且在土壤冻土层以上	砖砌加防水措施
地下水位以下且在土壤冻土层以内	钢筋混凝土加防水措施

6.8.2 人（手）孔安装要求

① 人（手）孔四壁要抹平，表面要平整，混凝土表面不起皮、不粉化；人（手）孔砌体必须垂直，砌体顶部四角应保持水平一致；砌体的形状和尺寸应符合图纸的要求；井内喇叭口应设在人（手）孔的中央，喇叭口应平滑对齐；人（手）孔井壁上的管孔位置应水平居中，管口应与喇叭口保持水平，人孔井底离最低管孔应大于400mm，手孔井底离最低管孔应大于240mm。

② 人（手）孔口圈及手孔盖板在人行道与车行道中应有所区别；自口圈外缘应向地表做相应的泛水，人（手）孔口圈应完整无损，车行道必须安装车行道的口圈；应正确安装人（手）孔里的托架，位置适当，高度应与管孔的高度一致，托板齐全；必须用堵头封堵人（手）孔内的闲置管孔；积水罐安装坑应比积水罐外形四周大100mm，坑深比积水罐高度深100mm，基础表面应从四周向积水罐做20mm的泛水。

③ 引上管在引入人（手）孔及通道时，应将其引入窗口以外的墙壁上，不得与管道叠置，并应封堵严密。引上管进入人（手）孔宜在上覆下方200～400mm，一般采用300mm。

6.8.3 人（手）孔标高

市区管道人（手）孔井盖标高应与地面同高。

公路路肩上人（手）孔顶面应与公路地面同高。

在野外，人（手）孔的标高应符合以下规范。

① 遇到管道路由与公路的高差较大的情况时，在保证管孔埋深的前提下，人（手）孔应设置离公路边线较远且土路面平缓处，比地面高200mm。

② 如果人（手）孔离公路边线较近且坡度较大，管道路由和公路的高差在400mm 以下时，人（手）孔应砌成与公路面同高；如果管道路由和公路的高差在400mm 以上时，人（手）孔应砌成比地面高400mm。

③ 在管道路由比公路面高出不多于300mm 的地段，应以公路面为基准计算埋深，人（手）孔井面应高出地面50mm。在管道路由比公路面高出多于300mm 的地段，该路段如果近期会动土，就应在动土后再施工，否则，井面应高出地面50mm，

管孔埋深应做出相应变化。

6.8.4　人（手）孔墙体

① 用砖砌筑人（手）孔墙体的四壁时，墙体与基础应保持垂直，允许偏差不大于 10mm，墙体顶部高程允许偏差不大于 20mm。

② 当人（手）孔墙体砌砖时，墙体与基础严密结合不漏水。墙脚结合处用 M2.5 的水泥砂浆抹八字，要求严实、表面光滑、无断裂现象。砖砌人（手）孔的墙面应平整，无竖向通缝，砖砌砂浆饱满，砖缝宽度为 8 ～ 12mm，同一砖缝的宽度要求一致。

③ 设计规定抹面的砌体应将墙面清扫干净，抹面应平整、压光、不空鼓，墙角不得歪斜。抹面厚度、砂浆配比应符合通信行业及国家标准的规定。勾缝的砌体与勾缝应整齐均匀，不得空鼓，不得脱落或遗漏。

④ 管孔进入人孔墙壁处应呈圆弧状的喇叭口，外观整齐，表面平整。

6.8.5　人（手）孔四壁预埋铁件

（1）电缆托架穿钉的预埋

穿钉的规格、位置应符合设计规定，穿钉与墙体应保持垂直；上、下穿钉应在同一垂直线上，允许垂直偏差不大于 5mm，间距偏差小于 10mm；相邻两组穿钉间距应符合设计规定，偏差小于 20mm；穿钉露出墙面应适度一般为 50mm，露出部分应无砂浆等附着物，穿钉的螺母应齐全有效，安装必须牢固。

（2）拉力环预埋

安装拉力环的位置与面管道底部的间距至少为 200mm。预埋拉环应露出墙面 80 ～ 100mm，必须牢固。

6.8.6　人（手）孔上覆

① 人（手）孔上覆在采用现浇的方式时，模板支撑应平整不留缝隙，钢筋规格及铺放应符合设计要求，混凝土标号应达标，口圈位置预留与图纸相符，高程符合设计规定，并向四周地表做相应的泛水。

② 尽量缩小预制的上覆、盖板两板之间的缝隙，其拼缝必须用 M2.5 砂浆堵抹

严密，人孔内不应有漏浆等现象。预制的上覆、盖板与墙体搭接的内、外侧应用 M2.5 砂浆抹八字角。

6.8.7　安装人（手）孔口圈的要求

①人（手）孔口圈的顶部高程应符合设计规定，允许正偏差不大于20mm。

②稳固口圈的混凝土（或缘石、沥青混凝土）应符合设计图纸的规定，自口圈外缘向地表做相应的泛水。

③人（手）孔口圈与上覆之间宜砌不小于200mm的口腔（俗称井脖子）；人（手）孔口腔应与上覆预留洞口形成同心圆的圆筒状，口腔内、外应抹面。

④人（手）孔口圈应完整无损，车行道人孔必须安装车行道的口圈。

6.8.8　人（手）孔附属装置

人（手）孔内须装积水罐，积水罐必须在浇制混凝土基础和砌筑砖体时预埋，位置应符合图纸要求。

6.8.9　防水

管道应尽可能避免在雨季施工，并在施工过程中防止任何水源浸入沟槽内，与上下水道或其他输排水管线应保持一定的距离。防水工程可根据实际情况而定，采用防水砂浆抹面法、油毡防水法或玻璃布防水法。

6.9　回填土

6.9.1　回填土的一般要求

回填土分为松填和夯填两种方法。在管道或人（手）孔按施工顺序完成施工内容，并经24小时养护和隐蔽工程检验合格后才能回填土。在回填土前，应先清除沟（坑）内的遗留木料、草帘、纸袋等杂物，当沟（坑）内有积水和淤泥时，应先排除积水和淤泥，方可回填土。

6.9.2　回填土的规定

回填土应满足设计要求，并应符合以下规定。

① 在管道两侧和顶部 300mm 范围内，应采用细砂或过筛细土回填，不应含有直径大于 50mm 的砾石、碎砖等坚硬物。

② 管道两侧应同时进行回填并分层夯实，每层回填土的厚度应为 150mm。

③ 管道顶部 300mm 以上的回填应分层夯实，每层回填土的厚度应为 300mm。

④ 管道沟槽回填土的夯实度应符合现行国家标准 GB 50268—2008《给水排水管道工程施工及验收规范》的有关规定。

⑤ 挖明沟穿越道路的回填土规定如下。

A. 在市内主干道路的回填土夯实，应与路面平齐。

B. 市内一般道路的回填土夯实，应高出路面 50～100mm，在郊区土地的回填土可高出地面 150～200mm。

⑥ 人（手）孔坑的回填土应符合以下规定。

A. 靠近人（手）孔壁四周的回填土内不应含有直径大于 100mm 的砾石、碎砖等坚硬物。

B. 人（手）孔坑每次回填 300mm 时应夯实。

C. 人（手）孔坑的回填土不得高出人（手）孔口圈的高程。

6.9.3　回填土方的计算

回填土方＝开挖土方 [人（手）孔坑和管道沟] －人（手）孔占用的土方－管道占用的土方。

6.10　通道

6.10.1　建筑通道的条件

① 新建大容量通信局（站）的进出局（站）段。

② 城市主干街道两侧、穿越城市的主干街道、高速公路等不易进行扩建且需求

容量大的地段。

③ 按规划需要建设通道的地段。

6.10.2 通道的大小及埋深

① 通道的宽度宜为 1.4 ～ 1.6m，净高不宜小于 1.8m。

② 通道顶至路面不应小于 0.3m。

6.10.3 其他

① 通道根据土壤条件可采用混凝土基础或钢筋混凝土基础。

② 通道应采取有效的防水、通风、照明及防渗水措施。

6.11 地下定向钻孔敷设设计

6.11.1 地下定向钻孔敷设设计的一般规定

① 工程勘察应符合 GB 50021—2001《岩土工程勘察规范》和 CJJ 61-2017《城市地下管线探测技术规程》的规定。

② 地下定向钻孔穿越通信管道施工一般在穿越公路、河流、地表障碍物及不允许大面积开挖的情况下使用，也可用于常规的地下通信管道的施工。

③ 地下定向钻孔敷设穿越管段的入土角宜为 6°～ 20°，出土角宜为 4°～ 12°，应根据地质条件、穿越管径、穿越长度、管段埋深和弹性敷设条件来确定。

④ 穿越铁路、公路、堤防建（构）筑物时，穿越深度应符合有关技术的规定。

⑤ 地下定向钻孔不宜在卵石层、松散状砂土或粗砂层、砾石层与破碎岩石层中穿越。当出入土管段穿过一定厚度的卵石层、砾石层时，宜采取套管隔离、注浆固结、开挖换填措施。

⑥ 地下定向钻孔穿越施工应采用环保型泥浆，并应循环使用。

⑦ 地下定向钻孔设备铺设地下管线与地面建筑物基础、公路基础、地下原有管线的距离和穿越河道时，应按设计图纸提出的要求执行，设计图纸没有明确说明的，

可按以下要求确定。

A. 与建筑物基础外沿的水平净距离不小于 2.0m。

B. 当管线穿越公路时，与公路基础下沿的垂直净距离不小于 1.5m。

C. 和其他管线并行时，水平净距离执行 GB 50373—2019《通信管道与通道工程设计标准》的规定。

D. 与其他管线交叉时，垂直净距离不小于 0.8m。

E. 当管线穿越铁路时，与铁路基础下沿的垂直净距离应不小于 4m。

F. 当管线穿越河道时，应考虑河道宽度、河底地层土质，穿越垂直深度在河底标高以下不小于 3m。

⑧ 导向仪应根据工程规模、铺设管线穿越障碍的类型、管线铺设深度及施工现场周边的环境进行选择。

6.11.2　地下定向钻孔专用聚乙烯管材技术要求

1. 原材料

生产非开挖专用 PE 通信管的材料应使用符合国家化工原料产品标准的聚乙烯挤塑树脂颗粒，参考美国材料与试验协会标准 ASTM D3350-06 表 1 基本特性中的分类，采用高密度聚乙烯（High Density Poly Ethylene，HDPE），密度范围为 $0.941 \sim 0.965 \mathrm{g/cm^3}$。

2. 颜色

颜色为本色料加工，也可以根据需要定制其他颜色的管材。

3. 工艺外观

管端切割面应与管轴垂直平整，外观颜色均匀一致，无色斑，内外壁实体应平整、均匀、光滑，无塌陷、坑凹、气孔（泡）、裂纹、龟裂、外来夹带杂物或深度划痕等缺陷；外壁上的产品标识（含制造厂商、产品型号、生产日期、盘号、本盘累计长度）应完整、清楚。

4. 聚乙烯管材规格尺寸

① 常用非开挖专用 PE 通信管的规格及尺寸允差见表 6.9。最常用的是 ϕ110/94mm、ϕ110/92mm、ϕ110/90mm 通信管，其规格及尺寸允差应符合表 6.9 中的规定。

表 6.9　常用非开挖专用 PE 通信管的规格及尺寸允差

规格（D/d）/mm	类型	外径 D/mm		最小内径 d/mm	壁厚 /mm		椭圆度 /%	
		标称值	允差		标称值	允差	绕盘前	绕盘后
φ110	普通型	110	（注）	94	8.0	± 0.3	≤ 2	≤ 3
				92	9.0			
φ110/90	加强型	110	（注）	90	10.0	± 0.3	≤ 2	≤ 3

注：表示只控制内径及壁厚，对外径不做规定。

② 为运输及施工方便，非开挖专用 PE 通信管应有序缠绕在水平盘架上，绑扎成盘卷。盘架的结构应满足管材最小弯曲半径的要求，弯曲半径过小会导致管材过量变形。盘卷推荐内径的计算方法如下。

盘卷推荐内径＝管材标称外径 /0.055

例如，φ110mm 专用 PE 通信管推荐盘卷的最小内径为 φ110/0.055mm ＝ φ2000mm，即约 φ2m，以保证盘卷不会打折并形成死角度和便于运输。

5. 常用非开挖专用 PE 通信管每盘出厂标称长度及允差

常用非开挖专用 PE 通信管出厂标称长度及允差见表 6.10，管材中部不得有断头和接头。为避免浪费，施工单位应预先确定所需管材的长度，通知供应商按每盘长度要求运输到工地现场交货。

表 6.10　常用非开挖专用 PE 通信管出厂标称长度及允差

规格 /mm	长度 /m	长度允差 /%
φ110	50 ～ 300	0 ～ 0.3

6. 专用 PE 通信管材的性能指标

① PE 通信管材采用高密度聚乙烯材料制成。

② PE 通信管的优点主要有：无毒性，不会对环境造成污染；热熔连接性能优良，便于熔接；柔韧性好，便于盘卷和施工安装；耐腐蚀性好，能在盐碱和酸性土壤中使用；在地下埋设使用寿命长；抗应力开裂性好；低温抗冲击性优良等。

③ PE 通信管的缺点主要有：强度低，遇坚硬物碰撞、挤压易引起凹痕，甚至穿孔；没有阻燃性，不能用于防火要求较高的场所，易受紫外线和高温老化影响，进而缩短使用寿命，不能长时间在露天堆放或使用。

④ 常用规格的地下定向钻孔专用 PE 通信管材性能指标见表 6.11。

表 6.11　常用规格的地下定向钻孔专用 PE 通信管材性能指标

序号	项目	技术指标		
		ϕ110/94mm，ϕ110/92mm，ϕ110/90mm		
1	内壁摩擦系数	静态[1]：≤ 0.3		
		动态[2]：≤ 0.2		
2	拉伸强度 /MPa	≥ 22		
3	断裂伸长率 /%	≥ 380（测试方法按 GB/T 8804.1—2003 的规定）		
4	纵向回缩率 /%	≤ 3.0（测试按 YD/T 841—1996 及 GB/T 6671—2001 的规定）		
5	最大牵引负荷 /kN	≥ 54		
6	最小弯曲半径 /mm	1000		
7	环刚度 /（kN/m²）	壁厚 8.0	壁厚 9.0	壁厚 10.0
		≥ 40	≥ 45	≥ 50
8	扁平试验	垂直方向加压至外径变形量为原外径的 50% 时立即卸荷，试样不破裂、不分层		
9	复原率 /%	垂直方向加压至外径变形量为原外径的 50% 时立即卸荷，试样不破裂、不分层，10min 后外径应能自然恢复到原来的 85% 以上		
10	氧化诱导时间（200℃）/min	≥ 20		
11	耐化学介质腐蚀[3]	将管试样分别置于 5% 的 NaCl、40% 的 H_2SO_4、40% 的 NaOH 溶液中浸泡 24h，无明显被腐蚀现象		
12	耐碳氢化合物性能	用庚烷浸泡720h后对 PE 通信管施加 528N 的外力，试样不损坏，产生的永久变形不超过 5%		

注：1. 内壁静态摩擦系数采用平板法，按 JT/T 496—2004 附录 C 规定。
　　2. 内壁动态摩擦系数采用圆鼓法，按 JT/T 496—2004 附录 D 规定。
　　3. 这项指标适用于有强烈酸、碱、盐等的腐蚀性环境中使用的 PE 通信管。

7. 专用 PE 通信管熔接

在地下定向钻孔敷设施工过程中，专用 PE 通信管一般不需要熔接，但在以下情况，需要在工地现场熔接。

① 敷设超长 PE 通信管材。

② 抢修损坏的专用 PE 通信管。

用热熔接的接头可以是管端对管端，或者是管端对承插式管件。热熔接时应使用专用工具，且仅限于在相同管材之间进行熔接。

8. 专用 PE 通信管端帽

专用 PE 通信管两端应使用端帽密封，以防止水或尘土杂物进入管内。

9. 管材能承受的最大牵引负荷

① 单根管材能承受的"最大牵引负荷"来自以下两个方面。

A. 通过拉伸强度计算最大牵引负荷，方法如下。

地下定向钻孔专用 PE 通信管的拉伸强度如果大于或等于 20MPa（即 20N/mm^2，也可以根据实测值），ϕ110/92 壁厚为 9.0mm，可计算得出专用 PE 通信管材的截面积 $S = 2854.26$mm^2。

最大牵引负荷计算：20（N/mm^2）$\times S$（mm^2）$= 57085.20$（N）。

B. 通过对管材整体拉力进行测试，可直接获得最大牵引负荷值，具体测试方法如下。

有 6 根地下定向钻孔专用 PE 通信管，取 50% 为拉力安全系数，按 1kN $= 0.102$T 换算，则最大回拖力估算如下。

地下定向钻孔专用 PE 通信管：54（kN）$\times$ 6（根）$\times$ 50% $= 162$（kN）（即约为 16.5 吨）。

由于每根管子与地下管廊的接触面积和摩擦力有差异，如果不设置安全系数，回拖时有部分管子的拉力会超过极限，会被拉瘪、拉长，拉长的管子还会回缩，所以应按照规范，在两端人孔内各留 1m 的长度余量。

不同类型同口径的管材很难准确估算钻机回拖力，例如，地下定向钻孔专用硅芯管和专用 PE 通信管一起回拖，一般以占管束空间面积的比例大、材料"拉伸强度"低为计算依据，需要通过现场试验和经验来确定。

② 单孔管道回拖时的允许拖拉力的计算方法如下。

允许拖拉力的计算方法如式（6-2）所示。

$$F = \sigma \times \frac{\pi\left(D_N^2 - D_O^2\right)}{8} \qquad \text{式（6-2）}$$

在式（6-2）中：

F——允许拖拉力（N）。

σ——管材的屈服拉伸强度（MPa 或 N/mm^2），$\sigma = 20$ 或实测值。

D_N——管道外径（mm）。

D_O——管道内径（mm）。

③ 多孔管道回拖时的允许拖拉力的计算方法如下。

允许拖拉力的计算方法如式（6-3）所示。

$$F_n = n \times F \qquad\qquad 式（6-3）$$

在式（6-3）中：

F_n——允许拖拉力（N）。

n——同时回拖聚乙烯管道根数。

6.11.3　导向孔设计

1. 导向孔轨迹设计

① 在地下情况探明并确定出土、入土点后，可根据管道埋深设计规划钻进轨迹。

② 钻进轨迹通常由入土点、斜直线段、曲线段、水平直线段、过渡段、直线段、出土点组成。

③ 曲线段的曲率半径应大于钻杆和管道的最小弯曲半径，例如，材料为 S135、长度为 5m 的钻杆最小弯曲半径为 70m 左右。PE 管有较强的柔性，能适应钻杆钻出的任何孔道。当钻具的入土角较大而曲率半径一定时，钻孔深度会加深，入土角较小有利于钻杆受力和管道回拖。

④ 导向孔轨迹设计应满足 GB 50373—2019《通信管道与通道工程设计标准》和 GB/T 50374—2018《通信管道工程施工及验收标准》的规定。

导向孔轨迹设计参数如图 6.2 所示，图 6.2 中的各种导向孔轨迹设计参数可按公式（6-4）计算。

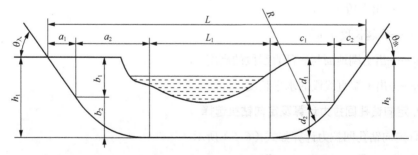

图 6.2　导向孔轨迹设计参数

$$a_2 = R \times \sin\theta_\lambda$$
$$b_2 = R \times (1 - \cos\theta_\lambda)$$
$$b_1 = h_1 - b_2$$
$$a_1 = b_1 / \tan\theta_\lambda$$
$$c_1 = R \times \sin\theta_出 \qquad\qquad\qquad 式（6-4）$$
$$d_2 = R \times (1 - \cos\theta_出)$$
$$d_1 = h_2 - d_2$$
$$c_2 = d_1 / \tan\theta_出$$

$$L_1 = L - a_1 - a_2 - c_1 - c_2$$

在式（6-4）中：

a_2——入土端曲线段的水平长度（m）。

b_2——入土端曲线段的高度（m）。

b_1——入土端直线段的高度（m）。

a_1——入土端直线段的水平长度（m）。

c_1——出土端曲线段的水平长度（m）。

d_2——出土端曲线段的高度（m）。

d_1——出土端直线段的高度（m）。

L_1——底部直线段的长度（m）。

R——曲率半径（m）。

θ_λ——入土角（°）。

h_1——入土端地面与底部直线段的高度（m）。

$\theta_出$——出土角（°）。

L——穿越长度（m）。

h_2——出土端地面与底部直线段的高度（m）。

c_2——出土端直线段的水平长度（m）。

2. 定向钻孔回拉力计算及定向钻机选择

① 定向钻孔回拉力计算如式（6-5）所示。

$$F = \pi L f \left[\frac{D^2}{4}\gamma_m - \gamma_p\delta(D-\delta) \right] + k\pi DL \qquad 式（6-5）$$

在式（6-5）中：

F——计算的拉力（t）。

L——穿越长度（m）。

f——摩擦系数，一般取 0.1 ～ 0.3。

D——生产管直径（m）。

γ_m——泥浆密度（t/m³ 或 g/cm³），一般取 1.1 ～ 1.2。

γ_p——管材密度（t/m³ 或 g/cm³），DN110 × 10.0mm PE 管密度为 0.92t/m³。

δ——生产管壁厚（m），0.01m。

k——黏滞系数，一般 k 为 0.01 ～ 0.03。

② 根据公式（6-5）计算得出回拉力 F，根据 GB 50423《油气输送管道穿越工程设计规范》中采用的回拖力估算方法，钻机最大回拖力可按公式（6-5）计算值的 1.5 ～ 3.0 倍选取。

③ 定向钻机的类型和特性

定向钻机的类型和特性见表 6.12。

表 6.12 定向钻机的类型和特性

分类	小型	中型	大型
给进力或回拉力 /kN	＜ 100	100 ～ 450	＞ 450
扭矩 /（kN·m）	＜ 3	3 ～ 30	＞ 30
回转速度 /（r/min）	＞ 130	100 ～ 130	＜ 130
功率 /kW	＜ 100	100 ～ 180	＞ 180
钻杆长度 /m	1.50 ～ 3.00	3.00 ～ 9.00	9.00 ～ 12.00
给进机构	钢绳和链条	链条或齿轮齿条	齿轮齿条
钢管直径 /mm	＜ 350	350 ～ 600	600 ～ 1200
铺管长度 /m	＜ 300	300 ～ 600	600 ～ 1500
铺管深度 /m	＜ 6	6 ～ 15	＞ 15

3. 钻进液配制

① 钻进液应满足非砂排泥、稳定孔壁、冷却钻头、润滑钻具、润滑所铺管道、软化并辅助破碎硬地层、调整钻进方向、在钻进硬地层时为泥浆电动机提供动力等要求。

② 钻进液常用配料：水、膨润土、工业碱、钠羧甲基纤维素、聚丙烯酰胺、植物胶、生物聚合物等，加料顺序为水、工业碱、膨润土、其他所需的处理剂。

③ 配制钻进液所需的配料主要根据钻进时地层土质的变化调整和确定加量。

④ 钻进液一般应在专用搅拌箱内配制，有些情况下也可在挖池内配制。

⑤ 钻进液的性能参数应根据不同的地质条件、孔径、钻孔长度、钻进工艺、孔内情况等因素进行调整和控制。

⑥ 钻进液的 pH 值应控制在 8 ～ 10。

⑦ 钻进液的密度一般应控制在 1.02 ～ 1.25g/cm³，现场可用标准泥浆比重称测试。

⑧ 钻进液黏度的现场测量宜用马氏漏斗，每 2h 测量一次，泥浆黏度应根据地质情况确定，泥浆马氏黏度见表 6.13。

表 6.13　泥浆马氏黏度

项目	管径	地层					
		黏土	亚黏土	粉砂细砂	中砂	粗砂砾砂	岩石
导管	—	35 ～ 40	35 ～ 40	40 ～ 45	45 ～ 50	50 ～ 55	40 ～ 50
扩孔及回拖	φ426mm 以下	35 ～ 40	35 ～ 40	40 ～ 45	45 ～ 50	50 ～ 55	40 ～ 50
	φ426 ～ φ711mm	40 ～ 45	40 ～ 45	45 ～ 50	50 ～ 55	55 ～ 60	45 ～ 55
	φ711 ～ φ1016mm	45 ～ 50	45 ～ 50	50 ～ 55	55 ～ 60	60 ～ 80	50 ～ 55
	φ1016mm 以上	45 ～ 50	50 ～ 55	55 ～ 60	60 ～ 70	65 ～ 85	55 ～ 65

⑨ 对于水敏性和松散性土质，钻进液的失水量必须严格控制在 16mL/30min 以下，失水量采用标准的气压式失水量仪测定。

⑩ 在整个施工过程中，钻进液宜回收、循环使用。从钻孔中返回的钻进液要在泥浆沉淀池或泥浆净化设备中被处理，达到使用性能后才能重新使用。其中，处理后钻进液的含砂量应小于 3%，用含砂量仪测定。

⑪ 应及时处理钻进液废浆，避免或尽量减少污染。

6.11.4　地下定向钻孔施工要求

1. 工艺流程

工艺流程：收集资料→现场地下管线探测（仪器探测、人工探测）→穿越曲线设计（地下管线图绘制）→编制专项施工方案→钻机设备就位前准备→出入点工作坑开挖→钻机就位→钻导向孔→扩孔→回拖→机器出场→现场清理。

地下管线探测的基本程序包括：接受任务（委托）、技术准备、地下管线探查、地下管线测量、数据处理、建立地下管线数据库、编写技术总结报告和成果质量检查与验收。当探测任务较简单或工作量较小时，上述程序可简化。

地下管线探测的范围应不小于穿越路由两侧各 5m，要查明既有地下管线的性质、类型及所在的地下空间位置，探测后，应通过地面检查井、闸门井、人（手）孔等标志物复核。

2. 定向钻施工前的检查内容

定向钻施工前应检查以下内容，确认条件具备时方可开始钻进。

① 设备、人员应符合以下要求。

A. 设备应安装牢固、稳定，钻机导轨与水平面的夹角符合入土角要求。

B. 钻机系统、动力系统、泥浆系统等调试合格。

C. 导向控制系统安装正确，校核合格，信号稳定。

D. 钻进、导向探测系统的操作人员培训合格。

② 管道的轴向曲率、管材轴向弹性性能和成孔稳定性应符合设计要求。

③ 按施工方案确定入土角、出土角。

④ 无压管道从竖向曲线过渡至直线后，应设置控制井，控制井的设置应结合检查井、入土点、出土点的位置综合考虑，并在导向孔钻进前完成施工。

⑤ 进、出控制井洞口范围的土体应稳固，入土端开挖 2.0m × 1.5m × 1.0m 的工作坑，出土端开挖 4.0m × 2.0m × 1.5m 的泥浆储运坑，具体位置视现场情况而定。如果路面以下的路基为不宜穿越的砂砾石层，则工作坑须适当地延长并加深，以使入土点、出土点及穿越曲线能够在土层中。

⑥ 现场勘察资料既是导向孔轨迹设计的重要依据，也是决定施工难易程度的重要因素，如果施工部位变化较大，则应做出相应的应急方案。具体应确定以下内容：钻孔轴线和地面走向，地面相对高度，确定导向孔造斜长度和入钻点的位置及铺管长度和布管的位置；钻机等设备的进场路线、出场路线、道路情况及布置钻机和配套设备所占用的场地和空间。

⑦ 测量施工所在地的地形和地貌、地下管线走向及埋深情况，找准入钻点的准

确位置。

⑧ 调查落实设备进场路线、钻杆倒运路线及行人的来往通行规律，采取安全措施，确保管线工程顺利施工。

⑨ 复查施工所在地的污水管、自来水管、高压电缆和通信电缆的位置及埋深是否和本次工程穿越的管道交叉。

3. 钻导向孔的施工要求

① 施工负责人应校准轴线及钻机就位情况，只有检查无误后，才能开始钻进施工。将探头装入探头盒，标定、校准后再把导向钻头连接到钻杆上，转动钻杆测试探头发射信号是否正常。

② 回转钻作业时每隔 2m 测定一次钻头的位置，入土深度达到设计管位中心高程时，导向杆沿管道轴线直走，直接到达接收井。钻导向孔时要求每根钻杆的角度改变量最大不超过 2°，连续 4 根钻杆的累计角度改变量应控制在 8° 以内（钻杆每节 3m）。

③ 在钻导向孔的过程中，技术人员应根据钻头的角度、深度等数据，判断钻孔的位置与钻进路线图的偏差，再告知钻机操作人员进行调整，确保钻头沿设计轨迹钻进，及时记录导向数据，施工中应适当地控制钻进的速度，保证导向孔壁光滑。

④ 在钻导向孔时，按照地质构造的不同，应详细制订合理的泥浆配比方案，规定在不同的地质情况下选用不同的泥浆配方，充分提高泥浆的护壁能力，降低土层的摩擦系数，从而防止钻具粘卡。

⑤ 完成导向孔后，经施工负责人检查合格后方可预扩孔。

4. 扩孔的施工要求

① 根据管线直径，采用扩孔器扩孔，以满足管线回拖施工的要求。

② 完成导向孔后，在出土点换上旋转接头和扩孔器回扩，经回扩的最终孔道直径应是管群断面直径的 1.5 ～ 2.0 倍。如果一次回扩不能满足要求，则可多次回扩，扩孔器后面应接入钻杆，以保证下一次回扩的顺利进行。

③ 扩孔宜采用分级、多次扩孔的方式，在扩孔的过程中，如果发现扭矩、拉力仍较大，则可再进行洗孔作业。

④ 扩孔时应按照地质构造的不同制订详细合理的泥浆配比方案，规定在不同的地质情况下选用不同的泥浆配方，充分提高泥浆的护壁能力，在造斜段使用的泥浆

中添加某种添加剂的含量，降低土层的摩擦系数，从而防止钻具粘卡。

⑤ 完成扩孔后，在回拉管材前应进行 1 ～ 4 次清孔，清除孔内的泥渣，保证管材能够顺利拖进。

5. 管线回拖的施工要求

① 敷设盘圈的管材时，应使用滚轮支架放管，保证管材的顺直。

② 敷设直管时，拉管前应采用热熔法将每根塑料管接续至超过钻孔曲线长度。熔接的管材必须是同质、同径、同壁厚的，管材的端面处理、熔接温度、翻边宽度、融合强度必须符合设计要求和相关标准。

③ 拖拉管材的每个端头必须使用与管口内径相同的木塞，封堵必须严密。

④ 管线回拖时应根据场地和路面的情况安排、指导、协调人员，并保持联络畅通，使管线在回拖中保持行动一致。

⑤ 拖管可与最后一次扩孔同时进行，作用在管道上的拉力不能太大，以免拉伤PE 管。

⑥ 管材可选择拉管法、穿牛鼻法等制作拖拉头，连接顺序为钻杆、清孔钻头、分动器和管材。

⑦ 敷设多根管材时，必须保持各根管材间的相对位置不变，不可出现插绞现象。

⑧ 钻杆的回拉应慢拖匀速，拉力应严格控制在管材的允许拉力范围以内。

⑨ 回拖管线时确保泥浆充分供给，添加合理。

⑩ 敷设完毕的管道应裁剪至合适长度并有一定的余量，裁剪后的管道两端必须及时封堵管口。

6.12　设计图纸的内容与要求

设计图纸主要包括局址及进局管线图、管道分布总图、通信管道平面图、管道剖面图和管道横断面图。

1. 局址及进局管线图

局址及进局管线图可用局址总平面布置图或 1 : 500 城市地图绘制，图中应表明主楼及附属房屋的具体形状、位置、街道名称，还应表明电缆进线室在主机楼房平面布置中的位置、局前人孔的位置及进局管线路由、进局管线方向及其与电缆进线室的长轴的关系。

2. 管道分布总图

管道分布总图可用城市地图绘制，比例以能清楚表达图纸内容、便于查看为准。管道分布总图内应表明本期工程新建管道的路由与大致位置，新建人孔的位置、型号、数量，管道段长、孔数、管材、管孔断面组合及必要的文字说明。

3. 通信管道平面图

通信管道平面图主要标识管道在平面位置的情况，比例一般为 1∶500 或 1∶1000，主要包括以下内容。

① 管道中心线在道路上的平面位置。

② 人孔中心位置及相关距离。

③ 人孔间的中心段长、管孔数量及管孔组合。

④ 引上管道的平面位置，引上点的相对位置。

⑤ 其他管线与建筑物在道路平面上的相对位置。

⑥ 道路方向、接图符号等。

4. 管道剖面图

管道剖面图应清楚地标识管道在剖面中的埋设情况，一般横向长度比例取定与平面图比例相同，以便于和平面图纸合并及对应相关位置，纵向高度比例为 1∶50，主要包括以下内容。

① 管道在不同位置时的埋设深度。

② 管道坡度。

③ 其他管线的埋设深度、位置及大小。

④ 人孔位置及路面高度。

⑤ 路面程式及土质情况。

⑥ 人孔程式及深度。

⑦ 管道挖沟深度。

5. 管道横断面图

管道横断面图主要标识管道断面，沟底、沟面宽度及平均挖深，管道组群方式与建筑方式，地基与基础等。

第7章 概预算编制

7.1 概预算的费用构成

7.1.1 建设项目总投资

建设项目总投资是指投资主体为获取预期收益，在选定的建设项目上投入所需全部资金的经济行为。生产性建设项目总投资包括固定资产投资和包含铺底流动资金在内的流动资产投资两个部分，而非生产性建设项目总投资只有固定资产投资，不包含流动资产投资。建设项目总投资费用构成如图7.1所示。

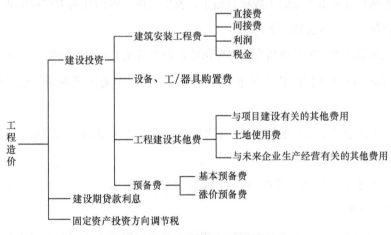

图 7.1 建设项目总投资费用构成

7.1.2 信息通信建设工程项目总费用的构成

为了适应通信建设发展的需要，工业和信息化部通信〔2016〕451号文发布的《信息通信建设工程费用定额》规定了信息通信建设工程项目总费用的构成。信息通信建设工程总费用由各单项工程总费用构成。

7.1.3 信息通信建设单项工程总费用的构成

信息通信建设单项工程总费用由工程费、工程建设其他费、预备费、建设期利息4个部分构成。信息通信建设单项工程总费用构成如图7.2所示。

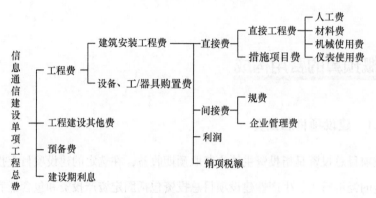

图7.2 信息通信建设单项工程总费用构成

1. 措施项目费

措施项目费是指为完成工程项目施工,发生于该工程前和施工过程中非工程实体项目的费用,具体包括以下内容。

① 文明施工费:施工现场为达到环保要求和文明施工所需要的各项费用。

② 工地器材搬运费:由工地仓库(或指定地点)至施工现场转运器材而产生的费用。

③ 工程干扰费:信息通信建设工程因市政管理、交通管制、人流密集、输配电设施等影响工效的补偿费用。

④ 工程点交、场地清理费:按规定编制竣工图及资料、工程点交、施工场地清理等产生的费用。

⑤ 临时设施费:施工企业为进行工程施工必须设置的生活和生产用的临时建筑物、构筑物和其他临时设施等产生的费用。临时设施费用包括临时设施的租用或搭设、维修、拆除费或摊销费。

⑥ 工程车辆使用费:工程施工中接送施工人员、生活用车等(含过路、过桥)费用。

⑦ 夜间施工增加费:是指因夜间施工所产生的夜间补助费、夜间施工降效、夜

间施工照明设备摊销及照明用电等费用。

⑧ 冬 / 雨季施工增加费：是指在冬 / 雨季施工时所采取的防冻、保温、防雨等安全措施及工效降低所增加的费用。

⑨ 生产工具、用具使用费：是指施工所需要的不属于固定资产的工具、用具等的购置、摊销、维修费。

⑩ 施工用水电蒸汽费：是指施工生产过程中使用水、电、蒸汽所产生的费用。

⑪ 特殊地区施工增加费：是指在原始森林地区、海拔 2000m 以上的高原地区、化工区、核污染区、沙漠地区、山区无人值守站等特殊地区施工所需增加的费用。

⑫ 已完工程及设备保护费：是指竣工验收前，对已结束的工程及其设备进行保护所需的费用。

⑬ 运土费：是指直埋光（电）缆、管道工程施工时从远离施工地点的场所取土及必须向外倒运出土方所产生的费用。

⑭ 施工队伍调遣费：是指因建设工程的需要，应支付施工队伍的调遣费用。该项费用具体包括调遣人员的差旅费、调遣期间的工资、施工工具与用具等的运费。

⑮ 大型施工机械调遣费：是指大型施工机械调遣所产生的运输费用。

2. 规费

规费是指政府和有关部门规定必须缴纳的费用，具体包括以下内容。

（1）工程排污费

企业应按规定缴纳的工程排污费。

（2）社会保障费

① 养老保险费：企业按照规定为职工缴纳的基本养老保险费。

② 失业保险费：企业按照规定为职工缴纳的失业保险费。

③ 医疗保险费：企业按照规定为职工缴纳的基本医疗保险费。

④ 生育保险费：企业按照规定为职工缴纳的生育保险费。

⑤ 工伤保险费：企业按照规定为职工缴纳的工伤保险费。

（3）住房公积金

企业按照规定为职工缴纳的住房公积金。

（4）危险作业意外伤害保险费

企业为从事危险作业的建筑安装施工人员支付的意外伤害保险费。

3. 企业管理费

企业管理费是指施工企业组织施工生产和经营管理所需的费用，具体包括以下内容。

① 管理人员工资。

② 办公费。

③ 差旅交通费。

④ 固定资产使用费。

⑤ 工具、用具使用费。

⑥ 劳动保险费。

⑦ 工会经费。

⑧ 职工教育经费。

⑨ 财产保险费。

⑩ 财务费。

⑪ 税金。

⑫ 其他：具体包括技术转让费、技术开发费、业务招待费、绿化费、广告费、公证费、法律顾问费、审计费、咨询费等。

4. 工程建设其他费

（1）建设用地及综合赔补费

按照《中华人民共和国土地管理法》等法律法规，建设项目征用土地或租用土地应支付的费用具体包括以下内容。

① 土地征用及迁移补偿费。

② 征用耕地按规定一次性缴纳的耕地占用税，征用城镇土地在建设期间按规定每年缴纳的城镇土地使用税，征用城市郊区菜地按规定缴纳的新菜地开发建设基金。

③ 建设企业租用建设项目土地使用权而支付的租地费用。

④ 建设企业因建设项目期间租用建筑设施、场地的费用，以及因项目施工造成所在地企事业单位或居民的生产、生活被干扰而支付的补偿费用。

（2）项目建设管理费

项目建设企业从项目筹建之日起至办理竣工财务决算之日止发生的管理性质

的开支。

（3）可行性研究费

（4）研究试验费

（5）勘察设计费

（6）环境影响评价费

（7）建设工程监理费

（8）安全生产费

（9）引进技术及进口设备其他费

（10）工程保险费

（11）工程招标代理费

（12）专利及专用技术使用费

（13）其他费

根据建设工程的需要，必须在建设项目中列支的其他费用，例如，中介机构审查费等。

（14）生产准备及开办费

5. 预备费

预备费是指在建设工程初步设计阶段设计及概算时难以预料的工程费用，预备费包括基本预备费和价差预备费。

（1）基本预备费

① 在技术设计、施工图设计和施工过程中，批准的初步设计和概算范围内所增加的工程费用。

② 由一般自然灾害所造成的损失和预防自然灾害所采取的措施费用。

③ 竣工验收为鉴定工程质量，必须开挖和修复隐蔽工程的费用。

（2）价差预备费

设备、材料的价差产生的费用。

6. 建设期利息

建设期利息是指建设项目贷款在建设期内产生并应计入固定资产的贷款利息等财务费用。

7.2 概预算编制说明

7.2.1 设计阶段划分

一般工业与民用建设项目按照初步设计和施工图设计两个阶段进行，我们称之为"两阶段设计"。对于技术上复杂的项目，我们可以按照初步设计、技术设计、施工图设计 3 个阶段进行，称之为"三阶段设计"。

小型建设项目中如果技术简单，则可简化为"一阶段设计"，即直接做施工图设计。

7.2.2 概预算编制依据

1. 设计概算的编制依据

设计概算的编制依据包括以下内容。

① 批准的可行性研究报告。

② 初步设计图纸及有关资料。

③ 国家相关管理部门发布的有关法律、法规、标准规范。

④《信息通信建设工程预算定额》（目前，《信息通信工程用预算定额》代替了概算定额编制概算）《信息通信建设工程费用定额》及其有关文件。

⑤ 建设项目所在地政府发布的土地征用和赔补费等有关规定。

⑥ 有关合同、协议等。

2. 施工图预算的编制依据

施工图预算的编制依据包括以下内容。

① 批准的初步设计概算或可行性研究报告及有关文件。

② 施工图、标准图、通用图及其编制说明。

③ 国家相关管理部门发布的有关法律、法规、标准规范。

④《信息通信建设工程预算定额》《信息通信建设工程费用定额》及其有关文件。

⑤ 建设项目所在地政府发布的土地征用和赔补费用等有关规定。

⑥ 有关合同、协议等。

7.2.3　概预算组成

1. 设计概算由编制说明和概算表组成

（1）编制说明

编制说明包括以下内容。

① 工程概况、概算总价值。

② 编制依据及采用的取费标准和计算方法的说明。

③ 工程技术经济指标分析包括分析各项投资的比例和费用，分析投资情况，说明设计的经济合理性及编制中存在的问题。

④ 其他需要说明的问题。

（2）概算表

2. 施工图预算由编制说明和预算表组成

（1）编制说明

编制说明包括如下内容。

① 工程概况、预算总价值。

② 编制依据及采用的取费标准和计算方法的说明。

③ 工程技术经济指标分析。

④ 其他需要说明的问题。

（2）预算表

7.2.4　概预算表格

信息通信建设工程概算、预算表格统一使用 5 种共 10 类表格。

1. 建设项目总概预算表（汇总表）

本表用于编制建设项目总概预算，建设项目的全部费用在本表中汇总。

2. 工程概预算总表（表一）

本表用于编制单项工程概预算。

3. 建筑安装工程费用概预算表（表二）

本表用于编制建筑安装工程费。

4. 建筑安装工程量概预算表（表三）甲

本表用于编制工程量，并计算技工和普工总工日数量。

5. 建筑安装工程机械使用费概预算表（表三）乙

本表用于计算机械使用费。

6. 建筑安装工程仪器仪表使用费概预算表（表三）丙

本表用于计算仪表使用费。

7. 国内器材概预算表（表四）甲

本表用于编制主要材料、设备和工 / 器具费。

本表可根据需要拆分成主要材料表、需要安装的设备表和不需要安装的设备、仪表、工 / 器具表。表格标题下面括号包含根据需要填写"主要材料""需要安装的设备""不需要安装的设备、仪表、工 / 器具"字样。

8. 引进器材概预算表（表四）乙

本表用于编制进口的主要材料、设备和工 / 器具费。

本表可根据需要拆分成主要材料表、需要安装的设备表和不需要安装的设备、仪表、工 / 器具表。表格标题下面括号包含根据需要填写"主要材料""需要安装的设备""不需要安装的设备、仪表、工 / 器具"字样。

9. 工程建设其他费概预算表（表五）甲

本表用于编制国内工程计列的工程建设其他费。

10. 引进设备工程建设其他费用概预算表（表五）乙

本表用于编制进口设备工程所需计列的工程建设其他费。

概预算表格填写顺序：表三、表四、表二、表五、表一。

7.2.5 概预算编制程序

信息通信建设工程概预算按实物法编制，具体步骤如下。

① 收集资料，熟悉图纸。

② 计算工程量。

③ 套用定额，选用价格。

④ 计算各项费用。

⑤ 复核。

⑥ 撰写编制说明。

⑦ 审核出版。

7.3 概预算编制注意事项

目前，信息通信建设工程概预算编制以工业和信息化部通信〔2016〕451 号《工业和信息化部关于印发信息通信建设工程预算定额、工程费用定额及工程概预算编制规程的通知》为依据，但在实际工作中，在费率费用的取定、工日系数的调整等方面，在执行费用定额、预算定额的过程中会产生很多问题。为了更好地执行定额，力求准确地编制工程概预算，避免错误，我们现将容易发生错误的子项汇总如下，大家可在编制过程中注意。

7.3.1 费用定额

1. 不可竞争费

文明施工费、规费和安全生产费是不可竞争费，不得随意取消或打折，必须在不漏项、不打折的前提下进行计算。

2. 各阶段预备费的计列情况

① 工程采用"三阶段设计"时，初步设计阶段编制设计概算，计列预备费；技术设计阶段编制修正概算，计列预备费；施工图设计阶段编制施工图预算，不计预备费。

② 工程采用"二阶段设计"时，初步设计阶段编制设计概算，计列预备费；施工图设计阶段编制施工图预算，不计预备费。

③ 工程采用"一阶段设计"时，编制施工图预算，但施工图预算应反映全部费用内容，即除了工程费和工程建设其他费，还应计列预备费、建设期利息等费用。

3. 辅助材料费的计算原则

辅助材料费＝主要材料费 × 辅助材料费费率

凡是建设单位提供的利旧材料，其材料费不计入工程成本，但可以作为计算辅助材料费的基础。

4. 工地器材搬运费

工地器材搬运费是指由工地仓库（或指定地点）至施工现场转运器材而产生的

费用，区别于运杂费。

因施工场地条件限制导致一次运输不能到达工地仓库时，可在此费用中按实际情况计列二次搬运费，该项费用必须详细说明。

5. 工程干扰费

工程干扰费是指信息通信工程因市政管理、交通管制、人流密集、输配电设施等影响工效的补偿费用。该费用中必须明确干扰区域，其中，干扰地区是指城区、高速公路隔离带、铁路路基边缘等施工地带。城区的界定以当地规划部门的规划文件为准。

6. 工程车辆使用费和机械使用费的区别

工程车辆使用费是指工程施工中接送施工人员用车、生活用车等（含过路、过桥）费用，包括生活用车、接送施工人员用车和其他零星用车，不含直接生产用车。

机械使用费是指在建筑安装施工过程中，使用施工机械作业所产生的一切费用，具体包括折旧费、大修理费、经常修理费、安拆费、燃料动力费、人工费及税费等。

这两项使用费含义不同，不能随意取消工程车辆使用费。

7. 夜间施工增加费

夜间施工增加费是指因夜间施工所产生的夜间补助费、夜间施工降效、夜间施工照明设备摊销及照明用电等费用。

此项费用不考虑施工时段，均按相应费率计取。

8. 冬/雨季施工增加费

冬/雨季施工增加费是指在冬/雨季施工时所采取的防冻、保温、防雨等安全措施及工效降低所增加的费用。相关费率按地区分类取定。

此项费用在编制预算时不用考虑施工所处的季节，均按相应费率计取。如果工程跨越多个地区分档，则应按高档计取该项费用。

需要注意的是，综合布线工程不计取该项费用。

9. 施工用水电蒸汽费

施工用水电蒸汽费是指在施工生产过程中使用水、电、蒸汽所产生的费用。信息通信建设工程依照施工工艺要求按实际情况计列施工用水电蒸汽费。

我们在编制概预算时，有规定的费用按规定计算，无规定的费用根据工程具体情况计算。如果建设单位无偿提供水、电、蒸汽，则不应计列此项费用。

10. 销项税额的定义及计算公式

销项税额是指按国家税法规定应计入建筑安装工程造价内的增值税销项税额。

销项税额＝（人工费＋乙供主材费＋辅助材料费＋机械使用费＋仪表使用费＋措施费＋规费＋企业管理费＋利润）× 税率＋甲供主材费 × 税率

计算时，一定要分清楚甲供材料和乙供材料，税率按国家最新标准计取。

11. 材料的运输距离

我们在编制概算时，除水泥及水泥制品的运输距离按 500km 计算，其他类型的材料运输距离按 1500km 计算。

我们在编制预算时，按主要器材的实际平均运输距离计算（工程中所需器材品种很多，在编制预算时不可能知道所有器材的实际运输距离，运输距离只能按其中，占比较大的、价值较高的计算）。

12. 光缆费用

光缆不能列在设备表中，否则安全生产费、辅助材料费、销项税额等无法正确计算。

13. 大型施工机械调遣费计算原则

大型施工机械调遣费是指大型施工机械调遣所产生的运输费用，计取费用不受距离限制。

大型施工机械调遣费＝调遣用车运价 × 调遣运距 ×2

14. 直接费不能巧立名目列入工程建设其他费用

7.3.2　预算定额

（1）预算定额总体应用

预算定额适用于海拔高程为 2000m 以下、地震烈度为 7 度以下的地区，超过上述情况时，按有关规定单独计算处理。

（2）预算定额规则调整

在以下地区施工时，定额按下列规则调整。

① 高原地区调整系数见表 7.1。在高原地区施工时，定额人工工日、机械台班消耗量应乘以表 7.1 中列出的系数。

表 7.1 高原地区调整系数

海拔高程 /m		2000～3000	3000～4000	4000 以上
调整系数	人工	1.13	1.30	1.37
	机械	1.29	1.54	1.84

② 在原始森林地区（室外）及沼泽地区施工时，人工工日、机械台班消耗量乘以系数 1.30。

③ 在非固定沙漠地带进行室外施工时，人工工日乘以系数 1.10。

④ 其他类型的特殊地区按相关部门规定处理。

如果在施工中遇到上述情况时，只能参照较高标准计取一次，不应重复计列。

（3）预算定额特殊符号说明

预算定额中带有括号表示消耗量，供设计选用；"*"表示由设计确定其用量，不是不计取。

（4）预算定额特殊内容说明

预算定额中注有"××以内"或"××以下"者均包括"××"本身；"××以外"或"××以上"者则不包括"××"本身。

（5）人工工日相关说明

当通信线路工程的工程规模较小时，人工工日以总工日为基数按下列规定系数进行调整。

① 工程总工日在 100 工日以下时，增加 15%。

② 工程总工日在 100～250 工日时，增加 10%。

（6）拆除工程子目调整

拆除工程子目调整比例见表 7.2。本定额拆除工程不单立子目，发生时按表 7.2 规定执行。

表 7.2 拆除工程子目调整比例

序号	拆除工程内容	占新建工程定额的百分比	
		人工工日 / %	机械台班 / %
1	光（电）缆（无须清理入库）	40	40
2	埋式光（电）缆（清理入库）	100	100
3	管道光（电）缆（清理入库）	90	90
4	成端电缆（清理入库）	40	40

序号	拆除工程内容	占新建工程定额的百分比	
		人工工日 / %	机械台班 / %
5	架空、墙壁、室内、通道、槽道、引上光（电）缆（清理入库）	70	70
6	线路工程各种设备及除光(电)缆外其他材料(清理入库)	60	60
7	线路工程各种设备及除光（电）缆外其他材料（无须清理入库）	30	30

（7）施工测量的计算原则

不论是原有的还是新设的施工测量，一律计取，不分土质与地形。

① 室外路由长度，室内部分不计取。

② 综合布线工程不计取施工测量。

③ 同一工队、同一路由、同一种敷设方式、同期施工的两条及以上的光缆线路工程，施工测量只计取一次。

（8）光缆敷设长度和使用长度计算

① 光缆敷设长度计算。

光缆敷设长度＝施工丈量长度 $\times(1＋K‰)＋$设计预留

K 为自然弯曲系数，埋式光缆 K 为 7；管道 K 为 10；架空光缆 K 为 7～10。

② 光缆使用长度计算。

光缆使用长度 ＝ 敷设长度 $\times(1＋\sigma‰)$

σ 为光缆损耗率，埋式 σ 为 5；架空 σ 为 7；管道 σ 为 15。

（9）定额中关于立电杆、安装拉线的工日调整原则

① 定额中立电杆、安装拉线的工日为平原地区的定额，用于丘陵、水田、城区时按相应定额人工的 1.3 倍计取，用于山区时按相应定额人工的 1.6 倍计取。

② 更换电杆的原则。

更换电杆不能单纯地以工日翻倍，要结合具体情况而定，示例如下。

A. 将 8m 水泥电杆更换成 8m 水泥电杆，其人工按定额子目人工的 2 倍计取。

B. 将 8m 水泥电杆更换成 8m 木电杆，按拆除 1 根 8m 水泥电杆和新立 1 根 8m 木电杆分别计取人工工日。

C. 将 8m 木电杆更换成 12m 品接杆，按拆除 1 根 8m 木电杆和新立 1 座 12m 品

接杆分别计取人工工日。

（10）敷设大档距吊线的工日计取

敷设档距在 100m 及以上的吊线、光缆时，其人工按相应定额的 2 倍计取。

（11）中继段光缆测试定额

该值是按单窗口测试取定的，如果两个窗口（1310nm 和 1550nm）都要测试，则其人工和仪表定额要乘以系数 1.8。

（12）挖光缆沟长度计算

光缆沟长度＝图末长度－图始长度－（截流长度＋顶管长度）

（13）其他事项

工程量中已包含的工作内容，不可重复计列，示例如下。

① 挖沟定额不包括地下、地上障碍物处理的用工、用料。

② 水泵冲槽、截流挖沟、顶管等均包含土方工程量。

③ 架设吊线式墙壁光缆，已包含吊线架设的工日。

7.4 计算示例

7.4.1 直埋光缆

一条长途直埋光缆经过某市区，工程队伍经批准可在人行道上（人行道为 10cm 厚的水泥方砖路面）敷设该段直埋光缆，起点为 15km ＋ 200m，终点为 20km ＋ 500m，在该段落中包括人工顶管 30m、铺钢管保护 100m 和定向钻顶管 170m，要求沟深 1.5m，挖沟放坡系数为 0.1，计算以下内容。

① 施工测量长度。

② 破复路面面积。

③ 挖填光缆沟土方量。

④ 手推车倒运土方量。

⑤ 光缆的敷设长度（该段光缆各种预留总计 50m）。

其中：①～④的计算结果保留两位小数，⑤的计算结果保留 3 位小数。

具体计算过程如下。

（1）施工测量长度

（20000 ＋ 500）–（15000 ＋ 200）＝ 5.3（km）

（2）破复路面面积

① 先计算光缆沟的上底宽度。

本工程布放了一条直埋光缆，光缆沟下底宽度为 0.3m。由于沟深为 1.5m，挖沟放坡系数为 0.1，光缆沟上底宽度的计算如下。

0.3 ＋（1.5 × 0.1）× 2 ＝ 0.6（m）

② 计算开挖路面的长度。

由于人工顶管和定向钻顶管无须开挖路面，所以开挖路面长度的计算如下。

L ＝ 5300 – 30 – 170 ＝ 5100（m）

③ 破复路面面积。

0.6 × 5100 ＝ 3060（m^2）

（3）挖填光缆沟土方量

① 计算挖沟的实际深度

挖沟的实际深度＝光缆沟深 – 路面厚度＝ 1.5 – 0.1 ＝ 1.4（m）

② 挖沟的上底宽度

本工程布放了一条直埋光缆，光缆沟下底宽度为 0.3m。由于实际挖沟的深度为 1.4m，挖沟放坡系数为 0.1，实际光缆沟上底宽度如下。

0.3 ＋（1.4 × 0.1）× 2 ＝ 0.58（m）

③ 计算挖沟剖面梯形面积

面积＝（上底＋下底）× 高 / 2 ＝（0.58 ＋ 0.3）× 1.4 / 2 ＝ 0.88 × 1.4 / 2 ＝ 0.616（m^2）

④ 挖土方量

挖土方量为：面积 × 长度＝ 0.616 × 5100 ＝ 3142（m^3）

（4）手推车倒运土方量

由于在市区作业，挖出的土方应当全部清理，所以本工程的手推车倒运土方量为 3142m^3。

（5）光缆的敷设长度

光缆的敷设长度＝施工丈量长度 ×（1 ＋ K‰）＋设计预留＝

$$5300 ×（1 ＋ 7‰）＋ 50 ＝ 5387（m）＝ 5.387（km）$$

7.4.2 架空光缆

甲基站至乙基站采用架空光缆连接，室内路由长度为 125m，室外路由长度为 2.85km。其中，新设杆路为 0.85km，利用原杆路原吊线加挂 2km，光缆整盘布放无接头，计算内容如下。

① 施工测量长度。

② 架设吊线长度。

③ 架空段落应当安装的盘留架个数。

④ 架空光缆的敷设长度（光缆盘留按规范上限计算）。

其中：①～③的计算结果保留两位小数，④的计算结果保留 3 位小数。

具体计算过程如下。

（1）施工测量长度

无论是新设杆路还是原有杆路，一律计取施工测量，施工测量长度为 2.85km。

（2）架设吊线长度

由于新设杆路为 0.85km，所以架设吊线长度为 0.85km。

（3）架空段落应当安装的盘留架个数

按照规范要求，架空光缆每 500m 盘留一次，因此，需要安装 5 个架空盘留架。

（4）光缆的敷设长度

光缆的敷设长度＝施工丈量长度 ×（1＋K‰）＋设计预留＝

$$2850 ×（1＋5‰）＋5×10＝2914（m）＝2.914（km）$$

7.4.3 管道工程

某市区中心拟铺设 3 孔（3×1）ϕ110 波纹管道 500m，管道沟深 1.5m，挖沟放坡系数为 0.1，不做管道基础及挡土板，其路面为 10cm 厚的花砖路面，计算内容如下。

① 破复路面面积。

② 挖土方量。

③ 手推车倒运土方量。

④ 运土方量。

⑤ 回填土方量。

①～⑤的计算结果均保留两位小数，具体计算如下。

（1）破复路面面积

① 先计算管道沟下底宽度。

根据已知条件，管道沟下底宽度如下。

管群宽度＋400 ＝ 330 ＋ 400 ＝ 730（mm）＝ 0.73（m）

② 计算管道沟上底宽度。

由于管道沟深为 1.5m，放坡系数为 0.1，所以管道沟上底宽度如下。

0.73 ＋（1.5×0.1）×2 ＝ 1.03（m）

③ 计算破复路面面积。

1.03×500 ＝ 515（m^2）

（2）挖土方量。

① 计算挖沟实际深度。

挖沟的实际深度＝管道沟深－路面厚度 ＝ 1.5 － 0.1 ＝ 1.4（m）

② 挖沟的上底宽度。

根据（1）的计算方法，挖沟的实际上底宽度如下。

0.73 ＋（1.4×0.1）×2 ＝ 1.01（m）

③ 计算挖沟剖面梯形面积。

面积＝（上底＋下底）× 高/2 ＝（1.01 ＋ 0.73）×1.4/2 ＝ 1.74×1.4/2 ＝ 1.218（m^3）

④ 挖土方量

挖土方量＝面积 × 长度 ＝ 1.218×500 ＝ 609（m^3）

（3）手推车倒运土方量

由于在市区作业，挖出的土方应当全部清理，所以本工程的手推车倒运土方量为 609m^3。

（4）运土方量

3 孔（3×1）ϕ110mm 波纹管道 500m 占用的体积就是运土方量。

运土方量 ＝ 3×3.14×0.055^2×500 ＝ 14.25（m^3）

（5）回填土方量

回填土方量＝挖土方量－运土方量 ＝ 609 － 14.25 ＝ 594.75（m^3）。

第8章 设计文件审核与出版

8.1 封面及目录

8.1.1 封面组成

设计文件的封面由 3 页组成。

8.1.2 封面内容

封面内容由以下 3 个部分构成。

1. 封面第一页

项目全称含设计阶段、设计单位全称，以及出版日期。

2. 封面第二页

项目全称含设计阶段、工程编号、建设单位和设计单位全称。

3. 封面第三页

项目全称含设计阶段、设计单位领导、专业副总工程师、项目负责人、设计人员、概预算编审人员及证号。

8.1.3 目录

目录页眉：奇数页为"本册设计工程项目名称"，偶数页为"设计单位名称"，采用宋体小五号字，不加粗。

目录标题：采用宋体小三号字体，加粗。

目录正文：采用宋体小四号字体。

8.2 设计说明

8.2.1 格式要求

1. 文本正文

标题采用宋体四号加粗字体，正文采用宋体小四号字体。

2. 段落间距

段前段后选取 0 行，行间距选取 1.5 倍。

3. 文本中的表格

根据表格的大小及样式，灵活选择字体大小和行间距大小，但要求美观清楚。

4. 文本中标题编号规则

一、XXX

1. XXX

1.1　XXX

1.1.1　XXX

（1）XXX

A. XXX

a. XXX

5. 文本页眉

奇数页为"本册设计工程项目名称"，偶数页为"设计单位名称"，采用宋体小五号字体，不加粗。

8.2.2 设计说明正文

设计说明正文以长途干线工程设计为例。

1. 概述

（1）工程概要

简述工程项目性质、设计阶段，说明建设理由、建筑方式及总投资。

（2）设计依据

设计委托书、可行性研究报告、建设单位有关项目建设的指导性文件及设计人员现场勘察取得的设计勘察基础资料。

（3）设计技术标准

设计技术标准须按照现行的国家标准、行业标准及国家有关部委发布的规范规定。

（4）强制性条文的应用

本工程建设过程中必须执行的"强制性条文"。

（5）设计范围及分工

① 设计范围。

② 设计分工。

（6）主要工程量

（7）工程投资和技术经济指标

（8）设计与可行性研究报告比较

① 投资变化。

② 规模变化。

（9）工程合理使用年限

（10）工程进度和维护结构配置

① 工程进度：为满足快速增长的市场需求，尽快发挥工程投资的社会效益和经济效益，工程建设进度必须合理计划、妥善安排，按照建设单位的统一要求，填写本工程的进度安排表。

② 维护方式。

③ 线路维护业务联络方式：根据规定，确定本工程实施后的线路维护人员及业务联络方式。

④ 人员配置：根据规定，确定新增维护人员。

⑤ 维护用仪表、工具和车辆配备：根据规定，确定本工程需要配置的维护仪器仪表等。

（11）设计编册

2. 光缆路由的选定原则

按光缆敷设的具体情况，根据规范选定路由。

3. 建设方案

（1）工程沿线光缆线路的现状

（2）工程建设方案

① 沿线地理及自然环境：简述沿线经过的主要市县的地理地貌及自然环境。

② 拟建规模。

③ 总体路由方案。

④ 光缆线路路由：详细介绍本工程光缆线路经过的路由及采取的敷设方式。

⑤ 共建共享方案及目标：杜绝同地点新建铁塔、同路由新建杆路现象，实现新增铁塔、杆路的共建，按照比原则确定本工程的共建共享段落。

4. 光纤光缆选型与主要技术指标

（1）光纤光缆选型

① 光纤类型。

② 光缆选型。

（2）主要技术指标

① 光缆中的光纤。

② 光缆机械强度。

③ 环境温度。

④ 曲率半径。

⑤ 外护层聚乙烯绝缘电阻。

⑥ 外护层 PE 介质强度。

⑦ 外护层厚度。

5. 光缆接头盒主要技术指标

（1）使用范围

（2）使用环境范围

（3）机械性能

（4）密封性能

（5）再封装性能

（6）光纤盘留

（7）绝缘性能

（8）耐电压性能

（9）光纤接续点保护

6. 光缆结构与使用场合

（1）光缆使用场合

（2）光缆结构

（3）光纤线序

7. 光纤配线架

（1）光纤配线架组成及分类

（2）光纤配线架功能要求

① 光缆固定与保护功能。

② 光纤终接功能。

③ 调线功能。

④ 光缆纤芯和尾纤的保护功能。

⑤ 标识记录功能。

⑥ 光纤存储功能。

（3）光纤连接器性能

（4）尾纤及软光纤性能

8. 光缆线路敷设安装要求

（1）一般要求

① 光缆布放端别及其识别方式。

② 光缆配盘。

③ 光缆布放要求。

④ 光缆及光纤接续。

⑤ 光缆预留。

⑥ 全球定位系统（Global Positioning System，GPS）定位。

（2）架空光缆敷设安装

① 一般要求。

② 电杆。

③ 拉线及地锚。

④ 吊线。

（3）杆路整治的具体要求

架挂本工程光缆线路的原有杆路应按照现行的国家标准和通信行业标准的要求，正确处理好工程投资和工程质量的关系，本着负责任的态度，对杆路进行整治。

（4）管道光缆敷设安装

① 疏通及清洗管孔。

② 布放塑料子管。

③ 布放管道光缆。

④ 光缆在人孔中的安装。

（5）直埋光缆敷设安装

① 直埋光缆开挖沟机埋深要求。

② 直埋光缆与其他建筑物及地下管线的间距要求。

③ 接头坑设计。

④ 直埋光缆的防护要求。

⑤ 直埋光缆过河的技术措施。

⑥ 标石的设置。

（6）局内光缆敷设安装

光缆进局的防火、防水等要求，确定盘留架位置。

（7）机架安装抗震加固措施

安装光纤配线架（ODF）及机房铁架或走线架的抗震加固要求应按 GB/T 51369—2019《通信设备安装工程抗震设计标准》的规定执行。

对于 8 度及 8 度以上的抗震设防烈度，必须采用抗震夹板或螺栓加固，设备底部应与地面加固，设备应与楼板可靠连接。

机房新增走线架的安装方式应满足 YD/T 5026—2005《电信机房铁架安装设计标准》的相关技术要求。

（8）光缆线路施工及验收指标

光缆线路施工及验收指标见表 8.1。光缆线路施工及验收指标应符合表 8.1 的规定。

表 8.1 光缆线路施工及验收指标

序号	项目	指标
（一）	工厂验收和工地到货检测	
1	光缆外观检查	光缆盘包装完整，光缆外皮、光缆端头封装应完好，各种随盘资料齐全，光缆 A、B 端标志应正确、清晰

续表

序号	项目	指标
2	光纤衰减系数	在 1310nm 波长上的最大衰减系数为 0.35dB/km； 在 1550nm 波长上的最大衰减系数为 0.20dB/km
3	1550nm 偏振模色散单盘值	≤ 0.15ps/$\sqrt{km}$
（二）	施工验收	
1	光缆熔接衰耗	中继段内所有新熔接接头损耗的平均值 ≤ 0.04dB/ 个， 单个新熔接接头损耗的最大值不大于 0.08dB
2	中继段新敷设光缆最大衰减 系数（1550nm）	0.22dB/km
3	中继段新敷设光缆最大衰减 系数（1310nm）	0.38dB/km
4	1550nm 偏振模色散链路值 （ ≥ 20 盘）	≤ 0.10ps/$\sqrt{km}$
5	单盘直埋光缆金属护套对地 绝缘电阻	≥ 10MΩ·km（500VDC），其中，允许 10% 不低于 2MΩ

9. 光缆网络安全防护

（1）通信网络安全防护"三同步"

① 同步规划。

A. 设备配置。

考虑尽量杜绝设备故障和网络故障，提高健壮性；注意节假日或其他原因的高话务冲击，考虑网络负荷及能力处理机制。杜绝系统本身设计缺陷或软件缺陷。考虑相关采集端口、采集链路、接口标准及数量，考虑相关设备容量及处理能力。

B. 机房环境。

满足电信设备运行需求，做到防火、防水、防渗、防潮、防鼠、防静电、防干扰、防震、防盗等要求，能够抵御自然灾害，考虑机房温湿度，确保办公区与生产区隔离。

C. 网络模式。

做到重要链路双路由，实现业务保护；办公网与生产网分离；保障与数据通信网络（Data Communication Network，DCN）、互联网的隔离；在网络层面、系统层面、应用层面做好相关策略规划，并以此购置相关设备，要考虑系统 / 服务防黑客攻击、防病毒干扰能力。

D. 数据列表。

考虑网管系统、业务系统等数据的备份、保护模式。

E. 制度建设。

制度建设为人员配置，加强员工管理，考虑技能要求，杜绝人为威胁。

F. 向所在地方通信管理局进行报备网络新增、扩容、调整计划。

G. 将涉及网络安全、配套建设费用列入投资计划。

② 同步建设。

A. 通信网络安全建设要求。

a. 自有机房环境。

机房内安装摄像头；机房门为电子门禁设备；机房防水处理到位；消防设施建设到位；对设备采取防震处理；机房地板改造为防静电地板、配置防静电台或防静电手套；机房空调或温控设施建设到位；电源满足双回路要求，而且有一定冗余，配置有固定油机的发电设备；动环配置要及时到位。

b. 网络模式。

重要网元电路承载在不同的传输系统上，实现双路由模式，实现业务保护；网络层、系统层、应用层硬件配置、软件设置到位，例如，增加硬件防火墙、三层交换机、杀毒软件等；实现办公网与生产网分离或与 DCN、互联网不连接，完全为独立专网；系统 / 服务进行基线、漏扫、防黑客防范；调试密码、账户按照规范设置，未经允许严禁随意设置账户、安装插件，工程完毕后必须删除；设备电力线缆、信号线缆实现分离。

c. 数据列表。

配置备份介质，告警数据、配置数据、性能数据、日志文件、原始话单能够完成异地及时备份。

d. 制度建设。

一方面根据维护与保障需要，制订完善网络安全管理办法和要求，另一方面要求设备厂家提供网络、设备安全保障方面的技术资料和注意事项，对员工进行培训，加强关键环节的管理，提高管理者、一线工程师的安全防护能力和水平。

B. 对设计员、施工单位、设备厂家的要求。

合同条款可落实系统集成商、厂商的责任，避免厂家后期因配合工作不积极而产生无据可依的问题；加强系统入网安全验收和工程期间的安全管理，确保只有符合安全要求的系统才能上线。

C. 对网络安全验收的要求。

a. 安全验收范围。

设备新入网、设备扩容入网、设备调整进入，也包含新版本入网、新技术和新业务。

b. 安全验收的必要性。

我们为确保设备安全合规，会根据设定的安全标准，通过设备入网安全验收，清晰地了解目前设备所处的安全水平和存在的安全隐患，加强建设环节和设备的安全。我们通过安全验收强制把安全意识有效地传递给开发厂商，让其重视安全。只有从源头重视安全，业务系统的安全才能得到保障，运维阶段的安全维护成本才能更低，才能降低设备"带病"入网的概率。经新入网安全验收后，新业务系统安全风险明显降低。

③ 同步运行。

相关网络安全必须与主体工程同步纳入运行维护保障范畴，通过安全日常运维工作，持续保持系统安全防护水平。

按照 AAA 指标、运维规程要求，我们将新建、改建、扩建相关网络安全部分或将新技术、新业务网络安全纳入作业计划进行维护与保障。新建、扩容、改建工程及新技术、新业务一旦割接入网，就要对其同步实施相关安全保障与防护要求。

按照工业和信息化部令（第 11 号）要求，对涉及新建、改造、扩容且已正式投入运行的通信网络重新进行单元划分，重新进行备案、定级、评测，按照各通信网络单元遭到破坏后可能对国家安全、经济运行、社会秩序、公众利益的危害程度，由低到高分别划分为一级、二级、三级、四级、五级。

（2）安全建设原则

① 光缆网络工程设计在制订技术方案时必须落实网络安全防护和技术保障措施。

② 光缆网络工程设计必须严格执行工程建设标准强制性条文，满足网络安全要求。

③ 不同传输节点机楼之间的光缆 / 管道应支持多方向物理路由。

④ 光传送网尽量采用多个不同光缆物理路由。

⑤光缆/管道使用合理，应预留同物理路由和异物理路由备用纤芯/备用光缆。

⑥光缆安全使用期不少于20年。

⑦光缆（含管道）使用年限一般不应超过设计要求，超过设计要求的光缆/管道应加强在线监测，定期记录光缆/管道的使用状态。

（3）光缆线路防强电

①相关标准。

②光缆线路防强电保护措施。

本工程光缆线路防强电保护措施见表8.2。

表8.2　本工程光缆线路防强电保护措施

序号	类别	单位	数量	备注
1	与10kV以下电力线交越时延伸地线	条		
2	与10kV及以上高压输电线交越时放电间隙式延伸地线	条		
3	安装吊线保护装置	m		
4	拉线加装绝缘子	个		
5	吊线接地	处		

注：具体详见施工图纸和避雷线地线具体装设地点表。

（4）光缆线路防雷

①相关标准。

②光缆线路防雷保护地线措施。

本工程光缆线路防雷保护地线措施见表8.3。

表8.3　本工程光缆线路防雷保护地线措施

序号	类别	单位	数量	备注
1	利用电杆拉线做避雷线	条		
2	一般地段延伸式避雷线	条		
3	机房内无ODF时，光缆终端盒连接地线	条		
4	机房内有ODF或综合柜时，光缆终端盒连接地线	条		
5	机房内有ODF时，光缆托盘保护地线	条		
6	交接设备保护地线	条		

注：具体详见施工图纸和避雷线地线具体装设地点表。

（5）光缆线路防机械损伤

① 相关标准。

② 光缆线路防机械损伤装设地点。

本工程光缆线路防机械损伤装设数量见表 8.4。

表 8.4　本工程光缆线路防机械损伤装设数量

序号	类别	单位	数量	备注
1	杆上光缆预留弯子管保护	m		
2	引上光缆套塑料子管保护	m		
3	管道光缆套塑料子管保护	m		
4	人孔内光缆套纵刨塑料管	m		
5	直埋部分铺钢管	m		
6	直埋塑料管保护	m		
7	光缆从房顶通过套阻燃塑料管保护	m		

注：具体详见施工图纸。

（6）防潮

（7）防鸟

（8）防腐蚀

（9）防鼠、防白蚁

（10）防冻

10. 环保节能、安全生产及其他

（1）环保节能、劳动保护和消防安全

在本项目建设过程中，相关人员应严格执行消防法相关规定，以预防为主，积极贯彻国家和各级地方政府的监督管理条例，并积极配合消防法，提高安全意识，消除各种火灾隐患。

（2）安全生产

施工期间，施工人员应当严格执行操作规程，采取妥善措施保证各类管线、设施和周边建筑物、构筑物的安全，贯彻落实"安全第一、预防为主、综合治理"的方针，坚持"以人为本、安全发展"的理念，加强安全生产监督管理，减少通信工程施工生产的安全事故，防止施工过程中发生人员伤亡、财产损失和通信阻断的情况。

① 安全生产法律法规：根据工业和信息化部《通信建设工程安全生产管理规定》（工信部通信〔2015〕406 号）相关规定，通信工程建设、勘察、设计、施工、监理等单位，必须遵守安全生产法律、法规和本规定，执行保障生产安全的国家标准、行业标准，推进安全生产标准化建设，确保通信工程建设安全生产，依法承担安全生产责任。

② 安全生产费：按照工业和信息化部《关于调整通信工程安全生产费取费标准和使用范围的通知》（工信部通函〔2012〕213 号）及《企业安全生产费用提取和使用管理办法》（财企〔2012〕第 16 号）的规定，全额计列安全生产费，计取建筑安装工程造价的 1.5% 作为安全生产费用。

③ 安全生产施工要求：工程施工应按 YD 5201—2014《通信建设工程安全生产操作规范》的规定严格执行。

（3）对外联系及其他

11. 需要说明的问题

① 本工程所用材料必须是经过国家有关部门认定且检验合格的材料。

② 具体光缆松套管色谱及其序号排列，以光缆生产商提供的到货光缆单盘说明书为准。

③ 局内及人孔光缆标志牌采用带荧光的铝合金光缆标志牌。

④ 拆旧资产处置，按照相关规定、相关流程妥善处理。

⑤ ODF 到货后，施工方需在现场依据技术指标进行检验。

⑥ 接头盒选用质量可靠并得到运维部门认可的型号。

⑦ 本工程利旧材料的质量和型号须符合设计要求。

⑧ 管道光缆路由标志由维护部门确定安装位置。

12. 施工注意事项

① 光缆施工单位必须建立针对本工程的质量管理和安全管理体制，并在工程施工的全部工序中有效地贯彻和执行；必须加强对施工人员的思想教育和管理，确保光缆护套的完整性和接头盒组装的严密性。

② 工程施工中，必须严格遵守各项操作规程和国家标准及行业标准，施工、监理和维护单位应当协力保证工程进行中的人身及设备安全。

③ 施工单位应当采用行业相关主管部门批准的工法进行作业，建议优先选择国

家级和部级工法。

④ 在从事电焊、气割、明火熔接、开凿道路、水下及高空作业、机械开挖土方工程和其他相对危险性较大的工作时，应当有专职的安全人员负责施工组织和现场巡视，防止出现人身伤亡和设备安全事故。

⑤ 光缆及塑料管道在施工过程中必须严加保护，布放时严禁在地面上拖拉，严禁车轧、人踩、重物冲砸，严防铲伤、划伤、扭折、背扣等人为的损伤。在光缆接续之前务必再进行一次测试和检查，发现问题及时处理。

⑥ 光缆单盘长度较长，在复杂地形布放时必须严密组织、密切配合，并配备良好的通信联络工具（例如，无线话机、喇叭、口哨等），保证布缆人员动作协调一致。

⑦ 在机房内安装 ODF 时，施工单位应当采取相应措施确保该项工作对原有传输设备和系统不造成影响；应当特别注意，在上走线方式的机房使用高架梯作业时，应避免触电、短路或断线等人为故障，且严禁在机房内使用明火作业。

8.3 预算说明

8.3.1 编制依据

① 工业和信息化部通信〔2016〕451 号《工业和信息化部关于印发信息通信建设工程预算定额、工程费用定额及工程概预算编制规程的通知》。

② 工业和信息化部通函〔2021〕213 号《关于调整通信工程安全生产费取费标准和使用范围的通知》。

③ 国家发展改革委发改价格〔2015〕299 号《国家发展改革委关于进一步放开建设项目专业服务价格的通知》。

④ 建设单位下发的建设项目工程财务管理办法、工程建设补充定额等。

8.3.2 有关费用和费率的取定

这一条主要说明在概预算编制中，根据市场调节情况，有关费用和费率的取定问题。

① 结合本工程，说明哪些费用不计取。

② 除了文明施工费、规费和安全生产费等不可竞争费，说明哪些费用和费率应

按折扣计取。

③ 明确各种取费依据，例如，勘察设计费、监理费、审计费等。

④ 地方政府规定的取费标准包含以下内容。

A. 建设用地及综合赔补费。

B. 处理电力线计费标准。

C. 过公路、铁路顶管、铺管手续费标准。

D. 破复路面赔补标准。

E. 过林区、保护区、经济作物区域等的赔补标准。

8.3.3　投资分析

说明总投资、光缆线路工程概预算费用组成、平均千米造价、平均每芯千米造价等。

8.3.4　概预算表格

概预算表格共有几种表格，共多少页。

8.4　图纸

8.4.1　施工图纸

① 光缆路由图

② 光缆传输系统配置图

③ 光缆敷设示意图

④ 局内光缆施工图

⑤ 光缆线路施工图

⑥ 工程工作量统计总表

8.4.2　附图

① 光缆结构图

② 中负荷区吊线原始垂度表

③ 光缆在杆上伸缩弯预留示意图

④ 光缆杆上引上安装示意图

⑤ 架空光缆接头盒安装示意图

⑥ 预留支架光缆安装示意图

⑦ 绝缘子安装及各种终结图

⑧ 管道光缆人孔中安装图（无接头）

⑨ 管道光缆人孔中安装图（有接头）

⑩ 架空光缆接头及盘留架安装图

⑪ 主、辅助吊线连接图

⑫ 光缆飞线（151～230m）拉线装置示意图

⑬ 光缆飞线（231～300m）拉线装置示意图

⑭ 利用电杆拉线做避雷线安装示意图

⑮ 一般地段延伸式避雷线安装示意图

⑯ 与 10kV 以下电力线交越时延伸地线安装示意图

⑰ 与 10kV 及以上高压输电线交越时放电间隙式延伸地线安装示意图

⑱ 机房内有 ODF 时光缆托盘保护地线安装示意图

8.4.3 附表

① 光缆段长表

② 机房设备配置表

③ 避雷线、地线具体装设地点表

④ 各种管材订货段长表

⑤ 现场勘测记录表

⑥ 设计交底表

8.5 工程设计文件分发表

工程设计文件分发见表 8.5。

表 8.5 工程设计文件分发

发送单位	份数		备注
	全套设计文件	说明及预算	
建设单位			
设计单位			存档
施工单位			
监理单位			
合计			

8.6 设计文件出版交接记录表

设计文件出版交接记录见表 8.6。

表 8.6 设计文件出版交接记录

工程名称					
工程编号				设计次数	初次（ ）
设计阶段		有无可研			第 次变更
工程描述					
项目分册					
文件数量					
预算名称	工程投资及设计费用				
	工程总投资 / 元	设计费 / 元	变更后的工程总投资 / 元	变更后的设计费 / 元	设计人
合计					

拟送达单位：   送达时间：   年 月 日

拟送达部门：   拟送达人：   联系方式：

设计交付人：   交付时间：   专业副总：   登记日期：

出版人：   出版时间：   文件发送人：   送达时间：

其他：

出版室：   日期：

8.7 设计审核

为了提高工程设计质量，公司必须加强各级审核，严把设计质量关，杜绝质量事故的发生，实行互审、所审、院审三级审核制度，具体审核内容如下。

送审的全套设计文件包括设计文件出版交接记录表、设计委托书、设计分发表、封面、目录、设计说明正文、概预算表格、图纸（施工图纸、附录、附表、附件、附图）、现场勘察资料（现场勘察草图、甲方确认签名、相关专业的影像资料、建设单位的有关说明）9 个部分。

8.7.1 审核内容及要求

1. 设计文件出版交接记录表

① 工程名称、工程编号与封面、图纸、文本的页眉、正文要一致。

② 工程描述中的内容要注意路由长度、总投资与说明预算要一致。

③ 项目分册与说明要一致。项目分册一栏，要填写共几册，本设计为第几册。

④ 文件数量合计、图纸类型（此部分作为重点审查）。

⑤ 预算中的工程总投资、设计费要与预算说明一致。

⑥ 拟送达单位及接收人要填写正确。建设单位改变地址、接收人改变联系方式等要及时通知出版室，以免出错。

⑦ "有无可研"一栏，有填有，无填无。

⑧ "设计次数"一栏，该栏是指设计出版的次数，第一次出版的在初次后的括号内打对勾，以后又多次出版的要填写第几次出版。工程变更也要准确填写第几次变更。

⑨ "设计费"一栏，该栏要注意标明是否为合同值，包括勘察费、设计费、可研费等，如果是，则修正预算时要把原有投资和勘察费、设计费及变动后的投资和设计费对照填写。

2. 设计委托书

如果没有设计委托书，则要说明原因。

3. 设计分发表

设计分发表是否按照规定数量分发。

4. 封面

① 工程名称与委托书、说明、预算、图纸要一致。

② 工程编号与图纸要一致。

③ 建设单位名称、设计单位名称要写全称，时间要与预算中的对应项一致。

5. 目录

① 页眉与说明文本中的页眉要一致，同时要与封面中的单项工程名称相对应。

② 页码的编排与说明文本中的页码要一致。

③ 预算表格的页数与预算表格要一致，包括表格合计。

④ 施工图的名称与图纸要一致，包括图纸合计。

⑤ 附图、附表、附件要与设计文件中的对应项一致。

6. 设计说明

① 页眉前后与目录要一致。

② 工程名称、路由长度、总投资、委托日期、建设单位等要与对应项一致。

③ 设计技术标准、规范套用要正确（严禁使用过期作废的标准）。

④ 对工程建设方案中的叙述要全面合理。

⑤ 光缆结构程式及设备型号要与预算、图纸中的一致。

⑥ 有关费用和费率取定中的各项与概预算要一致，正常计取的费用不用再提，与标准定额不同的一定要说明原因及理由。

⑦ 勘察设计费的计算值与概预算中的要一致，包括套用公式（合同价要特别注明）。

⑧ 有关问题说明中的工程名称、总投资和费用的组成与概预算中的应一致。

⑨ 设计说明要语句通顺、不能有错别字等现象，排版要标准。

⑩ 特别强调不准张冠李戴，文本中不能配有其他别处的预算和图纸。

7. 预算

① 预算表格中要填写完整的建设项目名称、单项工程名称、建设单位、编制日期。

② 表二中的各项费率应符合相应费用定额。

③ 表三中的工日调整要正确。

④ 表四光缆的数量及规格程式要与光缆订货段长表一致，飞线材料、拉线配套材料、接头盒、托盘、尾纤、电杆、钢绞线、管材等主要材料的数量及规格程式，以及设备的数量及规格型号应重点审查。

⑤ 表五中各项费用的计取与说明中的有关费用和费率取定中的叙述要一致。

8. 图纸

① 施工图中的图号、工程名称与封面应一致。

② 光缆网络图中要审查光缆规格程式、敷设长度、机房名称。

③ 图纸应规范具体画法。

④ 设计范围内涉及的应有图纸，包括机房室内的光缆图及成端图。

⑤ 必须有勘察确认表。

⑥ 各种图纸、表格相关人员的签名要齐全，除了行政主管领导电子签名，其余一律手签。图纸不合格的不能签名，直到修改正确后方可签名。

9. 现场勘察资料

现场勘察资料主要审核现场勘察草图、甲方确认签名、相关专业的影像资料、建设单位关于本工程特殊问题的有关说明。

10. 其他要求

① 修改之后的设计须交给原审核人确认。

② 所有出现的问题要记录清楚。

③ 送达出版前，设计人员要从头到尾检查，全部设计文件从头到尾排序。

④ 各级审核人员要严格履行职责，认真填写审核记录表，以备抽查。

8.7.2　设计质量评分

各级审核人员要严格按照设计文件审核内容及要求，本着负责任的态度进行审核，在评分表相应栏目进行综合评分。设计质量评分见表 8.7。

表 8.7　设计质量评分

工程编号			项目名称					
完成部门			审核签名分数		专业互审	所审核		院审核
专业								
因素	子因素	评分项目	因素分数	子因素分数	评分合计	评分合计	评分合计	平均分
技术方案	执行政策、规范	是否符合技术政策、设计规范	40	10				

续表

工程编号			项目名称					
完成部门			审核签名分数	专业互审	所审核		院审核	
专业								
因素	子因素	评分项目	因素分数	子因素分数	评分合计	评分合计	评分合计	平均分
技术方案	先进性	技术先进、选型合理、措施得当、论证充分		10				
	方案优化	多方案比较、论证清楚、选用方案合理		15				
	复杂程度	涉及范围、技术难度		5				
编写质量	说明	说明清楚、文字精练、施工注意事项交代清楚，符合内容格式	60	15				
	图纸	图纸齐全、布局合理、表达清楚，符合施工要求		25				
	预算	项目完整、费率选用正确、计算准确、主材用量准确		20				

8.8 设计出版

全套设计文件经过三级审核确认无误后，设计负责人认真填写"设计文件出版交接记录表"，请专业副总工程师签字后，方能送交出版。